Friedrich Karl Krämer
Zeit und personale Identität

Ideen & Argumente

Herausgegeben von
Wilfried Hinsch und Lutz Wingert

Friedrich Karl Krämer

Zeit und personale Identität

—

DE GRUYTER

ISBN 978-3-11-035149-1
e-ISBN (PDF) 978-3-11-035155-2
e-ISBN (EPUB) 978-3-11-038337-9
ISSN 1862-1147

Library of Congress Cataloging-in-Publication Data
A CIP catalog record for this book has been applied for at the Library of Congress

Bibliografische Information der Deutschen Nationalbibliothek
Die Deutsche Nationalbibliothek verzeichnet diese Publikation in der Deutschen
Nationalbibliografie; detaillierte bibliografische Daten sind im Internet
über http://dnb.dnb.de abrufbar.

© 2014 Walter de Gruyter GmbH, Berlin/Boston
Umschlagsgestaltung: Martin Zech, Bremen
Umschlagskonzept: +malsy, Willich
Druck und Bindung: Hubert & Co. GmbH & Co. KG, Göttingen
♾ Printed on acid-free paper
Printed in Germany

www.degruyter.com

Meinen Eltern

Vorwort

Das vorliegende Buch stellt die geringfügig überarbeitete Fassung meiner Dissertation dar, die im Jahr 2012 von der Universität Bern angenommen wurde.

Mein Dank gilt zuallerst Monika Betzler und Thomas Müller für ihre engagierte und geduldige Betreuung, für ihre zuverlässige Unterstützung in allen fachlichen Fragen, aber auch in den ganz praktischen Anforderungen, die das Verfassen einer Dissertation mit sich bringt, und dafür, dass sie mich immer wieder ermutigt und in allen erdenklichen Weisen gefördert haben, wodurch diese Arbeit überhaupt erst möglich geworden ist.

Sehr herzlich danken möchte ich Wolfgang Künne, der mein Exposé angenommen hat, ohne mich auch nur zu kennen, und der dem Projekt mit seinen wertvollen Empfehlungen den bestmöglichen Start gegeben hat.

Für einen ausgedehnten *afternoon tea* in St John's und inspirierende Begegnungen in Zürich gilt mein aufrichtiger Dank Peter Hacker.

Christian Budnik danke ich von Herzen für seinen unschätzbaren Beistand als Kollege und als Freund.

Akiko Frischhut bin ich dankbar für ihre Kommentare und für lange Gespräche in Genfer Pubs.

Für ihr Feedback und für die gemeinsame Zeit mit ihnen danke ich den Mitgliedern des Pro*Doc *Menschliches Leben*: Rebekka Gersbach, Christian Seidel, Marius Christen, Christian Kietzmann, Ulla Schmid, Juliette Gloor, David Horst, Jens Opitz, Henrike Lerch, Julia Scheidegger und Matthias Haase. Nicht versäumen möchte ich auch, dem Schweizerischen Nationalfonds für das Promotionsstipendium zu danken, ohne das diese Arbeit niemals hätte realisiert werden können.

Den Teilnehmern des Kolloquiums für praktische Philosophie danke ich dafür, dass sie sich auf die revisionistische Metaphysik des Vierdimensionalismus eingelassen und mir mit ihren Anmerkungen geholfen haben. Neben den bereits Genannten sind dies: Susanne Boshammer, Andreas Maier, Alice Ponchio und Michel Rebosura.

Für hilfreiche Kommentare danke ich außerdem Jiri Benovsky, Stefanie Richter und Dahlia Shehata.

Meinen Geschwistern Olav, Ulrike und Stephan bin ich zutiefst dankbar für die Gespräche, Kommentare und Rückmeldungen, vor allem aber für die unzähligen Dinge, die wichtiger sind als eine Doktorarbeit.

Ohne meine Eltern wäre ich nicht die Person, die ich bin, und hätte vermutlich auch keine Promotion in der Philosophie angestrebt. Dass sie immer für mich da sind, erfüllt mich mit großer Dankbarkeit. Ihnen ist dieses Buch gewidmet.

Die Person, die das Entstehen dieser Arbeit, mit all seinen erfreulichen und weniger erfreulichen Seiten, am nächsten miterlebt hat, ist identisch mit der Person, die ich liebe. Für die Kraft, die sie mir gibt, und für das Glück, das es bedeutet, mit ihr zusammenzuleben, danke ich meiner Frau Feli.

Bei den Herausgebern der »Ideen und Argumente«, Wilfried Hinsch und Lutz Wingert, möchte ich mich dafür bedanken, dass sie meinen Band in ihre Reihe aufgenommen haben. Für die gute Zusammenarbeit und freundliche Betreuung geht mein herzlicher Dank an Nancy Christ, Christoph Schirmer und Gertrud Grünkorn vom De Gruyter Verlag.

Inhalt

Einleitung

> The conviction which every man has of his identity, as far back as his memory reaches, needs no aid of philosophy to strengthen it, and no philosophy can weaken it, without first producing some degree of insanity.
>
> Thomas Reid[1]

Fragestellung, Motivation und Forschungsstand

Vor gut 300 Jahren stellt John Locke sich die Frage, worin personale Identität besteht.[2] Was ihn zu dieser Frage motiviert, ist seine Überzeugung, dass sich Identitätsaussagen über Personen von Identitätsaussagen über andere Objekte signifikant unterscheiden. Wir identifizieren und individuieren Dinge aller Art: belebte und unbelebte, natürliche und künstliche, konkrete und abstrakte. Und in mancher Hinsicht gleicht die Identität von Personen der Identität von Tischen und Stühlen oder Hunden und Katzen: Meistens erkennen wir sie an ihrem individuellen Äußeren, und im Zweifelsfall versuchen wir, einen kontinuierlichen Pfad für den Gegenstand zu rekonstruieren, auf dem er sich durch Raum und Zeit bewegt. Aber bei Personen scheinen noch ganz andere Gesichtspunkte eine Rolle zu spielen: Personen denken und fühlen, und sie sind sich ihrer selbst und ihrer Identität über die Zeit hinweg *bewusst*. Sie erinnern sich an ihre Vergangenheit und blicken voraus in ihre Zukunft. Personen sind in diesem Sinne etwas ganz Besonderes; und daraus rechtfertigt sich auch die gesonderte Behandlung der Frage nach personaler Identität: Welche Bedingungen müssen erfüllt sein, um von einem Gegenstand x zu einem Zeitpunkt t und einem Gegenstand y zu einem von t verschiedenen Zeitpunkt t' mit Recht sagen zu können, es handele sich um ein und dieselbe Person?

Für den Versuch einer Antwort auf diese Frage scheint es sinnvoll, wenn nicht gar unabdingbar, zunächst die in ihr vorkommenden Begriffe zu klären. So gibt sich Locke zu Beginn seiner Untersuchung daran, näher zu bestimmen, was wir meinen, wenn wir von *Personen* reden. Der Begriff der *Zeit* hingegen wird nicht problematisiert – weder von Locke noch von der analytischen Philosophie, die nunmehr schon seit etlichen Jahrzehnten eine intensive Debatte über diese sogenannte »diachrone«

---

1 Reid 1785, S. 315.
2 Cf. *An Essay Concerning Humane Understanding*, Book II, Chapter XVII »Of Identity and Diversity« (Locke 1694), insbesondere § 1 und § 9.

Identität der Person führt. Umgekehrt scheint in der philosophischen Diskussion um die Zeit das Problemfeld der personalen Identität kaum eine Rolle zu spielen.[3]

Diese Lücke möchte ich mit der vorliegenden Arbeit schließen. Mein Ziel ist, die Beziehungen zwischen den genannten Begriffen näher zu beleuchten, indem ich etwa untersuche, ob und inwiefern für den Begriff der personalen Identität relevant ist, welches Zeitverständnis man zugrunde legt: Setzen die einschlägigen Ansätze zur Identität der Person eine bestimmte Auffassung von Zeit voraus? Oder ist für den Sinn und die Überzeugungskraft der diversen Antworten, die mittlerweile auf Lockes Frage gegeben worden sind, ganz unerheblich, wie die sie vertretenden Autoren zu Fragen der Zeitphilosophie Stellung beziehen würden? Eröffnen sich für diese Erklärungsversuche neue Interpretationsmöglichkeiten, wenn man berücksichtigt, dass Zeit verschiedene Aspekte hat und viele Philosophen der Ansicht sind, dass nicht alle dieser Aspekte gleichermaßen »real« sind? Wenn man das Wort ›Zeit‹ in der Formulierung »Identität einer Person über den Verlauf der Zeit hinweg« gleichsam als Namen einer Variablen versteht, für das sich je nachdem, welcher Theorie man sich bedient, unterschiedliche Definitionen als Wert einsetzen lassen, so stellt sich die Frage, in welcher Weise sich abhängig von dieser Einsetzung die Bedeutung des resultierenden Gesamtausdrucks verändert und welche Auswirkungen dies auf die Beziehungen zwischen dem Begriff der personalen Identität und anderen Begriffen hat.

---

3 Es ist bezeichnend, dass etwa der Aufsatz *Personal Identity and Time* von Quentin Smith, dessen Titel mich offenbar Lügen straft, nicht eigentlich personale Identität und Zeit zueinander in Beziehung setzt, sondern zwei Debatten *innerhalb* der Zeitphilosophie (zum einen Drei- und Vierdimensionalismus, die ich im Kapitel 6 behandle, zum anderen A- und B-Theorie, denen das Kapitel 8 gewidmet ist) miteinander verbindet und am *Beispiel* von Personen untersucht – ohne, soweit ich sehe, die *spezifisch* personalen Aspekte zu berücksichtigen (cf. Smith 1993.) Ähnliches gilt für die jüngste Anthologie zum Thema, die den vielversprechenden Titel *Time and Identity* trägt (Campbell et al. 2010): Zwar wird in der Einleitung auf die engen Verbindungen zwischen den Begriffen von Zeit und Identität hingewiesen (S. 11), aber schon die Überschriften der einzelnen Abschnitte des Buchs (»Time« für den ersten, »Identity« für den zweiten) geben zu erkennen, dass die beiden Themen auch hier wieder *separat* betrachtet werden, statt dass man explizit auf ihre *Verbindung* einginge (S. 21, Fn. 21). Ein entsprechendes Bild vermitteln die neuesten Aufsatzsammlungen zur Philosophie der Zeit Callender 2011 und Bardon 2012. Eine Ausnahme in dem erstgenannten Band bildet das Kapitel von Brink, in dem er dafür argumentiert, dass wir die – auch im Zusammenhang mit personaler Identität relevante – unterschiedliche Bewertung von vergangenen und zukünftigen Gütern und Übeln (wie etwa Schmerzen) zugunsten einer »zeitlichen Neutralität« aufgeben sollten; cf. Brink 2011.

Davon abgesehen muss man, soweit ich es überblicke, einige Jahrzehnte zurückgehen, um zumindest eine Andeutung der Verbindung von Philosophie der Zeit und Philosophie der personalen Identität zu finden: Peter Bieri stellt auf den letzten Seiten seiner Dissertation eine solche Verbindung her und schlägt vor, »Subjektivität als Selbstdarstellung realer Zeit« zu deuten (Bieri 1972, S. 221) – was freilich erst einmal mehr Fragen aufwirft als beantwortet. In einem späteren Aufsatz führt er – nach eigenen Angaben (in persönlicher Kommunikation) unter dem Einfluss von Rosenberg 1980 – diese Gedanken in gewissem Sinne weiter: cf. Bieri 1986.

Warum aber diese Mühe? Womöglich gibt es gute Gründe dafür, dass zu diesem Thema noch nichts geschrieben wurde. Weshalb sollte es sich lohnen, gerade die Begriffe von personaler Identität und Zeit aufeinander zu beziehen? Meine Antwort ist zweigeteilt: Zum einen beschäftigen sich Philosophen schon seit Jahrtausenden mit der Frage der personalen Identität, und sie ist heute nicht weniger relevant als im alten Griechenland. Zu Platos Zeiten war es die Idee einer unsterblichen Seele, die Philosophen dazu getrieben hat, über die Bedingungen personalen Fortbestehens nachzusinnen. Heutzutage ist die Debatte von Gedankenexperimenten bestimmt, in denen Gehirntransplantationen, Teleportationsmaschinen und Gedankenscanner unsere Intuitionen anregen sollen. Immer aber geht es um *uns*, um die Personen, die wir sind, und um unser Selbstverständnis. Deshalb hat die Diskussion über personale Identität auch im 21. Jahrhundert nichts von ihrer Bedeutung verloren. Diese Diskussion, und damit komme ich zum zweiten Teil meiner Antwort, kann heute jedoch unter Verwendung von Mitteln geführt werden, die früher nicht zur Verfügung standen. Dabei denke ich vor allem an die analytische Philosophie der Zeit, die im Wesentlichen auf McTaggart und damit auf den Anfang des letzten Jahrhunderts zurückgeht, aber erst seit den 1990er Jahren zur vollen Blüte gekommen ist.[4] Was seit der Phase, aus der die klassischen Texte zur analytischen Philosophie personaler Identität stammen, neu hinzugekommen ist und was die uralten Fragen in einem neuen Licht erscheinen lässt, ist diese extensive Zeitphilosophie der vergangenen zwanzig Jahre. Bestimmte Überlegungen sind bis jetzt einfach deshalb noch nicht angestellt worden, weil es die entsprechenden zeitphilosophischen Arbeiten noch nicht gab. Das möchte ich hier nachholen.

---

4 Cf. etwa Markosian 2010 und Müller 2007, S. 7 ff., insbes. zum Präsentismus/Eternalismus und zum Drei-/Vierdimensionalismus.

Methodologisches

> Philosophy is not a contribution to human *knowledge*, but to human *understanding*.
>
> Peter Michael Stephan Hacker[5]

Sowohl Zeit als auch personale Identität sind Themen, die sich seit jeher als besonders anfällig für begriffliche Verwirrungen, Fehlschlüsse und Missinterpretationen erwiesen haben. Wenn diese Arbeit einen kleinen Beitrag zur *Entwirrung* leisten kann, so ist viel erreicht. Die Methode, die ich dazu anwenden werde, ist die Begriffsanalyse (*conceptual analysis*): das Erhellen der Rolle, die ein Begriff innerhalb unseres Begriffsschemas (*conceptual scheme*) spielt, das Bewusstmachen der Regeln für seine Anwendung, das Aufdecken seiner Implikationen und Voraussetzungen, das Erkunden seiner Vernetzung mit anderen Begriffen.[6]

Diese Methode habe ich nicht zufällig gewählt, sondern deshalb, weil ich sie für die primäre Methode halte, derer sich ein philosophisches Unterfangen zu bedienen hat.[7] Ein solches Philosophieverständnis entspricht nicht gerade dem *mainstream*. Es ist gewissermaßen das Credo der sogenannten *ordinary language philosophy*, mit der die Philosophie ihre »linguistische Wende« (*linguistic turn*)[8] nahm. Mittlerweile hat es einiges an Popularität eingebüßt. Das mag auch damit zusammenhängen, dass die Rede von Begriffsanalyse zu diversen Missverständnissen einlädt.

Gerne wird beispielsweise der Vorwurf erhoben, wer Begriffsanalyse betreibe, der beschäftige sich nur mit *Wörtern*, sei also bestenfalls Sprachphilosoph – und schlimmstenfalls überhaupt kein Philosoph, sondern Linguist oder Lexikograph. Aber das ist ein Irrtum. Wenn ich im Folgenden beispielsweise den Begriff der Person untersuche, dann rede ich über *Personen*, und nicht nur über das *Wort* ›Person‹. Dasselbe gilt für die Begriffe der Identität, der Gegenwart, für die Begriffe von Früher und Später usw. Den Linguisten interessiert es nicht, ob Ereignisse Ursachen sein können oder ob Identität transitiv ist. Umgekehrt beschäftigt sich der Philosoph

---

5 Hacker 2009, S. 135.

6 Hier ist also keine *reduktive* Analyse gemeint, die das *analysandum* in seine elementareren Bestandteile zerlegt, sondern eine *verbindende* Analyse (*connective analysis*). Begriffe in dieser Weise zu analysieren, heißt: »tracing connections in a system without hope of being able to dismantle or reduce the concepts we examine to other and simpler concepts« (Strawson 1992, S. 21).

7 Eine Ausnahme bildet die praktische Philosophie, deren Betätigungsfeld über die »bloße« begriffliche Analyse naturgemäß hinausreicht – cf. Hacker 2009, S.149 ff.

8 Der Terminus geht auf Bergmann 1964 (S. 177) zurück und erlangte Berühmtheit durch Rortys gleichnamige Anthologie – cf. Rorty 1968, insbes. S. 8 f.

nicht in erster Linie mit Etymologie (auch wenn das *gelegentlich* sehr hilfreich sein kann) oder mit Morphemen und Phonemen. Für ihn oder sie ist es auch von geringer Bedeutung, in welcher der natürlichen Sprachen wir uns gerade bewegen: die Untersuchung beschränkt sich nicht auf das Englische oder Deutsche, sondern betrifft grundsätzlich erst einmal jede Sprache.[9] Und schließlich ist Philosophie keine empirische Wissenschaft (und also erst recht keine Naturwissenschaft). Sie stellt weder linguistische Theorien auf, noch vergrößert sie unser linguistisches Wissen. Als Philosophen brauchen wir kein neues Wissen, sondern verfügen bereits über alles, was wir zur Analyse eines Ausschnitts aus unserem Begriffsschema benötigen. Wir sind kompetente Sprecher, die den Umgang mit jenen Begriffen, die wir aus philosophischer Perspektive betrachten wollen, bestens beherrschen und denen somit das gesamte für die Untersuchung erforderliche Material schon vorliegt.[10] Die philosophische Beschäftigung mit der Sprache grenzt sich von der sprachwissenschaftlichen durch ihren spezifischen *Zweck* ab, der darin besteht, philosophische Fragen zu klären, philosophische Probleme zu lösen bzw. aufzulösen und philosophische Verwirrungen zu entflechten.[11]

Die »Philosophen der natürlichen Sprache«[12] sind keine Grammatiker oder Lexikographen, und sie sind auch nicht sämtlich Sprachphilosophen. In der Sprachphilosophie werden ganz bestimmte Begriffe analysiert: eben *Sprache*, aber auch Wort und Satz, Prädikation und Referenz, Bedeutung und Wahrheit usw. Die Methode der begrifflichen Analyse lässt sich indessen genauso auf epistemologische Begriffe wie Wissen und Erkenntnis oder auf praktische Begriffe wie Handeln, Freiheit oder den Begriff des Guten anwenden.

Es ist ein weiteres Missverständnis, dass die Analyse eines Begriffs *immer* darin bestünde, *notwendige und hinreichende Bedingungen* für seine Anwendung zu benennen. Für manche Begriffe ist dies sinnvoll, aber bei Weitem nicht für alle. In einigen Fällen müssen wir uns damit begnügen, »Kriterien« anzugeben, die eine gute Evidenz

---

9 Damit soll natürlich nicht behauptet werden, dass es zu jeder philosophisch relevanten Vokabel einer beliebigen Sprache jeweils ein exaktes Gegenstück in jeder anderen Sprache gäbe. Feine Unterschiede in den Bedeutungen und nur schwer oder gar nicht übersetzbare Nuancen sind bei der Analyse ggf. zu berücksichtigen.

10 Damit möchte ich nicht sagen, dass ein Philosoph es niemals nötig hätte, beispielsweise ein Wörterbuch zu konsultieren. In *diesem* Sinne kann auch eine philosophische Tätigkeit »empirische« Aspekte haben. (Es liegt viel Wahres in dem Bild von der »Philosophie im Lehnstuhl« – aber es bleibt ein Bild, und man sollte es nicht überbewerten.)

11 Cf. Wittgenstein 1982b, S. 31: »The important difference is in the aims for which the study of grammar are pursued by the linguist and the philosopher.«

12 Es wäre treffender, von *natural language philosophy* statt von *ordinary language philosophy* zu sprechen, da nicht der Unterschied zwischen gewöhnlicher und gehobener (oder aber technischer) Sprache gemeint ist, sondern derjenige zwischen natürlicher und idealer Sprache. Rortys Gegenbegriff zu *ordinary language philosophy* ist folgerichtig *ideal language philosophy* (Rorty 1968, S. 8 f.). Cf. Hacker 2007, S. 132 f.

für die Anwendung des Begriffs liefern, ohne jedoch im strengen Sinne hinreichend oder auch nur notwendig zu sein.¹³ In anderen Fällen können wir, wenn man so will, eine *Familienähnlichkeit* ausmachen, die den Gegenständen, welche unter den Begriff fallen, gemein ist.¹⁴ Die Reihe ließe sich fortsetzen.

Ein drittes Missverständnis besagt, dass der Ertrag einer Begriffsanalyse in *analytischen* Urteilen oder Wahrheiten besteht. Auch das ist unzutreffend. Richtig wäre, dass die begriffliche Analyse, wenn überhaupt, *begriffliche* Wahrheiten ergibt – und diese gehen über analytische Wahrheiten, die sich mittels expliziter Definitionen in *logische* Wahrheiten überführen lassen (z. B. dass Junggesellen unverheiratete Männer sind), weit hinaus:¹⁵ dass kein Gegenstand gleichzeitig überall rot und überall grün sein kann, ist weder eine logische, noch eine analytische, sondern eine *grammatische* Wahrheit.¹⁶

Dem vierten Missverständnis zufolge arbeitet die Begriffsanalyse im Wesentlichen mit *Intuitionen*: Philosophen fordern ihre Leser und Zuhörer gern auf, sich bestimmte Situationen vorzustellen und dann ihre Intuitionen darüber zu befragen, wie sie die fraglichen Begriffe auf die geschilderte Situation anwenden sollten.¹⁷ Der Begriff der Intuition ist ein schillernder Begriff, und es ist alles andere als klar, was Philosophen jeweils meinen, wenn sie im Zusammenhang mit der Begriffsanalyse davon sprechen: sicherlich keine Eingebungen, Ahnungen oder Erleuchtungen – aber was dann?

---

13 Damit meine ich nicht Begriffe, die *vage* sind. (Aus der Vagheit eines Begriffs folgt noch nicht, dass keine notwendigen und hinreichenden Bedingungen für seine Anwendung bestünden. Es folgt lediglich, dass diese Bedingungen dann ebenfalls vage sein müssten.) Woran ich hier denke, sind vielmehr Begriffe, für die sich ausschließlich solche Bedingungen anführen lassen, die erstens *oft, aber nicht immer* vorliegen, wenn der Begriff zur Anwendung kommt, und zweitens auch *dann* vorliegen können, wenn der Begriff *nicht* anzuwenden ist.

14 Cf. Hacker 2008, S. 10, und Hacker 2009, S. 138, Fn. 13. Der Ausdruck ›Familienähnlichkeit‹ wird vor allem mit Wittgenstein verbunden (Wittgenstein 1953, §§ 66 ff.) – cf. Baker und Hacker 2005, Kap. XI. Zu notwendigen und hinreichenden Bedingungen im Zusammenhang der Begriffsanalyse cf. auch Brennan 2011 und Beaney 2011.

15 Die Ausdrücke ›analytisch‹ und ›synthetisch‹ werden von verschiedenen Philosophen unterschiedlich verwandt (cf. etwa Rey 2010) – und manche bestreiten gar, dass hier ein wirklicher Kontrast vorliegt (für eine Verteidigung dieser Unterscheidung cf. Grice und Strawson 1956). Aber in *keinem* Sinn von Analytizität erschöpft sich Begriffsanalyse im Formulieren analytischer Wahrheiten.
Ergänzend sei angemerkt, dass dieser Gegensatz nicht mit einem anderen, nämlich dem (epistemologischen) Gegensatz zwischen *a priori* und *a posteriori* zu verwechseln oder gleichzusetzen, sondern deutlich von ihm abzugrenzen ist. (Cf. etwa Kneale und Kneale 1968, S. 637 f.) Die Ergebnisse der Begriffsanalyse sind immer apriorische Wahrheiten – unabhängig von irgendwelchen Einteilungen in analytisch und synthetisch.

16 Grammatik ist hier in Wittgensteins Sinn gemeint – cf. etwa Wittgenstein 1953, § 90. Zum Begriff der Grammatik bei Wittgenstein cf. auch Baker und Hacker 2009, S. 55–64.

17 Häufig handelt es sich dabei um besonders ausgefallene Situationen, z. B. um Grenzsituationen, anhand derer die Begriffsbestimmung geschärft werden soll. In diesen Fällen ist besonders fragwürdig, was Intuitionen ausrichten können.

Hat es etwas mit einem »Sprachgefühl« zu tun, das man jedem kompetenten Sprecher unterstellt? Jedenfalls scheint es sich bei Intuitionen um etwas Unmittelbares, nicht weiter Begründbares zu handeln. Allzu oft führt dies leider zu philosophischen Diskussionen, die damit enden, dass sich die Intuitionen der Diskutanten unversöhnlich gegenüberstehen. Was ist dann zu tun? Kann die Philosophie an einem solchen Punkt nichts mehr ausrichten?[18] – Meines Erachtens können wir auf Intuitionen gut verzichten. Die begriffliche Analyse, zumindest wie ich sie verstehe, befasst sich nicht mit Intuitionen, sondern führt vor Augen, wie wir den jeweiligen Begriff *normalerweise* verwenden und welche Regeln es für seine Anwendung gibt.

Nachdem ich diese Missverständnisse ausgeräumt bzw. dargelegt habe, was Begriffsanalyse für mich bedeutet, kann ich das Gesagte nun auf meine Fragestellung anwenden. Das Thema, das ich mir gesetzt habe, trägt den Aspekt der begrifflichen *Verbindung* bereits in sich: Der Gegenstand meiner Untersuchung ist nicht ausschließlich der Begriff der Person oder der personalen Identität und auch nicht der Begriff der Zeit an sich, sondern vorrangig die *Beziehung* zwischen diesen Begriffen.

Begriffsanalyse als *verbindende* oder *konnektive* Analyse vollzieht sich im Offenlegen der Verbindungen, die zwischen dem zu analysierenden Begriff und anderen Begriffen bestehen innerhalb des *Netzes* begrifflicher Zusammenhänge, das unser Begriffsschema ausmacht. Wenn ich also die Begriffe der Person und der personalen Identität untersuchen möchte, muss ich ohnehin ihre Beziehungen zu anderen Begriffen in den Blick nehmen. Das Besondere an meiner Fragestellung ist nun, dass ich dabei ein besonderes Augenmerk auf ganz bestimmte Begriffe richten werde: die Begriffe der Zeit, der Gegenwart, Vergangenheit und Zukunft, die Begriffe von Früher und Später usw.

Das Thema Zeit, und in gewisser Weise auch das Thema personale Identität, fällt traditionell in die Domäne der *Metaphysik*. Dazu sind einige Bemerkungen angebracht. Metaphysik im klassischen Verständnis wird oft – und nicht zu Unrecht – als das gesehen, wozu die Begriffsanalyse im beschriebenen Sinne einen Gegenentwurf bietet. Nach der Krise der Metaphysik im beginnenden 20. Jahrhundert[19] sehen die Metaphysiker von heute ihre Aufgabe wieder vornehmlich darin, etwas über die »ultimative Wirklichkeit«[20] zu sagen und Erkenntnisse über die fundamentalen Bausteine

---

18 Cf. Wittgenstein 1953, § 213: »[...] Nur Intuition konnte diesen Zweifel heben? – Wenn sie eine innere Stimme ist, – wie weiß ich, *wie* ich ihr folgen soll? Und wie weiß ich, daß sie mich nicht irreleitet? Denn, kann sie mich richtig leiten, dann kann sie mich auch irreleiten. ((Die Intuition eine unnötige Ausrede.))« Zur Frage nach dem Wert von Intuitionen für die philosophische Analyse cf. auch Hacker 2008, S. 309 f.
19 Für viele Philosophen handelte es sich nicht nur um eine Krise, sondern um die »Überwindung« der Metaphysik (cf. Carnap 1931). Eine Zusammenfassung der historischen Entwicklung bietet etwa Hacker 1996, insbes. S. 44 ff. und S. 117 ff., sowie Hacker 2001.
20 Cf. van Inwagen 2010.

unserer Welt zu erlangen.[21] Ihnen ist es um die essentiellen Strukturen der Realität zu tun, mir dagegen um die essentiellen Strukturen unseres Begriffsschemas. Sie suchen nach den allgemeinsten Eigenschaften dieser Welt, während ich die allgemeinsten Eigenschaften unseres Denkens über die Welt untersuche. Anders ausgedrückt: Ich beschäftige mich damit, was Strawson etwas unglücklich *deskriptive Metaphysik* tituliert hat.[22]

Ein Großteil der Literatur zu den Themen Zeit und personale Identität bewegt sich auf dem Gebiet der klassisch verstandenen Metaphysik, dabei oft in revisionistischer Absicht. Die prominenten Autoren in diesen Debatten streben mehrheitlich nicht (nur) nach einem besseren Verständnis unseres begrifflichen Schemas, sondern stellen *Thesen* und *Theorien* darüber auf, wie die Welt im Innersten strukturiert ist. Mein Ziel ist es nicht, für oder gegen diese Theorien zu argumentieren; denn ich halte es nicht für die Aufgabe der Philosophie, Theorien zu entwickeln oder zu widerlegen. Dennoch werde ich die Theorien detailliert behandeln, und zwar deshalb, weil sie mir gleichsam das Material für meine *begrifflichen* Untersuchungen liefern.[23] Die Probleme und Argumente, mit denen die Theorien operieren, lassen bei genauer Betrachtung eben jene begrifflichen Beziehungen zu Tage treten, die den Gegenstand meiner Arbeit bilden.[24]

---

21 Cf. Williamson 2007, S. 18 f.: »Much contemporary metaphysics is not primarily concerned with thought or language at all. Its goal is to discover what fundamental kinds of things there are and what properties and relations they have, not to study the structure of our thought about them [...]« In Williamson 2004 heißt es (S. 127): »Although we do not fully understand *how* thinking can provide new knowledge, the cases of logic and mathematics constitute overwhelming evidence that it does.« Und Ted Sider schließlich schreibt in der Einleitung zu seinem Standardwerk über den Vierdimensionalismus: »I am after the truth about what there is, what the world is really like. So I do not want merely to describe anyone's conceptual scheme, not even if that scheme was thrust upon us by evolution.« (Sider 2001b, S. xiv)

22 Cf. Strawson 1959, S. 9: »Metaphysics has often been revisionary, and less often descpriptive. Descriptive metaphysics is content to describe the actual structure of our thought about the world, revisionary metaphysics is concerned to produce a better structure.« Cf. dazu auch Künne 1984.

23 Mich interessiert, um es mit Ryle zu sagen, die »logische Geographie« (*logical geography*) des Terrains, auf dem sich diese Theorien bewegen – cf. Ryle 1945, Ryle 1949 und Ryle 1962. Ein Beispiel: Die *B*-Theorie der Zeit vertritt die These, dass nichts »wirklich« gegenwärtig, vergangen oder zukünftig ist (cf. Abschnitt 8.1, S. 133). Ich denke, dass man dieser These letztlich keinen Sinn abgewinnen kann – einfach, weil das Wort ›wirklich‹ hier entgegen seinen Regeln verwandt wird. (Entsprechend überzeugen mich die *A*-Theoretiker dort am meisten, wo sie nicht für die Verneinung dieser *B*-theoretischen These argumentieren – die, wenn ich recht habe, natürlich genauso wenig Sinn ergibt –, sondern die Begriffe der Vergangenheit, Gegenwart und Zukunft als elementare Bestandteile unseres Begriffsschemas anerkennen und ihre Beziehungen zu anderen Begriffen analysieren.) Aber die Debatte, die *A*- und *B*-Theoretiker über das sogenannte *Thank-goodness*-Beispiel führen (cf. Abschnitt 8.2, S. 139), bietet mir das Material, um Verbindungen etwa zwischen den Begriffen der Vergangenheit und der Erleichterung zu untersuchen.

24 Dass ich mich hier gewissermaßen als *ordinary language philosopher* und Wittgensteinianer zu erkennen gebe, heißt nicht, dass jemand, der ein anderes Philosophieverständnis hat, dieses Buch nun

Gliederung

Teil I versteht sich als Einführung einerseits in die formalen Grundlagen des Begriffs der personalen Identität und andererseits in die Debatte über dieses Thema. Dabei gehe ich vom Allgemeinen zum Besonderen vor:

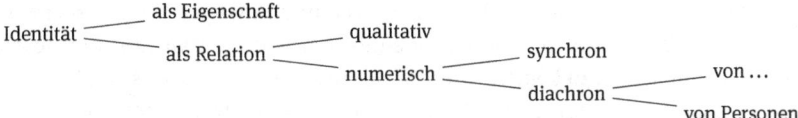

Im Kapitel 1 geht es mir um zwei Dinge: erstens um die *Unterscheidung* zweier Begriffe und zweitens um die *Klärung* des für die vorliegende Arbeit relevanten Begriffs. Eine Unterscheidung ist nötig, weil der Ausdruck ›Identität‹ vieldeutig ist. Das demonstriere ich anhand von Beispielen wie »die Identität von *a* und *b*« (hier wird der Ausdruck ›Identität‹ verwandt, um eine *Relation* zu bezeichnen) und »die Identität der Frau konnte noch nicht endgültig geklärt werden« (hier wird der Ausdruck ›Identität‹ verwandt, um eine *Eigenschaft* zu bezeichnen). Da es diese zwei grundsätzlichen Arten gibt, die Rede von Identität zu verstehen, stellt sich die Frage, welcher Begriff von Identität gemeint ist, wenn Philosophen sich mit *personaler Identität* beschäftigen – der relationale Begriff oder der Begriff von Identität als einer Eigenschaft. Die Antwort auf diese Frage gebe ich im Rekurs auf gängige Formulierungen aus den klassischen Texten zu diesem Thema: Mit personaler Identität ist eine Relation gemeint, und zwar diejenige Relation, in der *x* und *y* genau dann stehen, wenn sie *dieselbe* Person sind.[25]

---

beiseitelegen müsste. Auch ein *ideal language philosopher* oder etwa ein Anhänger Carnap'scher Explikation (cf. Carnap 1947, S. 7 f., Carnap 1950, Kap. 1) wird vieles in dieser Arbeit fruchtbar aufgreifen können. Wichtig ist mir an dieser Stelle nur, über die Methode, der ich folgen möchte, Rechenschaft abzulegen.

25 Sicherlich gibt es auch interessante philosophische Fragen über Identität im Sinne einer Eigenschaft (z. B. die Frage, wie wir Gegenstände individuieren, d. h. was sie jeweils unverwechselbar macht). Und es soll auch nicht der Eindruck erweckt werden, es gäbe keinerlei Zusammenhang zwischen den beiden Begriffen (dass es durchaus einen gibt, sieht man etwa an Leibniz' Gesetz, das ich im Abschnitt 2.2 diskutieren werde). In der vorliegenden Arbeit jedoch wird Identität als Eigenschaft höchstens am Rande eine Rolle spielen. Umso wichtiger ist es, diesen Identitätsbegriff sauber vom relationalen Identitätsbegriff zu trennen. In der Literatur wird die Grenze zuweilen verwischt, wenn Autoren eigentlich über Identität im Sinne einer Relation sprechen, zwischenzeitlich aber zu einem Begriff von Identität als Eigenschaft wechseln oder ihn zumindest streifen. Daraus entstehen leicht Verwirrungen und Scheinprobleme (oder -lösungen). Meine möglicherweise pedantisch anmutende Klärung der Begriffe dient dem Zweck, solche unnötigen Konfusionen zu verhindern.

Nachdem ich deutlich gemacht habe, dass es der relationale Identitätsbegriff ist, der mich in dieser Arbeit interessiert und der mich motiviert hat, die Verbindungen zwischen personaler Identität und Zeit zu untersuchen, kann ich dann der Frage nachgehen, was genau eine Relation eigentlich ist. Nun scheint der Begriff der Relation nicht sonderlich problematisch zu sein. Im alltäglichen Sprachgebrauch wissen wir ganz gut, was es heißt, in einer bestimmten Beziehung zueinander zu stehen. Aber für eine philosophische Beschäftigung mit Relationen reicht das nicht aus. In der Literatur kommen immer wieder Fragestellungen und Probleme vor, die sich aus dem relationalen Charakter von personaler Identität ergeben. Es ist wichtig, mit diesen Problemen gut umgehen zu können – und sie als das zu erkennen, was sie sind: nämlich Probleme, denen personale Identität *qua* Relation ausgesetzt ist, Probleme also, die *jede* Relation betreffen und die nicht für eine bestimmte Relation wie personale Identität spezifisch sind. (Nur so kann die Gefahr vermieden werden, Lösungen für diese – allgemeinen – Probleme dort zu suchen, wo sie gar nicht gefunden werden *können*: im – besonderen – Bereich der personalen Identität, also etwa im Begriff der Person.)[26]

Um genau zu bestimmen, was Relationen sind, ist es hilfreich, einen Blick auf die *formalen* Eigenschaften einer Relation zu werfen. Da wären zum einen die *logischen* Eigenschaften. In der Prädikatenlogik spielen Relationen eine sehr wichtige Rolle, und zwar ganz einfach deshalb, weil es sich bei *allen mehrstelligen* Prädikaten um Relationen handelt. Zum anderen lassen sich Relationen *mathematisch* repräsentieren.[27] Die mathematischen Eigenschaften von Relationen spielen in der Debatte um personale Identität seltener eine Rolle als die logischen Eigenschaften. Aber auch hier lohnt es sich, die fraglichen Begriffe (etwa den einer Klasse) zu erklären und ihre Beziehungen zueinander aufzuzeigen. Dies kann die Auseinandersetzung mit der Literatur – auch mit der weniger technisch orientierten – nur erleichtern.

Das Kapitel 2 hat dieselbe Struktur wie das erste: Wieder geht es mir zunächst darum, zwei Begriffe gegeneinander abzugrenzen (in diesem Fall zwei »Arten« von relationaler Identität), und im zweiten Schritt darum, einen der beiden Begriffe näher zu erläutern – den, der mich auch weiterhin vorwiegend beschäftigen wird. Zum ers-

---

26 So wird es in den folgenden Kapiteln etwa wichtig sein, die Unterscheidung zwischen *Relationen* von der Unterscheidung zwischen *Relata* abzugrenzen. Diese Trennung ist auch im Kontext der personalen Identität von Bedeutung – aber sie ist nicht für diese spezifisch. Dasselbe gilt für Eigenschaften wie Symmetrie, Reflexivität und Transitivität: Nicht nur für Identität, geschweige denn nur für personale Identität, kann man die Frage stellen, ob sie diese Eigenschaft aufweist, sondern für *jede* Relation. Ein weiteres Beispiel betrifft Ausdrücke wie die oben genannten ›x zu t‹ und ›y zu t′‹ – wenn sie für Relata stehen sollen, dann sind diese Ausdrücke irreführend (darum wird es im Abschnitt 4.2.3 gehen).

27 Dies geschieht in der Regel über den Begriff der *Klasse*. (Dann spricht man auch von einer *relation in extension*.) Zu den verschiedenen Relationsbegriffen, die dabei im Spiel sind, sowie zu den problematischeren Aspekten der Repräsentation von Relationen durch Klassen cf. etwa Swoyer und Orilia 2011 (insbes. die Abschnitte 1.1.3 und 1.1.4) und Linsky 2011.

ten Schritt: Relationale Identität kann man in einem strikten Sinn verstehen – dann sprechen wir von *numerischer* Identität – oder in einem losen – dann ist *qualitative* Identität gemeint. Welche der beiden Verwendungsformen ist nun für mein Thema relevant? Die Antwort lautet: In der Philosophie der personalen Identität geht es um relationale Identität im engen, starken Sinn – um numerische Identität also. (Die philosophische Frage, die unter dieser Überschrift behandelt wird, ist nicht die Frage, unter welchen Bedingungen wir zwei Personen als einander mehr oder weniger *ähnlich* bezeichnen, sondern was beispielsweise die Bedingungen dafür sind, dass es sich beim Autor von »David Copperfield« um *dieselbe* Person handelt, die »Oliver Twist« geschrieben hat.)

Was also ist numerische Identität? Ein erster Schritt zur Beantwortung dieser Frage besteht darin, das *Leibniz'sche Gesetz* darzustellen; viele Philosophen sehen darin eine Definition oder immerhin eine gute Charakterisierung numerischer Identität. Der zweite Schritt geht wiederum auf die logischen und mathematischen Eigenschaften dieser besonderen Relation ein. Innerhalb der Logik lässt sich noch weiter differenzieren: einerseits werde ich einen Überblick geben, wie die Relation numerischer Identität in der *Prädikatenlogik erster Stufe* eingeführt wird; andererseits werde ich kurz darauf eingehen, welche Rolle sie innerhalb *höherstufiger Prädikatenlogik* spielt. (Für die Stellung der Identität in höherstufiger Quantorenlogik ist das besagte Leibniz'sche Gesetz von Bedeutung, das über die Eigenschaften von Identität in der Prädikatenlogik erster Stufe hinausgeht – letztere lassen sich aus ersterem ableiten, aber nicht umgekehrt.) In der Mathematik (genauer: in der Mengentheorie) ist numerische Identität eine *Äquivalenzrelation*[28] – und damit, wie jede Relation, eine *Menge* mit bestimmten Eigenschaften. Da auch dieser Aspekt in der Literatur zuweilen auftaucht, lohnt es sich, ihn zunächst gesondert zu untersuchen und genau zu verstehen.[29]

---

28 Das ist freilich stark vereinfacht. Das Modell der Menge ist nicht das einzige mathematische Modell, weder für Relationen im Allgemeinen noch für Identität im Besonderen. Im Zusammenhang meiner Arbeit ist jedoch vor allem interessant, wie Relationen in der gebräuchlichen Semantik der Quantorenlogik aufgefasst werden: nämlich als Menge. Cf. Shapiro 2009, Abschnitt 4.

29 Es mag verwundern, dass ich mich mit so abstrakten Dingen wie den mathematischen Repräsentationen der numerischen Identität aufhalte, wenn mein Thema doch eigentlich etwas sehr Handfestes ist: nämlich die Selbigkeit von Personen, also von Wesen aus Fleisch und Blut. Das wäre allerdings in zweierlei Hinsicht ein Missverständnis. Erstens betrachte ich hier nicht die Identität *von* mathematischen Gegenständen auf der einen und *von* konkreten Lebewesen auf der anderen Seite, sondern nähere mich dem *Identitätsbegriff selbst* über seine logischen und mathematischen Eigenschaften: diese Eigenschaften hat die Identitätsrelation *immer*, unabhängig davon, ob man sie auf besonders abstrakte oder ganz greifbare Relata anwendet (was selbstverständlich nicht heißt, dass wir der mathematischen *Begrifflichkeit* bedürften, um die Identitätsrelation in alltäglichen oder weniger alltäglichen Zusammenhängen *anwenden* zu können – Identität gehört zu den grundlegendsten Begriffen überhaupt, und wir beherrschen den Umgang mit ihm schon lange, bevor wir lernen, dass es etwas wie Mathematik gibt). Zweitens kann die mathematische Sicht auf Identität zuweilen sehr hilfreich sein, etwa um mit mengentheoretischen Mitteln zu verdeutlichen, worin genau die Herausforderun-

Beim Kapitel 3 handelt es sich gewissermaßen um einen Exkurs: Hier soll es um den Begriff des *Kriteriums* für Identität gehen, der in der Diskussion um personale Identität zentral ist. Was man sich unter einem Identitätskriterium vorzustellen hat, werde ich im Wesentlichen über den Begriff der notwendigen und hinreichenden Bedingungen erläutern; sodann werde ich darauf eingehen, inwiefern es für unterschiedliche Arten von Gegenständen unterschiedliche Identitätskriterien braucht; und abschließend werde ich auf den Unterschied zwischen *konstitutiven* und *evidentiellen* Identitätskriterien aufmerksam machen.

Nachdem ich im ersten Kapitel zwischen Identität als Eigenschaft und Identität als Relation unterschieden und im zweiten Kapitel innerhalb der relationalen Identität noch feiner zwischen numerischer und qualitativer Identität differenziert habe, komme ich im Kapitel 4 schließlich zu einer weiteren Unterscheidung bezüglich relationaler Identität, diesmal aber nicht die Art der *Relation*, sondern die Art der *Relata* betreffend:[30] dies ist die Unterscheidung zwischen diachroner und synchroner Identität. (Da letztere Unterscheidung nur die Relata betrifft, kann sie sowohl in Bezug auf numerische als auch in Bezug auf qualitative Identität getroffen werden.)

Analog zum ersten und zum zweiten Kapitel dieses Teils werfe ich zunächst die Frage auf, ob es die synchrone oder die diachrone Identität ist, die für unsere Zwecke von Belang ist. Die Antwort lautet, dass es in der Debatte fast ausschließlich um diachrone oder *transtemporale* Identität geht: um Identität »über Zeit«. Der zweite und weitaus größere Teil des Abschnitts ist wiederum der genaueren Bestimmung des für uns einschlägigen Begriffs gewidmet – und den Problemen, die er mit sich bringt. In diesem Fall ist das also der Begriff der diachronen Identität.

Diachrone Identität betrifft nicht nur Personen, sondern alle Gegenstände, die zeitlich sind. Dementsprechend sind auch manche Probleme, die innerhalb der Debatte behandelt werden, nicht personenspezifisch, sondern gelten genauso für alle anderen belebten und unbelebten Gegenstände, die in der Zeit existieren – d. h. für alle *konkreten* Gegenstände oder *Substanzen*.[31] In der Hauptsache lassen sich diese Probleme unter der Überschrift »Veränderung« zusammenfassen. Inwiefern man den

---

gen bestehen, wenn man eine nicht-transitive Relation wie psychologische Kontinuität als Kriterium für die numerische Identität von Personen aufstellen möchte – cf. etwa Williamson 1986.

30 Genau genommen betrifft der Unterschied nicht die Art der Relata, sondern die Art der *Bezugnahme* auf die Relata.

31 Der Substanzbegriff bietet philosophischen Stoff für (mindestens) ein eigenes Buch – man denke nur an Wiggins' *Sameness and Substance* – und kann im Rahmen dieser Arbeit unmöglich erschöpfend behandelt werden. Das ist für eine Untersuchung der begrifflichen Zusammenhänge zwischen Zeit und personaler Identität aber auch nicht notwendig. Für meine Zwecke genügt es, auf die Unterscheidung von abstrakten und konkreten Gegenständen abzuheben – wobei konkrete Gegenstände in der Regel Veränderungen unterworfen sind und die Kriterien dafür, dass sie gleichwohl dieselben bleiben, sich danach richten, welcher Art sie sind. Wenn man will, kann man das als einen minimalen und, wie ich hoffe, unkontroversen Substanzbegriff interpretieren.

Begriff der Veränderung für problematisch erachten könnte, erkläre ich, indem ich mich noch einmal mit Leibniz' Gesetz auseinandersetze. Zum Schluss stelle ich die wichtigsten Lösungsversuche für das Problem vor: die Differenzierung zwischen essentiellen und akzidentellen Eigenschaften sowie den Begriff der »temporären Intrinsika«.

In Kapitel 5 kann ich mich dann endlich dem Thema zuwenden, das mich für den Rest der Arbeit beschäftigen wird: der *personalen* Identität. Alle vier Kapitel, die dem vorausgegangen sind, verstehen sich nur als Vorbereitung dieses fünften Kapitels über personale Identität und dienen allein dem Zweck, das Verständnis des Begriffs personaler Identität zu verbessern, indem sie gleichsam den Boden für diesen Begriff bereiten. Denn personale Identität ist diachrone Identität (Kap. 4), und zwar diachrone numerische Identität (Kap. 2) – und damit natürlich Identität im relationalen Sinn (Kap. 1). Und worum es in der Diskussion um personale Identität fast ausschließlich geht, ist die Erforschung der Kriterien für personale Identität (Kap. 3).

Auf der Basis der propädeutischen Kapitel 1 bis 4 werde ich im fünften Kapitel also zunächst darlegen, worin das Besondere an personaler Identität besteht und inwiefern sie philosophisch interessant ist, um dann in groben Zügen die Entwicklung der Debatte wiederzugeben und die wichtigsten Positionen nachzuzeichnen: psychologische und physische Theorie als die Hauptkontrahenten, aber auch alternative Ansätze wie die sogenannte *simple view*, Parfits radikale Herangehensweise oder die narrative Sichtweise personaler Identität.

Teil II baut auf dem ersten Teil auf. Mit dem Verständnis, das wir aus der eingehenden Betrachtung des Begriffs der personalen Identität und seiner formalen Aspekte gewonnen haben, können wir uns nun der eigentlichen Fragestellung dieser Arbeit zuwenden: Was sind die begrifflichen Verbindungen zwischen personaler Identität und Zeit? Dieser Frage werde ich anhand dreier Konstellationen von jeweils einem Begriff und einer Theorie nachgehen – einem Begriff, der für das Thema der personalen Identität zentral ist, und einer Theorie, die im Rahmen der Zeitphilosophie von Bedeutung ist. Die vielleicht wichtigsten Begriffe überhaupt, wenn es um Belange der personalen Identität geht, sind die Begriffe der Erinnerung, des Überlebens und der Verantwortung. Ihnen an die Seite gestellt werden die *B*-Theorie der Zeit, der Eternalismus und der Vierdimensionalismus oder Perdurantismus. Diese Theorien gehören wiederum den wichtigsten Debatten aus der Philosophie der Zeit an; und sie beziehen innerhalb der jeweiligen Debatte eine Position, die zu den entsprechenden Begriffen aus dem Gebiet der personalen Identität zumindest *prima facie* in besonderer Spannung steht – und sich dadurch in meinen Augen besonders gut dazu eignet, anhand von ihr die Beziehungen zu untersuchen, die zwischen dem Begriff der personalen Identität und Begriffen der Zeit bestehen: insofern ich nämlich erwarte, dass sich die begrifflichen *Beziehungen*, die ich erforschen möchte, bei solcherart spannungsreichen Konstellationen in Form von *Problemen* äußern, die bei dem Versuch auftreten, den jeweiligen Begriff vor dem Hintergrund der jeweiligen Theorie zu explizieren.

Das Kapitel 6 schließt insofern an das Kapitel über diachrone Identität im Allgemeinen und über den Substanzbegriff an, als die Theorie des Vierdimensionalismus, die ich hier diskutieren werde, auch für zeitliche Gegenstände ganz allgemein relevant ist (und in der Literatur fast ausschließlich unter diesem allgemeinen Aspekt beleuchtet worden ist). Meine Herangehensweise ist aber eine andere als die gängige, da ich mich spezifisch auf Personen beziehe. Dabei wende ich das vierdimensionalistische Weltbild auf einen Begriff an, der seit jeher von großer Wichtigkeit im Zusammenhang mit personaler Identität ist – den Begriff der *Verantwortung* bzw. *Verantwortlichkeit*.[32] Schon seit den Anfängen der modernen philosophischen Beschäftigung mit personaler Identität wird sie mit Fragen der Verantwortung in Verbindung gebracht. John Locke, von dem die gesamte neuzeitliche Diskussion um den Begriff der personalen Identität ihren Ausgang genommen hat,[33] deklariert den Begriff der Person als einen *forensischen* Begriff, weil er weniger dazu dient, ein menschliches Wesen zu bezeichnen, als vielmehr dazu, einen *moralischen Status* zu signalisieren, aus dem sich Rechte und Pflichten und eben auch Verantwortung herleiten.

Die Theorie des Vierdimensionalismus ist eine Persistenztheorie, will sagen: eine Theorie darüber, wie Gegenstände in der Zeit und durch die Zeit existieren. Und sie ist eine revisionistische Theorie, d. h. sie erklärt zeitliche Existenz in einer Weise, die der gängigen Auffassung zuwiderläuft. Daraus ergeben sich, so versuche ich zu zeigen, weitreichende Konsequenzen für den Verantwortungsbegriff – und besondere Herausforderungen an den Versuch, diesen Begriff dennoch in einer befriedigenden Weise zu analysieren. Die Probleme, die dabei entstehen, werfen ihrerseits Licht auf die Beziehungen zwischen den Begriffen der zeitlichen Existenz und der Verantwortung – bzw. darüber auch der personalen Identität.

Im Kapitel 7 kommt das andere der beiden großen Themen zum Tragen, die für die »praktische Relevanz« personaler Identität (und damit auch für die historische Entwicklung und Motivation der Debatte) essentiell sind:[34] das Thema *Überleben*. Dass jemand überleben wird, heißt so viel wie, dass es eine Person geben wird, die mit diesem Jemand identisch ist. Die Kriterien, die in der Diskussion um personale Identität gesucht werden, sind somit die Bedingungen dafür, dass eine Person überlebt. Es versteht sich von selbst, dass der Begriff des Überlebens für uns von größter Bedeu-

---

32 In der praktischen Philosophie ist es von großer Wichtigkeit, die verschiedenen Begriffe von Verantwortung sauber voneinander zu trennen: Verantwortung von Verantwortlichkeit, Zurechenbarkeit (*accountability*) von Zuschreibbarkeit (*attributability*), moralische von juristischer Verantwortung usw. Diese feinen Differenzierungen sind für meine Fragestellung – bei der es um die Verbindung zwischen Verantwortung und personaler Identität sowie zwischen Verantwortung und vierdimensionalistisch aufgefasster Persistenz geht – von untergeordneter Bedeutung. Nichtsdestotrotz wird es von Vorteil sein, auf diese Unterscheidungen in der gebotenen Kürze einzugehen.
33 Noonan geht sogar noch weiter: »On this topic, at least, it can be truly said that all subsequent writing has consisted merely of footnotes to Locke.« (Noonan 2003, S. 24.)
34 Cf. etwa Olson 2010, Shoemaker 2012 und Gallois 2011.

tung ist. An ihn knüpfen sich sowohl Gründe für Handlungen als auch emotionale Reaktionen; wir kümmern uns und sorgen uns um unser eigenes Überleben und das Überleben anderer, und wir trauern, wenn uns nahestehende Menschen *nicht* überlebt haben.

Diese Aspekte der personalen Identität, die sich im Überlebensbegriff manifestieren, beleuchte ich vor dem Hintergrund des *Eternalismus* als einer Theorie der zeitlichen Ontologie. Es wird sich herausstellen, dass es gravierende Einflüsse auf den Begriff des Überlebens hat, wenn man diese zeittheoretische Position voraussetzt. Und aus den Problemen, die sich dabei ergeben, lässt sich wiederum etwas über die begrifflichen Beziehungen zwischen den zeitlichen Begriffen von Vergangenheit, Gegenwart und Zukunft einerseits und den Begriffen personaler Identität und personalen Überlebens andererseits lernen.

Das Kapitel 8 ist der dritten und letzten Verbindung zwischen einer Zeittheorie und einem für die Philosophie personaler Identität einschlägigen Begriff gewidmet. In diesem Fall geht es nicht so sehr um »praktische Belange« – wie bei den Begriffen der Verantwortung und des Überlebens –, sondern um das Bewusstsein, dass wir von unserer eigenen Identität über die Zeit hinweg haben, und um die Kriterien dafür, dass wir bezüglich anderer Personen Identitätsurteile fällen (dann also aus drittpersonaler Perspektive): für beides spielt der Begriff der *Erinnerung* oder allgemeiner des *Vergangenheitsbezugs* eine wesentliche Rolle.[35]

Die Folie für meine Untersuchung dieser Bezugnahme auf die Vergangenheit, wie sie sich auch, aber nicht ausschließlich in der Erinnerung ausdrückt, bildet wieder eine Zeittheorie: diesmal ist das die sogenannte *B*-Theorie der Zeit, derzufolge es die Unterscheidung von Vergangenheit, Gegenwart und Zukunft »in der Realität« nicht gibt. Es liegt auf der Hand, dass Probleme auftauchen werden, wenn man die Bezugnahme auf etwas analysieren will, dass es gemäß dem theoretischen Hintergrund, den man vorausgesetzt hat, gar nicht gibt. Um den Begriff des Vergangenheitsbezugs trotzdem mit der Position der *B*-Theorie vereinbaren zu können, betrachte ich zunächst, wie die *B*-Theoretikerin den Bezug zur Vergangenheit, der unserer Alltagssprache immanent ist, mit ihren Mitteln deuten kann, und wende dann diese *B*-theoretische Interpretation von Sätzen über die Vergangenheit auf den erstpersonalen Fall an, in dem sich eine Person über ihre eigene Vergangenheit, und zwar *als* ihre eigene Vergangenheit, äußert – ob in der Gestalt von Erinnerungen oder auf andere Weise. Die Schwierigkeiten, die daraus erwachsen, erhellen wiederum die Verbindungen zwischen Begriffen der Zeit und dem Begriff des Vergangenheitsbezugs, insbesondere der Erinnerung, und damit auch dem Begriff der personalen Identität.

---

[35] *Wer ich bin*, weiß ich zum großen Teil auf der Grundlage meiner Erinnerungen. Umgekehrt bietet mir die glaubhafte Versicherung einer Person, dass sie sich erinnert, dieses oder jenes erlebt zu haben, gute Evidenz dafür, dass sie tatsächlich mit der Person, die diese Erfahrungen gemacht hat, identisch ist.

Nach der sehr detailreichen und streckenweise recht debattenlastigen Arbeit des zweiten Teils versuche ich in Teil III, einen Schritt zurückzutreten und einen Überblick über die Probleme zu gewinnen, die in jedem der drei Kapitel des Hauptteils aufgetreten sind – jeweils in ihrer eigenen und charakteristischen Ausformung, aber doch so, dass es einen gemeinsamen Ursprung, eine gemeinsame Grundlage vermuten lässt. In jedem der drei Fälle haben die Probleme und Schwierigkeiten etwas über die begrifflichen Beziehungen zwischen Zeit und personaler Identität zum Vorschein gebracht. Diese Ergebnisse zusammenzufassen und zu interpretieren, ist die Aufgabe des dritten und letzten Teils meiner Arbeit.

Meine *Diagnose* der Resultate aus dem zweiten Teil wird darauf hinauslaufen, dass sich sämtliche Probleme, die uns dort Mühe bereitet haben, auf eine Besonderheit von Personen zurückführen lassen, durch die sie sich von allen anderen Entitäten, die in der Zeit existieren, abheben: dass sie sich nämlich ihrer Identität über die Zeit *bewusst* sind. Personen sind die einzigen zeitlichen Gegenstände, die sich auf *sich selbst in der Gegenwart* zu beziehen vermögen, die einen Begriff vom »Hier und Jetzt« haben und im Bewusstsein eines solchen Hier und Jetzt leben, denken, fühlen und handeln. Sie sind die einzigen zeitlichen Gegenstände, die sich aus der Gegenwart heraus auf ihre eigene Vergangenheit beziehen, sich an frühere Erlebnisse erinnern und eine Vorstellung von ihrer Biographie haben. Und sie sind die einzigen zeitlichen Gegenstände, die sich aus der Gegenwart heraus auf ihre eigene Zukunft beziehen, Pläne schmieden, Absichten fassen oder sich Sorgen machen. Aus dieser Eigenart von Personen, so meine Analyse, lassen sich all die Schwierigkeiten erklären, die in Verbindung mit den »kontraintuitiven« Positionen innerhalb der verschiedenen Zeitdebatten sichtbar geworden sind.

Um diese Diagnose genauer und klarer ausführen und rechtfertigen zu können, bedarf es zunächst einer sorgfältigen Einführung in die Begrifflichkeit, die mir zur Formulierung der Diagnose dient. Das betrifft den Begriff des Selbstbezugs, den Begriff des Gegenwartsbezugs (oder besser: der zeitlich perspektivischen Bezugnahme) und schließlich, als Verbindung aus beidem, den gegenwärtigen Selbstbezug (oder besser: den zeitlich perspektivischen Selbstbezug). Diesen drei Begriffen sind die Kapitel 9 und 10 gewidmet. Auf der Basis dieser begrifflichen Explikationen kann ich meine Diagnose dann im Kapitel 11 ausführlich erläutern und gleichzeitig etwaigen Missverständnissen bezüglich meiner Analyse entgegenwirken. Kapitel 12 schließlich rekonstruiert unter dem neuen Gesichtspunkt des zeitlich perspektivischen Selbstbezugs noch einmal die Kapitel des Hauptteils und ihre spezifischen Probleme, um meine Diagnose anhand dieses Materials im Einzelnen zu plausibilisieren – d. h. zu zeigen, inwiefern sich die jeweiligen Schwierigkeiten immer auf die personenspezifische Fähigkeit des zeitlich perspektivischen Selbstbezugs zurückführen lassen.

Kapitel 13 bildet den Abschluss des dritten Teils. Hier soll noch einmal »das große Ganze« in den Blick genommen und das Ergebnis der vorausgegangenen Kapitel zusammenfassend auf den Punkt gebracht werden. Dieses Kapitel leitet in den Schluss über, der die gesamte Arbeit in groben Zügen rekapituliert und zu guter Letzt einen kleinen Ausblick wagt.

Teil I: **Schritt für Schritt zur personalen Identität**

Aber wenn unter den Millionen Sonnen, die über meinem
Haupte leuchten, die jüngstgeborne ihren letzten Lichtfun-
ken längst wird ausgeströmt haben, dann werde ich noch un-
versehrt, und unverwandelt derselbe seyn, der ich jetzt bin.

Johann Gottlieb Fichte

1 Identität als Relation

Jeder von uns – oder zumindest die meisten – hat einen Ausweis, eine »identity card«. Mit einem solchen Ausweis kann man offiziell seine Identität bestätigen. Zur Identität einer Person gehören ihr Name, der Geburtstag und -ort, besondere körperliche Kennzeichen, aber auch charakterliche Eigenschaften etc. Wir unterscheiden psychische Identität und sexuelle Identität, nationale und gesellschaftliche Identität. Manchmal kommt es zu einem Identitätsverlust, und manchmal bietet uns jemand vielleicht eine neue Identität an: der professionelle Dokumentenfälscher etwa, der dem flüchtigen Kriminellen Papiere beschafft, damit dieser sich ins Ausland absetzen und ein neues Leben beginnen kann. Oder jemand nimmt eine fremde Identität an, wie Ripley die seines getöteten Freundes Greenleaf.

In allen diesen Fällen ist Identität etwas, das ein Gegenstand *hat*. Nach Identität in diesem Sinne lässt sich folgendermaßen fragen: *Was ist* seine Identität? Worin besteht sie? Als Antwort könnte man die betreffende Person dann charakterisieren oder die erwähnten Eigenschaften nennen, die auch im Pass stehen. Wenn wir ›Identität‹ in dieser Weise verwenden, dann geht es nicht um eine Relation, sondern um eine Eigenschaft. Deshalb nenne ich diesen Begriff von Identität, der etwas mit Individualität und Identifizierbarkeit zu tun hat, *nicht-relationale Identität*.[1]

Wenn wir im Alltag von der Identität einer Person sprechen, dann ist meistens dieser nicht-relationale Identitätsbegriff gemeint. Umso wichtiger ist es, sich klarzumachen, dass Philosophen gewöhnlich etwas *anderes* mit ›personaler Identität‹ meinen. So wie sie den Ausdruck verwenden, steht er nicht für eine Eigenschaft, sondern für eine *Relation*. Diese Relation, die man etwas gestelzt auch als Selbigkeit[2] bezeichnen könnte, ist zweistellig: Identität als etwas, das von zwei[3] Gegenständen ausgesagt oder ihnen abgesprochen wird. Bezüglich Identität in dieser Bedeutung fragen wir, *ob* sie besteht, und die Antwort ist entweder »Ja« oder »Nein«.[4]

Aber auch damit, dass wir uns darauf verständigt haben, Identität im Sinne einer Relation zu verstehen, sind noch nicht alle Mehrdeutigkeiten ausgeräumt. Wenn wir jemandem zu erklären versuchen, was unser Thema ist, indem wir sagen, dass wir uns

---

1 Die nicht-relationale Identität ist allerdings mit der relationalen sehr eng verbunden. So bescheinigt ein Ausweis dem Kontrolleur, dass die Person, die vor ihm steht, dieselbe ist wie diejenige, die durch den Ausweis eindeutig beschrieben wird.

2 Im Gegensatz dazu ließe sich die oben beschriebene nicht-relationale Identität als das »Selbst« bezeichnen – wobei dieser Terminus dann nicht in einer philosophisch aufgeladenen Weise verstanden werden sollte.

3 ›Zwei‹ ist hier natürlich so zu verstehen, dass offen bleibt, ob es sich um zwei *verschiedene* Gegenstände handelt.

4 Wie der nächste Abschnitt zeigen wird, vereinfache ich hier: Die Frage könnte sich auch darauf richten, inwiefern oder in welchem Maße sie besteht. In keinem Fall fragen wir hier aber, *was* die Identität eines Gegenstandes sei. Dies ist der nicht-relationalen Identität vorbehalten.

mit der Identität von Personen beschäftigen, wobei Identität hier relational zu verstehen ist – dann kann es immer noch passieren, dass wir missverstanden werden, weil auch die Rede von relationaler Identität noch reichlich Raum für Bedeutungsunterschiede lässt. Diese Unterschiede können sich entweder auf die *Relationen* beziehen (so dass es möglich ist, dass zwei Gegenstände in dem einen Sinne identisch sind und in dem anderen nicht) oder aber auf verschiedene Typen von *Relata* (dann geht es nicht um verschiedene Relationen, sondern nur darum, welche Art von Gegenständen man zueinander in Beziehung setzen will). Eine Unterscheidung der erstgenannten Art werde ich im folgenden Kapitel besprechen: das ist die Unterscheidung zwischen *qualitativer* und *numerischer* Identität. In Kapitel 4 hingegen werde ich zwei Bedeutungen von ›Identität‹ gegenüberstellen, die nicht die Relation, sondern die Relata betreffen – oder vielmehr die Art und Weise, wie auf sie Bezug genommen wird: dabei handelt es sich um die *synchrone* und die *diachrone* Identität.

Bevor ich mich diesen Binnendifferenzierungen zuwende, möchte ich aber noch genauer auf den relationalen Identitätsbegriff *an sich* eingehen – d. h. zunächst darauf, was überhaupt eine Relation ist. Zu diesem Zweck stelle ich im ersten Schritt dar, wie Relationen in der Logik behandelt werden, und im zweiten Schritt, wie sie mathematisch repräsentiert werden können.

1.1 Relationen in der Logik

Relationen werden in der Prädikatenlogik durch *relationale Prädikate* ausgedrückt, d. h. Prädikate mit mehr als einer Stelle – zweistellige Relationen durch zweistellige Prädikate, dreistellige Relationen durch dreistellige Prädikate usw.

Ein Beispiel: ›*L*‹ stehe für das zweistellige Prädikat ›… liebt …‹, die Namenbuchstaben ›*r*‹ und ›*j*‹ für Romeo und Julia. Dann können wir den Satz »Romeo liebt Julia« formalisieren wie folgt:

$$Lrj$$

Oder, um ein Beispiel mit Quantifikation zu nennen: »Alle Kinder lieben Schokolade.«

$$\forall x(Kx \rightarrow Lxs)$$

Im Gegensatz zu einstelligen Prädikaten wie ›… ist grün‹ oder ›… ist eine Person‹ bezeichnen relationale Prädikate also keine *Eigenschaften* oder *Klassen*, sondern

Beziehungen, in denen Gegenstände zu anderen Gegenständen (oder auch zu sich selbst) stehen.[5]

1.2 Relationen in der Mathematik

In der Mathematik werden Relationen klassischerweise als *Mengen* aufgefasst. Mathematisch gesprochen ist eine Relation immer eine Relation »auf« einer oder mehreren Mengen. Aus diesen Mengen wird das *kartesische Produkt* gebildet, d. h. jedes Element der einen Menge wird mit jedem der anderen Menge(n) verknüpft. Es entsteht eine neue Menge von *geordneten Paaren* (wenn es sich um ein kartesisches Produkt von *zwei* Mengen handelt) oder, allgemeiner gesagt, eine Menge von n-Tupeln – wobei n die Anzahl der Mengen im kartesischen Produkt meint. (Wenn es sich also um eine vierstellige Relation und damit ein vierfaches kartesisches Produkt handelt, besteht die resultierende Menge aus *Quadrupeln*.) Die Relation wird dann repräsentiert durch diejenige *Teilmenge* des kartesischen Produkts, die alle n-Tupel enthält, die zueinander in der jeweiligen Relation stehen.

Verdeutlichen wir uns das an einem Beispiel. Wir bleiben bei Shakespeare und der Relation der Liebe. Nehmen wir die Menge der Montagues und die der Capulets (der Einfachheit halber beschränken wir uns auf die Generation unserer Protagonisten):

$$M = \{\text{Romeo, Benvolio}\}$$
$$C = \{\text{Julia, Tybalt}\}$$

Bilden wir nun das kartesische Produkt:

$$M \times C = \{(\text{Romeo, Julia}), (\text{Romeo, Tybalt}), (\text{Benvolio, Julia}), (\text{Benvolio, Tybalt})\}$$

Es enthält vier geordnete Paare, aber nur das erste erfüllt die Bedingung, dass seine Komponenten in der Beziehung der Liebe zueinander stehen. Die gesuchte Teilmenge von $M \times C$, welche die Relation L darstellt, enthält also lediglich ein Element:

---

5 Freilich kann man auch Relationen als komplexe Eigenschaften oder Klassen auffassen, etwa als Eigenschaften, die *Paare* von Gegenständen haben können (eben in einer bestimmten Beziehung zueinander zu stehen, z. B. der Liebe), oder als Klassen, die alle diese Paare umfassen. Cf. die mathematischen bzw. mengentheoretischen Ausführungen im nächsten Abschnitt.

$$L = \{(\text{Romeo}, \text{Julia})\}$$

Zusammenfassend können wir für zweistellige oder *binäre* Relationen also festhalten: Dass zwischen a und b die Relation R besteht, wird dadurch repräsentiert, dass das geordnete Paar (a, b) Element von R ist.

$$R = \{(a \in A, b \in B) \mid aRb\} \subseteq A \times B$$

Nachdem wir einen ungefähren Eindruck davon gewonnen haben, was Relationen sind und wie sie logisch und mathematisch repräsentiert werden, möchte ich mich nun einer ganz besonderen Relation zuwenden: der numerischen Identität.

2 Numerische Identität

Von eineiigen Zwillingen sagen wir, dass sie identisch sind. Sie gleichen einander »auf's Haar«, so dass manchmal sogar die eigenen Eltern Mühe haben, sie auseinanderzuhalten. Oder wir sprechen von zwei identischen Euro-Münzen, wenn nicht nur der Wert, sondern auch Jahr und Herkunftsland übereinstimmen. Ein Mann trifft nach vielen Jahren die Tochter der Frau, die er einmal geliebt hat, und staunt: »Dasselbe Lächeln ...!« Schachpartien können identisch sein (vom ersten bis zum letzten Zug), desgleichen Einkaufslisten oder akademische Werdegänge.

In allen diesen Beispielen ist die Rede von *qualitativer* Identität. Die Zwillinge sind qualitativ identisch, aber es sind trotzdem zwei verschiedene Personen. Qualitative Identität heißt, bestimmte Eigenschaften zu teilen, sich hinsichtlich bestimmter Qualitäten zu gleichen. Diese Art von Identität kann verschiedene Grade annehmen. Apfel und Birne sind identisch, insofern beide zu den Kernobstgewächsen zählen; aber zwei Äpfel sind in höherem Maße identisch, weil sie noch mehr gemein haben. Statt von einem hohen Grad qualitativer Identität könnte man auch von großer *Ähnlichkeit* sprechen.

Wie ist es aber, wenn sich die Frau von Martin Guerre fragt, ob es sich bei dem Neuankömmling im Dorf um ihren seit acht Jahren vermissten Mann handelt, oder wenn die Polizei versucht herauszufinden, ob zwei Morde von demselben Täter begangen worden sind, oder wenn sich der Partygänger am »Morgen danach« fragt, ob er es war, der das Fenster zertrümmert hat? Hier kommt ein Begriff von Identität ins Spiel, den wir auch in weit weniger spektakulären Zusammenhängen benutzen. Ein Geschäftsmann begegnet vielleicht jeden Morgen derselben Joggerin auf der Aarebrücke. Beim Kolloquium ist es immer dieselbe Person, die als erste den Raum betritt. Gestern bin ich mit demselben Taxi gefahren wie heute.

Identität in diesem Sinne kennt keine Grade. Entweder sie besteht oder sie besteht nicht, dazwischen gibt es nichts. In dieser Weise identisch zu sein heißt, ein und derselbe (bzw. die- oder dasselbe) zu sein. Es gibt hier nur *einen* Gegenstand. Auf diese Identität nehmen wir Bezug, wenn wir zählen – deshalb heißt sie *numerisch*. Was numerisch identisch ist, wird als eins gezählt. Numerisch identisch ist jeder Gegenstand ausschließlich mit sich selbst.

Logisch-mathematisch betrachtet ist numerische Identität eine sogenannte *Äquivalenzrelation*, d. h. sie ist *reflexiv* (jeder Gegenstand ist mit sich selbst identisch), *symmetrisch* (wenn x mit y, dann ist auch y mit x identisch) und *transitiv* (wenn x mit y und y mit z, dann ist auch x mit z identisch). Das ist die Relation, die uns interessiert, wenn wir von personaler Identität reden.[1] Wenn ich im Folgenden den Ausdruck ›Identität‹ ohne weitere Qualifikation verwende, ist immer numerische Identität gemeint.

2.1 Wo ist das Problem?

> More important, we should not suppose that we have here any problem about *identity*. We never have. Identity is utterly simple and unproblematic. Everything is identical to itself; nothing is ever identical to anything except itself. There is never any problem about what makes something identical to itself; nothing can ever fail to be. And there is never any problem about what makes two things identical; two things never can be identical. There might be a problem about how to define identity to someone sufficiently lacking in conceptual resources – we note that it won't suffice to teach him certain rules of inference – but since such unfortunates are rare, even among philosophers, we needn't worry much if their condition is incurable.[2]

Identität, so könnte man denken, ist so unproblematisch, wie etwas nur sein kann. Welche Gegenstände stehen in der Relation der numerischen Identität zueinander? Ganz einfach: jeder Gegenstand zu sich selbst und zu keinem anderen. Nichts macht etwas mit etwas anderem identisch, und nichts kann etwas daran ändern, dass es mit sich selbst identisch ist. Das ist wohlgemerkt keine Definition, sondern nur die Antwort auf die Frage, wann oder besser zwischen wem diese Beziehung vorliegt. Eine Definition zu geben, ohne zirkulär zu werden, d. h. ohne im Definiens schon von einem

---

1 Wieder gibt es einen engen Zusammenhang zwischen den unterschiedenen Begriffen. Wenn zwei Gegenstände qualitativ identisch sind, dann wird ein und dieselbe Eigenschaft von beiden exemplifiziert. Insofern hat qualitative Identität etwas mit Abstraktion zu tun. Von zwei Schachpartien qualitative Identität zu behaupten, impliziert ein Abstrahieren von den konkreten Umständen der beiden Partien. Es wird außer Acht gelassen, dass die eine im Januar 1999 in Wijk aan Zee zwischen Kasparow und Topalow ausgetragen wurde und die andere nicht. Relevant ist hier nur eine exakt definierte Abfolge von Zügen, ein *Typ* von Schachpartie, wenn man so will, und nicht die *Token* (Vorkommnisse). Entsprechendes lässt sich über Münzen (hier interessieren Wert, Jahr und Land, nicht aber, wer sie gerade in der Hand hält) und Einkaufslisten (als Folge von Warennamen, unabhängig von dem Zettel, auf dem sie steht) sagen. Wenn die Dame am Nebentisch auf Sally zeigt und »dasselbe, was sie hatte«, bestellt, so handelt es sich um eine von diesen Situationen, in denen wir als Kinder korrigiert wurden: »Du meinst das *gleiche*.« Was auf dem einen Teller serviert wird, ist mit dem, was auf dem anderen Teller serviert wird, qualitativ identisch, insofern beides das numerisch identische Angebot aus der Speisekarte des Restaurants exemplifiziert. (Zur Identität von Eigenschaften und abstrakten Gegenständen im Allgemeinen cf. etwa Künne 2007, S. 81–84 und 225–278.)
Ob numerische Identität »totale« qualitative Identität erfordert und ob letztere hinreichend ist für numerische Identität, darüber gehen die Meinungen auseinander. Diese Fragen betreffen die Interpretation und Anwendung von *Leibniz' Gesetz*, dem ich mich im Abschnitt 2.2 widmen werde.
2 Lewis 1986, S. 192 f.

Gegenstand *selbst* oder von allen *anderen* zu sprechen, ist nicht trivial. Das mag damit zu tun haben, dass der Identitätsbegriff so tief in unserem Denken verankert ist, dass es schwerfällt sich vorzustellen, wie man überhaupt etwas definieren soll, wenn man über diesen Begriff nicht verfügt. Wer trotzdem versucht, Identität zu definieren oder zumindest auf informative Weise zu charakterisieren, beruft sich dabei in der Regel auf das sogenannte *Leibniz'sche Gesetz*, um das es im folgenden Abschnitt gehen soll.

2.2 Leibniz' Gesetz

Die Mehrzahl der Philosophen hält Identität für einen primitiven Begriff und die Suche nach einer Definition somit für sinnlos. Manche aber glauben in dem sogenannten Leibniz'schen Gesetz eine Definition gefunden zu haben. Und auch diejenigen, die das Gesetz mehr als Erhellung denn als Definition numerischer Identität betrachten – zu ihnen zählt wohl auch Leibniz selbst –, würden kaum bestreiten, dass dieses Gesetz für eine tiefergehende Beschäftigung mit dem Identitätsbegriff von einiger Bedeutung ist. Weil dem so ist und weil das Gesetz außerdem die Grundlage für verschiedene klassische Probleme der Identität bildet, soll es hier in der gebotenen Kürze dargestellt werden.[3]

Dabei geht es um zwei Prinzipien, von denen mal das eine, mal das andere und mal die Kombination aus beiden als Leibniz' Gesetz betitelt wird.[4] In beiden Prinzipien wird der Begriff der Identität mit dem Begriff der Ununterscheidbarkeit[5] verbunden. Das erste Prinzip – für das ich fortan das Etikett »Leibniz' Gesetz« reservieren werde – konstatiert die Ununterscheidbarkeit des Identischen: Wenn zwei Gegenstände identisch sind, dann gilt, was immer für den einen gilt, auch für den anderen. Formalisieren könnte man das *principium indiscernibilitatis identicorum* z. B. folgendermaßen:

$$\forall x \forall y (x = y \to (\varphi(x) \leftrightarrow \varphi(y)))^6 \qquad \text{(InId)}$$

---

3 Leibniz' Gesetz und die Frage nach seiner korrekten Interpretation sowie seiner Wahr- oder Falschheit sind Gegenstand einer breit geführten Diskussion in der analytischen Philosophie, die im Rahmen dieser Arbeit unmöglich aufgearbeitet werden kann. Als Einstiegspunkte seien Wiggins 2001 (insbes. S. 24 ff. und 61 ff.), Schnieder 2004 und Williamson 2002b empfohlen.
4 Cf. Schnieder 2004, S. 224 ff.
5 Von Ununterscheidbarkeit zu sprechen, ist insofern unglücklich, als es eine *epistemische* Qualität suggeriert. Nach den gängigen Auffassungen handelt das Gesetz aber von mehr: nämlich nicht nur von Ununterscheidbarkeit, sondern von *Unterschiedslosigkeit*. Im ersten Fall wird lediglich unterstellt, dass kein Unterschied *feststellbar ist*, während im zweiten Fall behauptet wird, dass es keinen Unterschied *gibt* – unabhängig davon, ob er unserem Erkenntnisvermögen zugänglich ist oder nicht. Cf. dazu ibd., S. 225 ff.
6 Häufig wird das Prinzip über *Eigenschaften* statt über *offene Sätze* formuliert: Wenn zwei Dinge identisch sind, dann wird, was immer vom einen exemplifiziert wird, auch vom anderen exemplifiziert.

Der feierliche Titel »Leibniz' Gesetz« sollte nicht darüber hinwegtäuschen, dass sich die Idee von der Ununterscheidbarkeit oder Unterschiedslosigkeit alles Identischen schon in der antiken Philosophie findet.[7] Vergleichsweise jung dagegen ist die Ansicht, dass dieses Prinzip unserem landläufigen Begriff von *Veränderung* Probleme bereitet. Wenn man Leibniz' Gesetz so auffasst, dass es durch jeden Gegenstand, der einer Veränderung unterworfen ist, widerlegt wird, bleibt einem nur, das Gesetz entweder aufzugeben oder den Begriff der Veränderung »anzupassen«.[8]

Das zweite Prinzip ist die Umkehrung des ersten: Demnach ist, was keine Unterschiede aufweist, identisch. Das *principium identitatis indiscernibilium* lässt sich wie folgt in Formeln ausdrücken:

$$\forall x \forall y (\forall F(Fx \leftrightarrow Fy) \rightarrow x = y)^9 \qquad \text{(IdIn)}$$

Dieses Gesetz ist sehr viel problematischer als das Umkehrprinzip (InId). Wenn man es so versteht, wie Leibniz es wohl gemeint hat, d. h. derart, dass die Zuschreibung *relationaler* Eigenschaften wie räumlicher und zeitlicher Position von dem Quantifikationsbereich für *F* ausgeschlossen sind, impliziert es, dass verschiedene Gegenstände niemals alle ihre (intrinsischen[10]) Eigenschaften teilen und somit qualitativ vollständig identisch sein können.[11]

Dies soll für ein ungefähres Verständnis dessen, was gemeint sein kann, wenn auf »Leibniz' Gesetz« abgehoben wird, genügen. Im folgenden Abschnitt, der den logischen Eigenschaften von Identität gewidmet ist, werde ich darauf zurückkommen.

Den Rahmen einer Formalisierung bildet dann gewöhnlich die Prädikatenlogik zweiter Stufe: $\forall x \forall y (x = y \rightarrow \forall F(Fx \leftrightarrow Fy))$

7 So verweist Wiggins in diesem Zusammenhang etwa auf Aristoteles – cf. Wiggins 2001, S. 27, Fn. 9.

8 Die Relevanz von Leibniz' Gesetz für die (angebliche) Spannung zwischen den Begriffen der Veränderung und der diachronen Identität werde ich an späterer Stelle beleuchten – cf. 4.3.2, S. 59.

9 Ohne hier näher darauf eingehen zu können, folge ich Wiggins darin, das Prinzip der Ununterscheidbarkeit des Identischen als *schematisch* und das Prinzip der Identität des Ununterscheidbaren als *nicht-schematisch* aufzufassen. Cf. Wiggins 2001, S. 27, Fn. 9.

10 Zum Begriff der intrinsischen und extrinsischen Eigenschaften sowie für Literatur zu diesem Thema cf. S. 63.

11 Cf. Wittgenstein 1921, 5.5302, oder das Beispiel zweier exakt gleicher Kugeln von Wittgensteins Schüler Max Black (cf. Black 1952). Manche Philosophen argumentieren für diese Lesart von (IdIn), indem sie darauf pochen, dass Situationen wie bei Wittgenstein und Black zwar *möglich* sind, aber *faktisch* in unserer Welt nicht vorkommen (cf. dazu Wiggins 2001, S. 188). Aber das ist krude. Wenn (IdIn) überhaupt Sinn ergibt, dann sicherlich nicht als *kontingenter* Befund, sondern als (begriffliche) *Notwendigkeit*. Und auch die kontingente Variante ist spätestens im Zeitalter von Teilchen- und Quantenphysik widerlegt: Gegenbeispiele sind etwa alle Elektronen, ja sogar alle gleich aufgebauten Moleküle – sie sind qualitativ exakt identisch, exemplifizieren also genau dieselben Eigenschaften (cf. French 2011, Abschnitt 4. *Quantum Physics and the Identity of Indiscernibles*).

2.3 Identität in der Logik

Identität ist eine Relation[12] – aber nicht einfach irgendeine, sondern eine ganz besondere. Identität ist die Relation, in der jeder Gegenstand zu sich selbst und nur zu sich selbst steht. (Das ist keine Definition – als solche wäre sie durch den Ausdruck ›selbst‹ im Definiens zirkulär –, sondern lediglich eine Beschreibung.) Dieser Sonderrolle, die Identität unter den Relationen einnimmt, ist es zu verdanken, dass sie in der Logik eine besondere Behandlung erfährt.

2.3.1 Prädikatenlogik erster Stufe mit Identität

In 1.1 haben wir gesehen, dass Relationen in der Quantorenlogik durch mehrstellige Prädikate ausgedrückt werden. Das gilt auch für Identität. Wegen der besonderen logischen Eigenschaften von Identität wird für diese Relation aber ein eigenes Zeichen (mit fixer Bedeutung, im Gegensatz zu den anderen Prädikatbuchstaben) eingeführt: das aus der Mathematik bekannte Gleichheitszeichen ›=‹. Ebenfalls der Mathematik entlehnt ist die syntaktische Besonderheit, dass das Identitätssymbol nicht wie bei anderen Prädikaten vor, sondern zwischen den Namenbuchstaben oder Variablen steht, auf die es sich bezieht.

Nun bräuchte man für das Identitätsprädikat nicht eigens ein Symbol einzuführen, wenn es nicht auch besondere *Regeln* dafür gäbe, wie Formeln, in denen dieses Prädikat vorkommt, behandelt werden – genauer: welche neuen Formeln aus ihnen *abgeleitet* werden dürfen. In der Prädikatenlogik erster Stufe handelt es sich hierbei um zwei Regeln. Beide zusammen spiegeln wieder, was wir bereits über Identität gesagt haben: dass sie reflexiv, symmetrisch und transitiv ist.

Die erste Schlussregel ist die sogenannte Identitätseinführung (*identity introduction*):

(=I)   Für einen beliebigen Namenbuchstaben α darf in einer beliebigen Zeile eines Beweises $\alpha = \alpha$ geschrieben werden.

Aus dieser Regel lässt sich das Theorem der *Reflexivität* von Identität direkt ableiten:

$$\vdash \forall x (x = x) \qquad \text{(R)}$$

---

12 Cf. Kap. 1.

Die zweite Schlussregel wird Identitätsbeseitigung oder *identity elimination* genannt:

(=E)   Wenn φ eine wohlgeformte Formel ist, die einen Namenbuchstaben α enthält, so darf aus φ und entweder $\alpha = \beta$ oder $\beta = \alpha$ die Formel $\varphi\beta/\alpha$ abgeleitet, d. h. ein oder mehrere Vorkommen von α in φ durch β ersetzt werden.

Aus dieser Regel lassen sich die Theoreme der *Symmetrie* und der *Transitivität* von Identität ableiten:

$$\vdash \forall x \forall y (x = y \rightarrow y = x) \tag{S}$$

$$\vdash \forall x \forall y \forall z ((x = y \,\&\, y = z) \rightarrow x = z) \tag{T}$$

Allein mit diesen Regeln und den aus ihnen ableitbaren Theoremen ist die Identitätsrelation allerdings noch nicht eindeutig erfasst – sie gelten nicht nur für Identität, sondern für jede Äquivalenzrelation.[13] Dass mit dem Gleichheitszeichen die Identitätsrelation bezeichnet wird, ist also eine *semantische* Festlegung und geht allein aus den Schlussregeln des Kalküls nicht hervor. Etwas anders verhält es sich mit höherstufiger Quantorenlogik, der ich mich nun zuwenden werde.

2.3.2 Prädikatenlogik zweiter Stufe

In der Prädikatenlogik zweiter Stufe ist es möglich und üblich, Leibniz' Gesetz[14] als Axiom oder Definition für Identität einzuführen.[15]

$$\forall x \forall y (\forall F (Fx \leftrightarrow Fy) \leftrightarrow x = y) \tag{LG*}$$

---

13 Entgegen Shoemaker 2012 folgt aus Reflexivität, Symmetrie und Transitivität z. B. noch *nicht*, dass es sich um eine *Eins-zu-eins*-Relation handelt.

14 Gemeint ist die Verbindung des Prinzips der Unterschiedslosigkeit des Identischen (InId) mit dem Prinzip der Identität des Unterschiedslosen (IdIn) – cf. Abschnitt 2.2, S. 27. Da ›Leibniz' Gesetz‹ in meiner Terminologie für das erste dieser beiden Prinzipien reserviert ist, bezeichne ich das folgende Axiom mit (LG*) statt (LG).

15 Cf. etwa Boolos und Jeffrey 1974, S. 200 (im Rekurs auf Whitehead und Russell 1910, S. 59 f.) und Ladyman et al. 2012.

Dieses Axiom ist natürlich viel stärker als die entsprechenden Schlussregeln aus der Prädikatenlogik erster Stufe. Aus ihm lassen sich die Reflexivität, Symmetrie und Transitivität von Identität direkt ableiten, so dass (=E) und (=I) redundant werden. Ob es allerdings als *Definition* für Identität taugt und was beispielsweise zu beachten ist, wenn ›x‹ und ›y‹ für konkrete, sich verändernde Objekte in Raum und Zeit stehen sollen, ist eine andere Frage.[16] Statt darauf an dieser Stelle weiter einzugehen, möchte ich nun abschließend noch auf die Rolle der Identität in der Mathematik eingehen.

2.4 Identität in der Mathematik

2.4.1 Arithmetik

Das Gleichheitszeichen, das in der Logik für Identität steht, ist aus der Mathematik bekannt. In Gleichungen wie $2 + 2 = 4$ oder $(a + b)^2 = a^2 + 2ab + b^2$ drückt es aus, dass die flankierenden Terme wertgleich sind, d. h. dieselbe Zahl bezeichnen.

2.4.2 Mengenlehre

Identität kommt in der Mathematik aber nicht nur in Form des Gleichheitszeichens vor, sondern lässt sich auch mengentheoretisch repräsentieren. In 1.2 habe ich gezeigt, wie Relationen ganz allgemein in der Mengenlehre dargestellt werden. Bei Identität handelt es sich um eine besondere Relation, und zwar um eine sogenannte *Äquivalenzrelation.*

Eine Relation, so haben wir gesehen, ist die Teilmenge eines *n*-fachen *kartesischen Produktes*, in welcher alle *n*-Tupel (bei zweistelligen Relationen: *geordnete Paare*) enthalten sind, deren Komponenten zueinander in der betreffenden Relation stehen. Äquivalenzrelationen unterscheiden sich nun von anderen Relationen durch die bereits genannten Eigenschaften *Reflexivität*, *Symmetrie* und *Transitivität*.[17]

Betrachten wir als Beispiel die Menge der Brüder Karamasow:

$$K = \{\text{Dmitrij, Iwan, Aljoscha}\}$$

Als kartesisches Produkt ergibt sich:

---

16 Cf. wiederum den Abschnitt 2.2, S. 27, über Leibniz' Gesetz.
17 Cf. S. 25.

$$K \times K = \{ \quad \begin{array}{lll} \text{(Dmitrij, Dmitrij),} & \text{(Dmitrij, Iwan),} & \text{(Dmitrij, Aljoscha),} \\ \text{(Iwan, Dmitrij),} & \text{(Iwan, Iwan),} & \text{(Iwan, Aljoscha),} \\ \text{(Aljoscha, Dmitrij),} & \text{(Aljoscha, Iwan),} & \text{(Aljoscha, Aljoscha)} \end{array}$$
$$\}$$

Dann ist die Äquivalenzrelation *Identität* auf der Menge K die folgende Teilmenge von $K \times K$:

$$I = \{ \text{ (Dmitrij, Dmitrij), (Iwan, Iwan), (Aljoscha, Aljoscha) } \} \subseteq K \times K$$

Identität ist jedoch nicht die einzige Äquivalenzrelation. Weitere Beispiele sind etwa Relationen wie ›… hat dieselbe Mutter wie …‹. Für die Brüder Karamasow wäre das die folgende Menge:

$$M = \{ \quad \begin{array}{ll} \text{(Dmitrij, Dmitrij),} & \\ \text{(Iwan, Iwan),} & \text{(Iwan, Aljoscha),} \\ \text{(Aljoscha, Iwan),} & \text{(Aljoscha, Aljoscha)} \end{array}$$
$$\}$$

Diese Relation ist *reflexiv*: jedes Element steht zu sich selbst in dieser Beziehung – daher die geordneten Paare (Dimitrij, Dimitrij), (Iwan, Iwan) und (Aljoscha, Aljoscha). Sie ist *symmetrisch* – neben dem Paar (Iwan, Aljoscha) ist auch (Aljoscha, Iwan) enthalten. Und sie ist *transitiv* – was im vorliegenden Beispiel nicht zum Tragen kommt, aber anhand der Äquivalenzrelation ›… hat denselben Vater wie …‹ demonstriert werden kann, wenn man sie wiederum auf die Brüder Karamasow anwendet: Da (Dimitrij, Iwan) und (Iwan, Aljoscha) in dieser Menge vorkommen, muss auch (Dimitrij, Aljoscha) enthalten sein.

Nachdem wir also gesehen haben, wie sich Äquivalenzrelationen repräsentieren lassen, stellt sich die Frage, was das Besondere an der Äquivalenzrelation *Identität* ist und worin sie sich von anderen unterscheidet. Wie sich schon im Zusammenhang mit den *logischen* Eigenschafen erwiesen hat, ist es sehr schwer, wenn nicht gar unmöglich[18], eine Antwort zu geben, die den Begriff der Identität nicht schon voraussetzt. Zumindest lässt sich Identität aber innerhalb der Äquivalenzrelationen eindeutig charakterisieren, und zwar als die *feinkörnigste* aller Äquivalenzrelationen, d. h. diejeni-

---

18 Das scheint davon abzuhängen, ob man Leibniz' Gesetz als *Definition* von Identität akzeptiert.

ge, von der für beliebige Relata gilt: Wenn sie zwischen zwei Elementen besteht, dann bestehen auch sämtliche anderen Äquivalenzrelationen zwischen ihnen.

Damit möchte ich die Darstellung der numerischen Identität mit ihren logischen und mathematischen Eigenschaften beschließen und mich im nächsten Kapitel dem Begriff des *Kriteriums für Identität* zuwenden.

3 Der Begriff des Identitätskriteriums

Es sei mir gestattet, dieses Kapitel mit einem imaginären Dialog zwischen zwei Philosophen einzuleiten – der eine arbeitet über personale Identität und erklärt dem anderen, was das ist und worum es dabei geht.

»Du beschäftigst dich also mit ›personaler Identität‹. Meinst Du damit das, was jede individuelle Person einzigartig und unverwechselbar macht?«

»Nein. Gemeint ist die Relation, die zum Beispiel zwischen der Person, die mir gestern ihr Exemplar des *Tractatus* ausgeliehen hat, und der Person, die sich jetzt mit mir unterhält, besteht.«

»Ah ja ... Und das soll philosophisch interessant sein?«

»Ich denke doch: Die Frage ist nämlich, was das *Kriterium* für personale Identität ist. Über diese Frage gibt es eine ganze Debatte – eben die Debatte um personale Identität –, und es werden sehr unterschiedliche Antworten gegeben.«

»Verstehe ... Und was bedeutet das nun wieder, ein *Kriterium* für Identität?«

An dieser Stelle setzt das vorliegende Kapitel an. Es ist dem Begriff des Identitätskriteriums gewidmet und bildet damit einen Einschub innerhalb der propädeutischen Schritte von der Identität in ihrer allgemeinsten Form bis hin zur personalen Identität. Dass dieser Exkurs *hier* erfolgt, das heißt *nach* dem Kapitel über numerische Identität und *vor* dem Kapitel über diachrone Identität, liegt darin begründet, dass der Begriff des Identitätskriteriums einerseits nur im Zusammenhang mit numerischer Identität Verwendung findet, aber andererseits durchaus nicht nur im Zusammenhang mit diachroner Identität.

Das Kapitel ist folgendermaßen aufgebaut: Zunächst erläutere ich kurz, inwiefern man erst einmal verstehen muss, was Philosophen mit einem Identitätskriterium meinen, bevor man verstehen kann, worüber in der Diskussion um personale Identität – und teilweise auch in anderen Identitätsdebatten – gestritten wird (3.1). Ein erstes Verständnis des Begriffs vermittelt der darauffolgende kurze Blick auf seine Geschichte (3.2), an den sich die eigentliche systematische Beantwortung der Frage anschließt, um was es sich bei einem Identitätskriterium handelt (3.3).

Dieser Hauptabschnitt zerfällt wiederum in drei Teile. Im ersten dieser Teile erläutere ich, was – zumindest in dem für mich relevanten Kontext – *hauptsächlich* unter einem Identitätskriterium verstanden wird: nämlich das sogenannte »konstitutive« Identitätskriterium. Damit sind die *notwendigen und hinreichenden Bedingungen* für Identität gemeint (3.3.1). Im zweiten Abschnitt geht es darum, dass sich Identitätskriterien danach richten, *von welcher Art* die Gegenstände sind, für deren Identität sie die notwendigen und hinreichenden Bedingungen darstellen sollen (3.3.2). Abschließend spreche ich noch eine andere Verwendung von ›Identitätskriterium‹ an, die im Rahmen meiner Zwecke nur von untergeordneter Bedeutung ist, aber teilweise auch im Zusammenhang mit personaler Identität eine Rolle spielt und dann klar vom Identitätskriterium im oben genannten *konstitutiven* Sinn unterschieden werden muss: die Rede ist vom »evidentiellen« Identitätskriterium.

3.1 Warum ein Kapitel über den Kriteriumsbegriff?

Der Begriff des *Kriteriums* für Identität verdient deshalb ein gesondertes Kapitel, weil er in der Literatur über Identität eine zentrale Stellung einnimmt[1] und einem insbesondere in der Literatur über *personale* Identität auf Schritt und Tritt begegnet[2]. Harold Noonan geht in den einführenden Abschnitten seines wichtigen Buchs *Personal Identity* sogar so weit, das Problem der personalen Identität (über die Zeit) mit dem Problem, ein Kriterium für diese Identität anzugeben, *gleichzusetzen*:

> The problem of personal identity over time is the problem of giving an account of the logically necessary and sufficient conditions for a person identified at one time being the same person as a person identified at another. Otherwise put, it is the problem of giving an account of what personal identity over time necessarily consists in, or, as many philosophers phrase it, the problem of specifying the *criterion* of personal identity over time.[3]

Und tatsächlich ist die Debatte um personale Identität geprägt von der Auseinandersetzung darum, welches das korrekte Kriterium für die Identität von Personen sei: ob das »psychologische Kriterium« (als Erweiterung des »Erinnerungskriteriums«) oder das »Körperkriterium« (bzw. das »Gehirnkriterium«) oder ein »narratives Kriterium« oder das »Tier-Kriterium«[4] – und nicht zuletzt darüber, ob es überhaupt so etwas wie ein Kriterium für personale Identität gebe.[5]

Um zu begreifen, worum es in der Philosophie der Identität und im Besonderen in der Philosophie der personalen Identität geht, scheint es also hilfreich, wenn nicht gar unerlässlich, den Begriff des Identitätskriteriums zu verstehen – nur so wird klar,

---

1 Als Beispiel sei hier der Eintrag ›Identity‹ in der *Stanford Encyclopedia of Philosophy* genannt, der schon im zweiten Satz den Kriteriumsbegriff anführt und mit ihm die Liste der zentralen Themen einleitet, die in jüngerer Zeit unter der Überschrift »Identität« verhandelt worden sind: Noonan 2009.
2 Auch hier sprechen die einschlägigen *SEP*-Artikel eine deutliche Sprache: cf. etwa Olson 2010, Shoemaker 2012.
3 Noonan 2003, S. 2 (meine Hvh.).
4 Was sich hinter diesen klangvollen Etiketten verbirgt, werde ich, soweit es für meine Untersuchung von Belang ist, weiter unten näher beleuchten – cf. Kap. 5.
5 Wie wichtig der Begriff des Kriteriums für die Diskussion um personale Identität ist, zeigt schon ein Blick in die gängigen Einführungen und Anthologien zu diesem Thema: cf. etwa die Sektionsüberschriften in der einleitenden Übersicht von Noonan 2003 (S. vii), gleich den ersten Satz von Rorty 1976 (S. 1) sowie Perry 2008, S. 11 f.

was Philosophen spezifizieren, wenn sie das Kriterium für personale Identität spezifizieren. Um Missverständnissen vorzubeugen: Natürlich geht es *in* der Debatte über personale Identität nicht (oder nur am Rande) darum, was unter einem Identitätskriterium zu verstehen ist – die Philosophen, die diesen Begriff verwenden, wissen, was sie meinen, und beschäftigen sich damit, *worin* dieses Identitätskriterium z. B. bei Personen *besteht*. Gerade darum ist es aber für jemanden, der sich gleichsam von außen dieser Debatte nähert und verstehen möchte, worüber diskutiert wird, so wichtig, vorab zu klären, was unter einem Identitätskriterium verstanden wird.

Wie sich herausstellen wird, gibt es allerdings leider nicht den *einen* Begriff des Identitätskriteriums, auf den sich alle beziehen, sondern *diverse* Verwendungsweisen des Ausdrucks ›Identitätskriterium‹. Diese gilt es zu unterscheiden, bevor man im jeweiligen Zusammenhang erschließen kann, was gemeint ist. Und eben diesem Zweck dient das vorliegende Kapitel.

3.2 Einführung des Begriffs durch Frege?

Was also ist ein Identitätskriterium? Um diese Frage zu beantworten, hilft ein Blick in die einschlägige Literatur. Etliche Philosophen haben diesem Begriff längere Abschnitte in ihren Büchern gewidmet[6], teilweise auch ganze Aufsätze.[7] Dabei fällt auf, dass in diesem Zusammenhang immer wieder der Name ›Frege‹ fällt. Frege, so heißt es etwa bei Dummett, habe den Begriff eingeführt:

> But there is more of a general principle [...] which has been much explored in recent philosophical work, and one first introduced into philosophy by Frege, and much exploited by Wittgenstein: that with a name must be associated a criterion of identity (the term ›criterion of identity‹ is itself Frege's).[8]

Der Passus, auf den sich solche Aussagen stützen, findet sich in den *Grundlagen der Arithmetik*, § 62:

---

6 Cf. etwa Dummett 1973 (z. B. S. 73 ff.), Williamson 1990 (Kap. 9) und Wiggins 2001 (u. a. S. 60 f.).

7 Beispiele wären hier Strawson 1997a, Williamson 1986, Lowe 1989, Lowe 1999, Merricks 1998 und Zimmerman 1998. Ein früher Klassiker, in dem der Begriff des Identitätskriteriums ebenfalls thematisiert wird, ist Quine 1950. Des Weiteren spielt der Begriff eine wichtige Rolle in der Argumentation für die *Relativität* von Identität bei Peter Geach (cf. Geach 1962, §§ 31–34, Geach 1967, Geach 1973, dazu auch Noonan 2009 sowie Wiggins 2001, insbes. Kap. 1).

8 Dummett 1973, S. 73. Cf. ibd., S. 545, außerdem Williamson 1986, S. 380, sowie Noonan 2009. Kritisiert wird diese Zuschreibung von Jonathan Lowe: Er gesteht zwar zu, dass die *Terminologie* auf Frege zurückgekehrt, sieht die grundsätzliche *Idee* dahinter aber schon bei Locke angelegt – cf. Lowe 1989, S. 2.

Wenn uns das Zeichen *a* einen Gegenstand bezeichnen soll, so müssen wir ein Kennzeichen haben, welches überall entscheidet, ob *b* dasselbe sei wie *a*, wenn es auch nicht immer in unserer Macht steht, dies Kennzeichen anzuwenden.[9]

Ob Frege zu Recht als Urheber dieser Terminologie eines Kennzeichens oder Kriteriums für Identität gilt, braucht hier nicht entschieden zu werden. Für meine Zwecke ist lediglich interessant, was Philosophen *meinen*, wenn sie von einem Identitätskriterium sprechen. Und das, was sie (oder zumindest manche) *meinen*, lässt sich anhand von Frege gut anschaulich machen – auch wenn Identitätskriterien, wie wir sehen werden, nicht erst Frege und seine Nachfolger, sondern schon die alten Griechen beschäftigt haben.[10]

3.3 Was ist ein Identitätskriterium?

Die obigen Zitate belegen nicht nur die Wichtigkeit des Begriffs eines Identitätskriteriums und demonstrieren die Bezugnahme auf Frege, wie sie im Zusammenhang mit diesem Begriff weit verbreitet ist, sondern sie geben auch bereits eine erste Antwort auf die Frage, um was es sich bei einem Identitätskriterium handelt.

3.3.1 Notwendige und hinreichende Bedingungen

Noonan etwa spricht vom Identitätskriterium als von den *notwendigen und hinreichenden Bedingungen* für Identität – oder davon, *worin* die Identität (z. B. von Personen) notwendigerweise *besteht*.[11] Die Rede von notwendigen und hinreichenden Bedingungen kennt man nicht nur aus dem Kontext des Kriterienbegriffs, sondern von der

---

9 Frege 1988, § 62, S. 71. Frege schreibt also nicht ›Kriterium‹, sondern ›Kennzeichen‹, was in der englischen Standardübersetzung von Austin allerdings mit ›criterion‹ wiedergegeben wird: cf. Frege 1953, S. 73. (Jacquette behält dies in seiner Neuübersetzung bei: cf. Frege 2007, S. 66.) Dagegen verwendet Wittgenstein, den Dummett hier erwähnt, tatsächlich den Ausdruck ›Kriterium‹: cf. etwa Wittgenstein 1953, § 404. Ob Frege und Wittgenstein dasselbe meinen, ist kontrovers (cf. etwa Lowe 1989, S. 2), und ich werde hier nicht weiter darauf eingehen. (Zum Begriff des Kriteriums bei Wittgenstein cf. auch Hacker 1997, S. 307 ff.)
Ein Beispiel aus der Literatur über personale Identität, das den Begriff des Kriteriums *nur* auf Wittgenstein bezieht, ohne Frege überhaupt zu erwähnen, ist Shoemaker 1963: cf. etwa S. 3 ff.
10 Cf. etwa Wiggins 2001, S. 60, wo der Begriff des Identitätskriteriums zu der aristotelischen Frage *Was ist es?* in Beziehung gesetzt wird. Die Beschäftigung mit diesen Themen reicht also noch wesentlich weiter zurück als nur bis zu Locke (cf. S. 36, Fn. 8).
11 Cf. oben, S. 35. Schon Parfit erklärt das, was er unter einem Identitätskriterium verstanden wissen will, als »*what this identity necessarily involves, or consists in*« (Parfit 1984, S. 202).

Begriffsanalyse ganz allgemein – was ein Ausdruck (ggf. in einer bestimmten Verwendung) *bedeutet*, lässt sich oft in Form von notwendigen und hinreichenden Bedingungen für seine *Anwendung* analysieren.[12] Geht es also auch hier um nichts anderes als eine Analyse des *Begriffs* der Identität? Ja und nein – wie die obigen Zitate von Noonan, Dummett und Frege bereits andeuten: In den allermeisten Fällen (und in *allen* für meinen Kontext relevanten Fällen), in denen Philosophen über Identitätskriterien sprechen, wird nicht ein Kriterium für Identität *im Allgemeinen* gesucht – also *die* notwendige und hinreichende Bedingung für die Identität *beliebiger* Gegenstände –, sondern ein Kriterium für die Identität von *F*s, also für Gegenstände einer *bestimmten Art*, z. B. eben für Personen.[13] Und hier kann man tatsächlich sagen, dass ein Kriterium etwa für die Identität von Personen nichts anderes ist als die *Bedeutung* eines Ausdrucks wie ›… ist dieselbe Person wie …‹ und in *diesem* Sinne eine notwendige und hinreichende Bedingung (nämlich für die *Anwendung* dieses Ausdrucks) – kurz: dass dieses Kriterium den *Begriff* der personalen Identität bestimmt. Aber natürlich ist dieser Begriff aufs Engste verbunden zum einen mit dem Begriff der *Identität* selbst und zum anderen mit dem Begriff der *Person* (oder allgemein dem Begriff des *F*).[14]

Das Kriterium für Identität als die notwendigen und hinreichenden Bedingungen[15] für Identität zu erläutern, ist vor allem in der Literatur über personale Identität allgemein üblich. Demnach wäre ein Identitätskriterium das, was in dem folgenden Schema die Leerstelle ausfüllt:

$$\forall x \forall y (x = y \leftrightarrow \ldots) \tag{3.1}$$

---

12 Cf. S. 5.

13 Darauf werde ich im folgenden Abschnitt näher eingehen.

14 Die letzteren Begriffe – der Identität und der Person oder der *F*s – sind im ersteren – der Identität von Personen oder von *F*s – in gewisser Weise »enthalten« (was hier freilich neutral und nicht im Sinne eines logischen Atomismus zu verstehen ist).

15 Man mag sich fragen, wie *ein* Kriterium mit *mehreren* Bedingungen gleichgesetzt werden kann. Aber es ist eine rein pragmatische Entscheidung, ob man etwa von mehreren notwendigen und zusammen hinreichenden Bedingungen spricht oder von der *einen* Bedingung, welche die Konjunktion der ersteren Bedingungen darstellt. Zudem sind Bedingungen denkbar, die hinreichend, aber nicht notwendig für Identität sind. Ein Beispiel aus dem Bereich der personalen Identität wäre Parfits »direkte psychologische Verbundenheit« – cf. S. 71. Um ein abstrakteres, modallogisches Beispiel zu nennen: die Kontingenz von Identität vorausgesetzt, gilt $\Box x = y \rightarrow x = y$, aber nicht $x = y \rightarrow \Box x = y$. (Zur Frage nach der Notwendigkeit oder Kontingenz von Identität, auf die ich hier nicht eingehen werde, cf. Barcan Marcus 1947, Kripke 1971, Kripke 1980 und Williamson 1996.)

3.3.2 Unterschiedliche Identitätskriterien für unterschiedliche Arten von Gegenständen

Und noch etwas lässt sich aus den zitierten Textstellen entnehmen: Wenn es ein Kriterium für *personale* Identität gibt, dann gibt es vermutlich auch noch andere Identitätskriterien für andere Arten von Gegenständen – für Hunde und Katzen, vielleicht auch für Häuser und Autos, oder für abstrakte Objekte wie Zahlen und geometrische Konstruktionen, für Farben, womöglich gar für Gefühle. Was in der obigen Formel auf der rechten Seite steht, ist also nicht unabhängig davon, um was für Objekte es sich bei x und y handelt. Es gibt nicht das *eine* Identitätskriterium, in dem sich für beliebige Dinge die notwendigen und hinreichenden Bedingungen dafür manifestieren, ob sie identisch sind oder nicht.[16] Vielmehr, so scheint es, gibt es ein Kriterium für die Identität von Fs, ein anderes für die Identität von Gs usw.[17]

Bezogen auf konkrete, materielle Gegenstände, die in Raum und Zeit existieren, werden unter dem Identitätskriterium für Fs auch die Bedingungen der *Persistenz* oder *Erhaltungsbedingungen* verstanden:[18] Was ist erforderlich, damit ein Objekt der Art F fortbesteht? Was ist für sein »Überleben« unabdingbar? Und was hätte umgekehrt sein Ableben zur Folge, was würde seiner Existenz zwingend ein Ende setzen? Was ist dafür verantwortlich, dass es einen Gegenstand vom Typ F zu einem späteren Zeitpunkt immer noch gibt? Ist beispielsweise die Erhaltung des Körpers und seiner wesentlichen Funktionen eine notwendige Voraussetzung für das Weiterleben der Person (entgegen manchen religiösen Doktrinen von der Unsterblichkeit einer immateriellen Seele – oder zumindest bestimmten Auslegungen derselben)? Und ist das Aufrechterhalten der Körperfunktionen *hinreichend* für das Weiterexistieren der Person? Oder beendet z. B. eine vollständige Amnesie das Leben einer Person?[19]

Und wie verhält es sich bei anderen Lebewesen? Oder bei unbelebten Dingen? Existiert ein Schiff noch, nachdem alle urspünglichen Planken ausgetauscht worden sind? Haben Artefakte grundsätzlich andere Persistenzkonditionen als natürliche Arten?[20]

---

16 Manche würden dem widersprechen und beispielsweise in Leibniz' Gesetz ein solches *allgemeines* Identitätskriterium sehen. (Cf. etwa Pedersen 2009 und De Clercq 2013.) Das ist ganz offensichtlich *nicht* die Auffassung derjenigen Philosophen, die nach einem Kriterium für die Identität von Personen (oder von Zahlen, Extensionen, Richtungen usw. – cf. die folgenden Beispiele) fragen: denn sie suchen nach einem *spezifischen* Identitätskriterium für eine bestimmte Art von Gegenständen. Es würde sie kaum zufriedenstellen, wenn jemand die Antwort gäbe: Ganz einfach – das Identitätskriterium für Personen ist dasselbe wie für alle anderen Gegenstände auch, nämlich die Gemeinsamkeit aller Eigenschaften. Cf. Wiggins 2001, S. 70: »[…] community of properties should be not the basis but the consequence of the satisfaction of an acceptable criterion of identity.«

17 Cf. Linnebo 2005.

18 Cf. etwa Olson 2010.

19 Ibd.

20 Zur Identität von Artefakten cf. etwa Wiggins 2001, S. 86 ff.

Nur konkrete Gegenstände persistieren[21], und *a fortiori* haben nur konkrete Gegenstände Persistenzbedingungen. Identitätskriterien aber lassen sich auch für abstrakte Gegenstände aufstellen. Was also, wenn keine Persistenzbedingung, könnte mit einem Identitätskriterium für abstrakte Objekte gemeint sein? Und hat es dann überhaupt noch sehr viel mit den Identitätskriterien für konkrete Gegenstände gemein?[22]

Das Schöne an Identitätskriterien für abstrakte Gegenstände ist, dass es für sie ganz anschauliche Beispiele gibt, und zwar von Frege selbst. Das wohl bekannteste Beispiel folgt dicht auf die bereits zitierte Stelle, in § 64: Die Gegenstände, deren Identität in Frage steht, sind *Richtungen* von Geraden, und als Kriterium für die Identität dieser Richtungen wird die *Parallelität* der Geraden angegeben.[23] Wenn wir diesem Kriterium in etwa die Form von (3.1) geben wollen, können wir schreiben:[24]

$$\forall x \forall y (r(x) = r(y) \leftrightarrow Pxy) \tag{3.2}$$

Mit x und y quantifizieren wir dann über Geraden, ›P‹ steht für die zweistellige Relation ›… ist parallel zu …‹ und ›$r(\ldots)$‹ für die Funktion ›die Richtung von …‹.

---

21 Und vielleicht trifft das noch nicht einmal auf *alle* konkreten Gegenstände zu – so mag es etwa Fälle geben, in denen man von *instantanen* Objekten sprechen möchte.

22 Das ist eine Frage, die vor allem Strawson aufwirft – und mit »Nein« beantwortet. In seinem einflussreichen Aufsatz *Entity and Identity* (Strawson 1976) trennt er scharf zwischen Gegenständen, für die sich präzise und klar anwendbare Identitätskriterien aufstellen lassen, und solchen, für die das nicht zutrifft (cf. die obige Aufzählung, S. 39). In die erste Kategorie fallen vor allem abstrakte Gegenstände wie Kardinalzahlen oder Richtungen von Geraden. (Diese Beispiele stammen von Frege – dazu im Folgenden mehr.) In die zweite Kategorie fallen gewöhnliche konkrete Dinge wie Hunde, Katzen oder Menschen. Für Objekte dieser zweiten Kategorie gebe es keine strikten Identitätskriterien, und deshalb empfiehlt Strawson, die Rede von Identitätskriterien in diesen Zusammenhängen ganz aufzugeben. 20 Jahre später, in der Einleitung zu einer Aufsatzsammlung, die vom titelgebenden *Entity and Identity* angeführt wird, zieht er diese Forderung, die Redeweise zu verändern, als unnötig radikal zurück, behält aber die zugrunde liegende Unterscheidung bei: Im Fall von konkreten Gegenständen oder *Substanzen* zieht er es vor, von einem »Identitäts*prinzip*« statt von einem Kriterium zu sprechen, wenn ausgedrückt werden soll, dass uns das Verständnis eines Begriffs wie dem des Hundes oder der Katze zugleich mit der Fähigkeit ausstattet, Identitätsurteile über Hunde oder Katzen zu fällen. (Cf. Strawson 1997b, S. 2 ff., außerdem Lowe 1989, S. 7 ff., sowie Hacker 2004, S. 48 ff.) Von einem Identitätsprinzip als auch von einem »*Individuations*prinzip« ist auch in Wiggins 2001 die Rede – sowohl in Verbindung mit als auch in Abgrenzung von dem Begriff des Identitätskriteriums.

23 Cf. Frege 1988, S. 72 f.

24 Cf. etwa Dummett 1973, S. 580, Williamson 1986, S. 380, Lowe 1989, S. 3, Williamson 1990, S. 145. Wenn man es ganz genau nimmt, müsste hier über Richtungen quantifiziert und dann eine Gerade zugeordnet werden: bei Frege geht es um Abstraktion. Dank an Thomas Müller für diesen Hinweis.

Als weiteres Beispiel wird zuweilen Freges Grundgesetz V genannt, das ein Kriterium für die Identität der »Werthverläufe« von Funktionen[25] bzw. der Umfänge von Begriffen[26] aufstellt. Heutzutage wird im Zusammenhang mit Freges Grundgesetz V oft sein mengentheoretisches Pendant genannt:[27]

$$\{x \mid Fx\} = \{y \mid Gy\} \leftrightarrow \forall z(Fz \leftrightarrow Gz) \tag{3.3}$$

Ein drittes Beispiel für Identitätskriterien, das im Rekurs auf Frege genannt wird, ist sein Kriterium für die Identität von *Kardinalzahlen,* das wiederum aus den *Grundlagen* stammt (§ 72):

> [D]er Ausdruck ›der Begriff *F* ist gleichzahlig dem Begriffe *G*‹ sei gleichbedeutend mit dem Ausdrucke ›es giebt eine Beziehung φ, welche die unter den Begriff *F* fallenden Gegenstände den unter *G* fallenden Gegenständen beiderseits eindeutig zuordnet‹.[28]

Der Vollständigkeit halber sei hier als letztes Beispiel noch Davidsons Kriterium der Identität von *Ereignissen* ergänzt – auch wenn Ereignisse gemeinhin nicht als abstrakte, sondern als konkrete Gegenstände gelten, wodurch sie sich von den Gegenständen unterscheiden, um deren Identität es in den drei vorgangegangenen Beispielen ging. Davidson zufolge sind Ereignisse genau dann identisch, wenn sie dieselben *Ursachen* und *Wirkungen* haben:[29]

---

25 Cf. Frege 1893/1903, § 20. Streng genommen *definiert* Frege die Identität von Wertverläufen: »Ich brauche die Worte ›die Function $\Phi(\xi)$ hat denselben *Werthverlauf* wie die Function $\Psi(\xi)$‹ allgemein als gleichbedeutend mit den Worten ›die Functionen $\Phi(\xi)$ und $\Psi(\xi)$ haben für dasselbe Argument immer denselben Werth‹.« (Ibd., § 3).

26 Cf. ibd., § 9: »[W]ir können die Allgemeinheit einer Gleichheit in eine Werthverlaufsgleichheit umsetzen und umgekehrt. Diese Möglichkeit muss als ein logisches Gesetz angesehen werden, von dem übrigens schon immer, wenn auch stillschweigend, Gebrauch gemacht ist, wenn von Begriffsumfängen die Rede gewesen ist.« Cf. auch ibd., § 3 und § 20.

27 Cf. etwa Zalta 2012 (2.4) und Horsten 2012 (2.1). Das *Extensionalitätsaxiom*, wie es auch genannt wird, ist ein klassischer Grundsatz der Mengenlehren (etwa in der Zermelo-Fraenkel-Axiomatik), der sich schon bei Dedekind findet (cf. Dedekind 1888, § 1.2). Berühmtheit hat es nicht zuletzt in Verbindung mit *Russells Paradox* erlangt (cf. Irvine 2009). Als Beispiel für ein Identitätskriterium wird es u. a. in Lowe 1989, S. 6, Noonan 2009 und Williamson 1990, S. 145 f., angeführt.

28 Frege 1988, S. 80. Cf. Williamson 1986, S. 380, und Williamson 1990, S. 146.

29 Cf. Davidson 2001, S. 179. Der Prädikatbuchstabe ›*U*‹ in meiner Version steht für die Relation ›... ist die Ursache von ...‹. Als Beispiel für Identitätskriterien dient Davidsons Vorschlag etwa in Noonan 2009 und Lowe 1989 (S. 7 f.) – cf. dazu Williamson 1990, S. 164, Endnote 4.

$$\forall x \forall y (x = y \leftrightarrow \forall z ((Uzx \leftrightarrow Uzy)\&(Uxz \leftrightarrow Uyz))) \qquad (3.4)$$

Was kann man nun aus diesen vier Beispielen ((3.2), (3.3), dem Beispiel der Kardinalzahlen und (3.4)) entnehmen? Zum einen sehen wir, dass die Gegenstände, von denen auf der linken Seite der jeweiligen Formel Identität ausgesagt wird, in irgendeiner Form auch auf der rechten Seite vorkommen, d. h. im Kriterium der Identität. Das ist wenig überraschend: Wie sollte man ein Kriterium für die Identität von x und y angeben, ohne auf x und y Bezug zu nehmen? Aber wir können noch mehr sagen: nämlich, *in welcher Weise* innerhalb des Kriteriums auf die Gegenstände Bezug genommen wird, deren Identität zur Diskussion steht – die Bedingung für ihre Identität ist, dass sie in einer bestimmten *Beziehung* oder *Relation* zueinander stehen. Auch das ist kaum verwunderlich: Das, wofür ein Kriterium gesucht wird – die *Identität* –, ist schließlich selbst eine Relation (wie in den vorausgegangenen Kapiteln ausgeführt). Also dürfte auch das Kriterium eine bestimmte Relation spezifizieren, statt beispielsweise einfach nur x eine bestimmte Eigenschaft zuzuschreiben und y eine andere.[30] Und natürlich darf die Relation im Kriterium nicht selbst die Identitätsrelation sein, wenn es *informativ* sein soll.[31] ($\forall x \forall y (x = y \leftrightarrow x = y)$) ist zweifellos wahr, aber als Identitätskriterium uninteressant.)

Betrachten wir die Relationen, die in den Beispielen das Kriterium für Identität ausmachen, einmal näher. In (3.3) ist es die Relation ›... enthält dieselben Elemente wie ...‹, in (3.4) die Relation ›... hat dieselben Ursachen und Wirkungen wie ...‹, in der x und y stehen müssen, damit sie identisch sind. Wie sieht es aber mit (3.2) und dem Kardinalzahlenbeispiel aus? Was ist hier die Relation, in der x und y stehen müssen, um dieselben zu sein? Die Frage lässt sich hinsichtlich dieser beiden anderen Beispiele nicht direkt beantworten. Denn das Kriterium ist in diesen Fällen keine Relation zwischen x und y, sondern eine Relation zwischen *anderen* Gegenständen (und Gegenständen einer anderen *Art*) – die aber natürlich etwas mit x und y zu tun haben: Im Fall der Kardinalzahlen ist die Bedingung für ihre Identität, dass die Umfänge (*Extensionen*) der Begriffe, für die sie die Anzahl der unter diese fallenden Gegenstände angeben, in einer 1:1-Relation zueinander stehen. Und im Fall der Richtungen von Geraden[32] ist das Kriterium ihrer Identität keine Relation, in der sie selbst,

---

30 Und da es sich bei Identität um eine *Äquivalenzrelation* handelt, muss das Kriterium ebenfalls eine Äquivalenzrelation beinhalten – das folgt aus dem Bikonditional.

31 Dass eine solche Relation trotzdem die notwendige und hinreichende Bedingung für Identität sein kann, demonstrieren die genannten Beispiele (3.2), (3.3) und (3.4).

32 Das, wovon Identität ausgesagt wird, ist in (3.2) nicht, wie in den anderen Formeln, x und y, sondern $f(x)$ und $f(y)$: die *Richtung* von x und diejenige von y.

die *Richtungen*, zueinander stehen, sondern eine Relation, in der die *Geraden* stehen: die Relation der Parallelität.[33]

Dies mag als Veranschaulichung dessen, was mit einem Identitätskriterium für *F*s als einer notwendigen und hinreichenden Bedingung für die Identität von *F*s gemeint ist und in welcher Weise ein solches Identitätskriterium davon abhängen kann, was man für dieses ›*F*‹ einsetzt, einstweilen genügen. Im nächsten Schritt soll eine weitere Differenzierung bezüglich der Identitätskriterien beleuchtet werden, die gerade im Hinblick auf personale Identität von einiger Wichtigkeit ist.

3.3.3 Konstitutive und evidentielle Identitätskriterien

Ein Identitätskriterium, das die notwendigen und hinreichenden Bedingungen für die Identität von *F*s angibt, bezeichnet Noonan als *konstitutives* oder »metaphysisch-semantisches« Kriterium[34] und unterscheidet es vom *evidentiellen* Kriterium[35]. Ein evidentielles Kriterium gibt uns lediglich ein Mittel an die Hand, um *herauszufinden*, ob *x* und *y* identisch sind oder nicht. Es lässt uns in *praktischen* Zusammenhängen *überprüfen*, ob Identität besteht. Ein evidentielles Kriterium muss weder hinreichend noch notwendig für die Identität von *F*s sein, sondern lediglich anzeigen, was als *Evidenz* für ihre Identität zählt. Solch ein Kriterium gibt eine Antwort auf die Frage, *woher wir wissen* oder woraus wir ersehen können, ob *x* und *y* identisch sind.[36]

---

33 Williamson bezeichnet Identitätskriterien der ersten Art als *One-Level*-Kriterien und solche der zweiten Art als *Two-Level*-Kriterien – cf. Williamson 1990, S. 145 f. Wie dieser, zunächst rein formale, Unterschied aber *philosophisch* interpretiert und bewertet werden sollte, ist strittig – cf. etwa Noonan 2009 und Lowe 1989, S. 6. (Lowes Schemata (A) und (B) sind Beispiele für Williamsons *One-Level*- und *Two-Level*-Kriterien.)

34 Noonan 2003, S. 2.

35 Andere nennen es epistemisches (Olson 1997, S. 23) oder epistemologisches (Mackie 2006) Kriterium. Parfit scheint dieselbe Unterscheidung zu machen, ohne den unterschiedenen Arten von Kriterien allerdings explizite Namen zu geben: Parfit 1984, S. 202. Perry spricht zwar nicht von einem konstitutiven Kriterium, setzt es aber gegen Kriterien ab, die lediglich benennen, was als *Evidenz* für Identität gilt: Perry 2008, S. 11 f. Uneinigkeit herrscht freilich darüber, ob es etwa in der Debatte um personale Identität *ausschließlich* um das konstitutive Kriterium geht (cf. Noonan 2003, a. a. O.) oder – zumindest bei einigen Autoren – auch um das evidentielle Kriterium (cf. Perry 2008, a. a. O., Olson 2010: Beispiele für Philosophen, die danach trachten, ein evidentielles Kriterium für personale Identität anzugeben, wären etwa Shoemaker und Penelhum, cf. Shoemaker 1963, bspw. S. 3 ff., und Penelhum 1970). Die Unterscheidung zwischen »metaphysischer« und »epistemischer« Lesart von ›Kriterium der Identität‹ findet sich ebenfalls in Williamson 1990, S. 148 ff.

36 Gebräuchlich sind auch die Wendungen ›way of telling‹ (cf. Wiggins 2001, S. 60, Parfit 1984, a. a. O.) bzw. ›way of knowing‹ (cf. Perry 2008, a. a. O.), wobei Wissen hier nicht im starken, d. h. faktiven Sinne verstanden werden darf, denn dann wäre das Kriterium tatsächlich hinreichend (cf. Mulligan und Correia 2008, Abschnitt 1.3, und Williamson 2000, Kap. 1).

Genau wie beim konstitutiven Kriterium geht es auch beim evidentiellen Kriterium um eine *Folgerungsbeziehung*: Bestimmte Anzeichen werden als starke Indizien oder ausreichende Evidenz dafür gewertet, dass es sich um dieselbe Person oder denselben Gegenstand handelt. Ist ein solches Kriterium gegeben, *schließen* wir daraus in der Regel, dass Identität vorliegt. Anders als beim konstitutiven Kriterium ist die Folgerungsbeziehung bei evidentiellen Kriterium jedoch keine strikte, zwingende, sondern eine für praktische Zwecke zwar hinlängliche, aber eigentlich eher auf einer hohen Wahrscheinlichkeit als auf strenger Abhängigkeit beruhende.[37]

Ein Beispiel für ein evidentielles Kriterium für die Identität von Personen ist der Fingerabdruck.[38] Wenn wir von x einen Fingerabdruck nehmen und feststellen, dass er mit dem Fingerabdruck in der Datenbank übereinstimmt, der von y abgenommen worden ist, ziehen wir gewöhnlich den Schluss, dass es sich bei x und y um ein und dieselbe Person handelt – dass x und y identisch sind. (Und in juristischen Kontexten wird eine solche Übereinstimmung ggf. als *Beweis* herangezogen.) Aber die Folgerungsbeziehung von Übereinstimmung der Fingerabdrücke und Identität der Person(en), von der/denen diese Abdrücke genommen worden sind, ist keine *strikte* Schlussbeziehung: die Gleichheit der Fingerabdrücke ist nicht *hinreichend* für Identität. (Und sie ist erst recht nicht *notwendig*: Daraus, dass x und y dieselbe Person sind, folgt nicht zwingend, dass ihre Fingerabdrücke sich decken. Vielleicht hat sie sich in der Zwischenzeit die Finger operativ verändern lassen, oder aber die Unglückliche hat überhaupt keine Finger mehr – wenn der Verdächtigen in der Zwischenzeit ihre Hand amputiert worden ist, so ist sie dennoch dieselbe Person wie diejenige, die seinerzeit ihre Fingerabdrücke in der Kartei hinterlassen hat. Cf. wiederum Olson 2010.)

Ein weiteres Beispiel aus der heutigen Zeit ist der genetische Fingerabdruck oder DNA-Test, der vielleicht zum Einsatz kommt, weil ein Täter keine (konventionellen) Fingerabdrücke, wohl aber andere Spuren wie Haare oder Blut hinterlassen hat – oder weil man dem genetischen Fingerabdruck eine größere Evidenz zuerkennt.[39] Aber auch bei den althergebrachten Authentifizierungsmethoden wie der Passbild-

---

37 Ich vermeide hier bewusst Ausdrücke wie ›logische‹ oder ›begriffliche‹ oder ›metaphysische Notwendigkeit‹. Diese Bezeichnungen werden zwar gelegentlich benutzt, um das konstitutive vom evidentiellen Kriterium abzuheben. (Das ist teilweise auch schon aus den obigen Zitaten ersichtlich.) Aber da diese Wörter in recht unterschiedlichen Bedeutungen verwandt werden (manche Autoren etwa gebrauchen ›logisch‹ so, dass es einschließt, was andere unter ›begrifflich‹ verstehen) und des Weiteren z. B. kontrovers ist, ob es so etwas wie metaphysische Notwendigkeit überhaupt gibt (oder ob das, was mit metaphysischer Notwendigkeit gemeint ist, nicht viel eher auf begriffliche Notwendigkeit bzw. sprachliche Regeln heruntergebrochen werden sollte), scheue ich zumindest an dieser Stelle davor zurück, mich terminologisch in solcher Weise festzulegen.

38 Dieses Beispiel findet sich etwa in Olson 2010.

39 Dass selbst bei genetischen Fingerabdrücken eine Deckungsgleichheit nicht vollständig ausschließt, dass sie dennoch von verschiedenen Personen stammen, zeigt das Beispiel eineiiger Zwillinge.

kontrolle wird von evidentiellen Kriterien auf die Identität der Person geschlossen. Und nicht nur in forensischen oder behördlichen Zusammenhängen kommen solche Kriterien zur Anwendung. Wann immer wir eine Person *(wieder)erkennen*, ob am Gesicht oder allein aufgrund der Stimme (etwa am Telefon), scheinen wir, wenn auch meistens nicht bewusst, evidentielle Kriterien in Anschlag zu bringen.

Manchmal ist es noch nicht einmal erforderlich, eine Person anhand individueller Eigenschaften zu identifizieren: Jemand, der Zeuge eines nächtlichen Einbruchs wird, sieht vielleicht eine schemenhafte Gestalt davonlaufen und folgt ihr durch die Dunkelheit, um sie später irgendwo zu stellen – dann ist das alleinige Kriterium für die Identität des Einbrechers und der festgenommenen Person der *kontinuierliche raumzeitliche Pfad*, der den Einbruch und die Verhaftung miteinander verbindet. Auf die Frage, woher der Zeuge weiß, dass es sich um den Täter handelt, wird die Antwort nicht lauten, dass man ihn wiedererkannt habe, sondern dass man ihm ununterbrochen gefolgt sei und ihn nicht aus den Augen gelassen habe. (Umgekehrt kann uns das *Fehlen* eines kontinuierlichen Pfades durch Raum und Zeit den Grund dafür liefern, Identität *auszuschließen*: Wenn x um 12 Uhr in New York gesichtet und y zwei Minuten später in Bern angetroffen wurde, dann kann es sich – zumindest nach den derzeitigen technischen Möglichkeiten – nicht um dieselbe Person handeln.)

Bei aller Verschiedenheit von konstitutivem und evidentiellem Kriterium gibt es aber auch Gemeinsamkeiten und Verbindungen:[40] In beiden Fällen ist nämlich eine *Bedingung* gemeint, und zwar eine Bedingung für ein *Urteil*[41] (in unserem Fall ein Identitätsurteil). Das konstitutive Kriterium ist insofern eine Bedingung für Identitätsurteile, als es angibt, *was wir meinen*, wenn wir diese Urteile fällen, und damit zugleich, welche Bedingungen vorliegen müssen, damit ein solches Urteil gerechtfertigt ist. Das evidentielle Kriterium hingegen stellt insofern eine Bedingung für Identitätsurteile dar, als es *Anzeichen* oder *Indizien* benennt, die mit hoher *Wahrscheinlichkeit* auf Identität schließen lassen.

Fassen wir zusammen: Der Begriff des Identitätskriteriums, der in der Philosophie der Identität und insbesondere der personalen Identität eine zentrale Rolle spielt, ist vielgestaltig und kontrovers, und es können sehr verschiedene Dinge gemeint sein, wenn Philosophen von einem Kriterium für Identität sprechen. Wo nach einem solchen Kriterium gesucht wird, etwa in der Diskussion um personale Identität, geht es meistens darum, notwendige und hinreichende Bedingungen für die Identität von Fs,

---

40 Cf. etwa Noonan 2003, S. 2, Perry 2008, S. 12, und Williamson 1990, S. 148 ff.

41 Oft hilft ein Blick ins Wörterbuch nicht unbedingt weiter, wenn man herausfinden will, was Philosophen mit einem bestimmten Ausdruck meinen; aber in diesem Fall decken sich die Gemeinsamkeiten zwischen den Bedeutungen der *termini technici* »konstitutives Kriterium« und »evidentielles Kriterium« recht gut mit der lexikalischen Bedeutung von ›Kriterium‹ – der Duden etwa gibt hier an: »unterscheidendes Merkmal als Bedingung für einen Sachverhalt, ein Urteil, eine Entscheidung«. Das entspricht weitgehend der Bedeutung des griechischen *kritérion*: ein Mittel oder Maßstab des Urteilens.

d. h. Gegenständen einer bestimmten Art, z. B. eben Personen, zu finden. Dieses Kriterium hängt eng mit dem Begriff F zusammen.[42]

Nach diesem Exkurs über den Begriff des Identitätskriteriums können wir nun den nächsten Schritt auf dem Weg zum Begriff der personalen Identität machen und uns der *diachronen* Identität zuwenden.

---

42 Cf. etwa Wiggins 1976, S. 141: »This only reflects a wider truth familiar from the teachings of Aristotle, Leibniz and Frege about the intimate relation holding between an account of *what a thing is* and the elucidation of the identity-conditions for members of its kind.«

4 Diachrone Identität

4.1 Einordnung des Kapitels

Wo stehen wir jetzt innerhalb des ersten Teils der Arbeit? Zur Erinnerung: In diesem ersten Teil führe ich schrittweise in alle formalen Aspekte ein, die im Begriff der personalen Identität enthalten sind: den *relationalen* Begriff von Identität (Kap. 1), den Begriff der *numerischen* Identität (Kap. 2), den der *diachronen* Identität (Kap. 4) und schließlich den Begriff der *personalen* Identität selbst (Kap. 5). (Die Reihenfolge ist durch die zunehmende Spezifizität gegeben.[1]) Nach der Unterbrechung durch den Exkurs über den Begriff des Identitätskriteriums im vorangegangenen Kapitel können wir diese Abfolge nun fortsetzen. Der letzte Schritt, den wir gegangen sind, betraf den Begriff der numerischen Identität (Kap. 2). Folgerichtig geht es nun mit der *diachronen* Identität weiter.

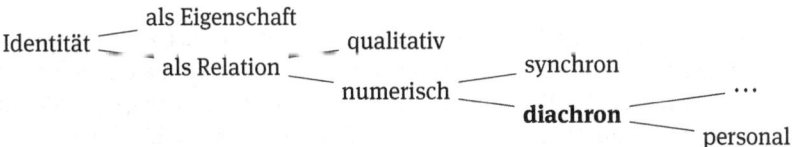

Der Grund für dieses schrittweise Vorgehen, wie ich es soeben noch einmal umrissen habe, besteht darin – auch das als Erinnerung –, dass ein Verständnis der allgemeineren Begriffe, die im Begriff der personalen Identität enthalten sind, und ihrer je eigenen Probleme meines Erachtens unabdingbar ist für ein tieferes Verständnis der personalen Identität als einer Sonderform der diachronen und damit wiederum der numerischen bzw. schließlich der relationalen Identität. Die Fragen, die mich im Hinblick auf jeden dieser übergeordneten Begriffe leiten müssen, sind also einerseits *Was ist das?* und andererseits *Welche spezifischen Probleme wirft es auf?* Auf diese Weise

---

1 Für einen der Schritte gilt dies nicht im gleichen Maße wie für die anderen: Statt zuerst die Unterscheidung zwischen numerischer und qualitativer Identität zu behandeln und erst danach – innerhalb der numerischen Identität – zwischen diachroner und synchroner Identität zu differenzieren, könnte man auch in umgekehrter Reihenfolge vorgehen (numerische und qualitative Identität als Binnendifferenzierung innerhalb des Oberbegriffs der diachronen Identität). Für meine Variante lässt sich jedoch ins Feld führen, dass etwa im Zusammenhang mit personaler Identität zwar zuweilen auch von synchroner (numerischer) Identität die Rede ist, meines Wissens aber sehr selten die qualitative Identität thematisiert wird (nicht im synchronen – ein Beispiel wären etwa Ähnlichkeiten zwischen Personen, die sich in einem Raum befinden – und noch viel weniger im diachronen Sinne – wie bei Ähnlichkeiten mit entfernten Vorfahren).

ist es möglich, die verschiedenen Begriffe und die im Zusammenhang mit diesen Begriffen diskutierten Probleme sauber gegeneinander abzugrenzen.

Für den Begriff der relationalen und den der numerischen Identität ist diese Arbeit bereits geleistet, so dass ich mich nun der diachronen Identität zuwenden kann. Dabei werde ich mit der Klärung des *Begriffs* beginnen, bevor ich dann auf die spezifischen *Probleme* zu sprechen komme, die mit dem Begriff der diachronen Identität verbunden sind.

4.2 Was ist diachrone Identität?

(A)   Das Schiff, das heute vor zwei Jahren in Hamburg vom Stapel lief, ist dasselbe Schiff, das nun hier vor Anker liegt.

(B)   Im linken Spiegel ist dieselbe Lampe zu sehen wie im rechten.

(C)   2 + 2 = 4

Die drei obigen Sätze haben gemein, dass mit ihnen Aussagen über numerische Identität gemacht werden. Sie unterscheiden sich darin, dass die ersten beiden von *konkreten* Gegenständen handeln, während der letzte *abstrakte* Gegenstände betrifft. Aber auch innerhalb der ersten beiden Beispiele lässt sich noch differenzieren: Die Weise, in der bei (A) auf die Gegenstände Bezug genommen wird, schließt die Verwendung von *zeitlichen Bestimmungen* (›heute vor zwei Jahren‹, ›nun‹) ein – und zwar zeitlichen Bestimmungen, die *verschiedene* Zeiten bezeichnen (in unserem Beispiel liegen die betreffenden Zeiten zwei Jahre auseinander). In (B) dagegen kommen keine solchen Bestimmungen vor.[2]

Identitätsurteile wie das mit (A) ausgedrückte werden als Urteile über *diachrone* Identität bezeichnet, weil sie zwei verschiedene Zeiten beinhalten.[3] Hingegen nennt man Identitätsaussagen wie diejenige in (B) Aussagen über *synchrone* Identität, weil sie Gegenstände zur selben Zeit oder zum selben Zeitraum in Beziehung setzen.[4]

(C) schließlich fällt in keine der beiden Kategorien: Es ergibt keinen Sinn, auf Zahlen oder andere abstrakte Gegenstände mithilfe von zeitlichen Bestimmungen (ob verschiedene Zeiten oder dieselbe Zeit betreffend) Bezug nehmen zu wollen. Die Unter-

---

[2] Das heißt nicht, dass man (B) so verstehen muss, dass der Satz *überhaupt keine* zeitliche Komponente hat. (So könnte man mit ihm ausdrücken wollen, dass die Lampe, die *jetzt* – cf. ›nun‹ in (A) – im linken Spiegel zu sehen ist, dieselbe ist, die man *jetzt* im rechten sieht. Im nächsten Moment drehen sich vielleicht die Spiegel und zeigen verschiedene oder gar keine Lampen.) Wichtig ist nur, dass mit (B) weder explizit noch implizit auf *unterschiedliche* Zeiten abgehoben wird.

[3] Alternativ spricht man auch von *transtemporaler* Identität oder Identität *über die Zeit*.

[4] Dieser Zeitraum kann auch die gesamte Lebenszeit umfassen. Ein Beispiel: »Ihr erstgeborener Sohn ist das erste Enkelkind ihrer Mutter.«

scheidung zwischen diachroner und synchroner Identität ist also nur sinnvoll, wo es um zeitliche, d. h. konkrete Gegenstände geht.

Wir können somit festhalten, dass Aussagen über diachrone Identität die folgende Form haben bzw. sich in diese Form bringen lassen (›t_1‹ und ›t_2‹ stehen für Zeitangaben, und es wird vorausgesetzt, dass $t_1 \neq t_2$):

$$x \text{ zu } t_1 = y \text{ zu } t_2 \qquad (4.1)$$

Wenn man in entsprechender Weise die Form von Aussagen über *synchrone* Identität angeben wollte, könnte man schreiben (wobei die Zeitbestimmung implizit sein und sich auch auf einen ausgedehnten Zeitraum beziehen kann[5]):

$$x \text{ zu } t_1 = y \text{ zu } t_1 \qquad (4.2)$$

Identitätsaussagen à la (C) schließlich, die sich um abstrakte Gegenstände drehen, verzichten gezwungenermaßen ganz auf Zeitangaben (›die Zahl, die *gestern* die Summe von 2 und 2 war‹ ist entweder redundant oder sinnlos[6]) und haben also die schlichte Form:

$$x = y \qquad (4.3)$$

Im Folgenden möchte ich nun zunächst noch näher auf den Unterschied zwischen (A) und (B) auf der einen sowie (C) auf der anderen Seite eingehen, d. h. auf den Unterschied zwischen Identitätsaussagen über konkrete und solchen über abstrakte Gegenstände (4.2.1). Erst im zweiten Schritt (4.2.2) werde ich mich dann genauer mit der Unterscheidung zwischen diachroner (A) und synchroner (B) Identität beschäftigen – einer Unterscheidung wie gesagt, die *innerhalb* der Identitätsaussagen über konkrete Gegenstände zu ziehen ist. Der dritte und letzte Teil dieses Abschnitts ist der Frage gewidmet, *welcher Art* diese Unterscheidung zwischen diachroner und synchroner Identität ist (4.2.3).

---

5 Cf. oben, S. 48, Fn. 2.

6 Wenn die Wortfolge »es ist gestern der Fall gewesen, dass 2 + 2 = 4« überhaupt Sinn ergibt – darüber lässt sich trefflich streiten –, dann ist die Qualifikation ›gestern‹ insofern redundant, als eine Zahl, die *jemals* die Summe von 2 und 2 ist, *immer* die Summe von 2 und 2 ist.

4.2.1 Kandidaten für diachrone (und synchrone) Identität

Charakteristisch sowohl für diachrone als auch für synchrone Identitätsurteile ist die explizite oder implizite *zeitliche* Komponente in der Bezugnahme auf die Gegenstände, um die es geht. Daraus lässt sich bereits entnehmen, was für Objekte überhaupt in Frage kommen, um diachrone oder synchrone Identitätsaussagen über sie zu machen: Die Klasse von Gegenständen, auf die wir uns (auch, aber nicht nur) vermittelst zeitlicher Bestimmungen – seien es temporale Attribute wie ›heute vor zwei Jahren‹, ›nun‹ und ›am 28. Januar 2012 um 15 Uhr MEZ‹ oder *tempora verbi* (›vom Stapel lief‹, ›vor Anker liegt‹) – beziehen können, wird gemeinhin als die Klasse der *konkreten* Gegenstände bezeichnet:[7] Entitäten, die sich zumindest prinzipiell »in Raum und Zeit« lokalisieren lassen und die zu verschiedenen Zeiten (und an verschiedenen Orten)[8] potentiell verschiedene Eigenschaften exemplifizieren.[9]

Obwohl gewöhnliche, physikalische Objekte wie Tische und Stühle, Katzen und Menschen die paradigmatischen Beispiele für diachrone Identität darstellen[10], ist gemäß den oben umrissenen Anforderungen für diachrone (und synchrone) Identitätsaussagen auch eine andere große Kategorie von Entitäten für solche Identitätsurteile qualifiziert: die der *Ereignisse*. Denn auch Ereignisse existieren »in der Zeit«[11], haben in der Regel einen Anfang und ein Ende sowie möglicherweise verschiedene Ei-

---

7 In diesem Abschnitt verwende ich eine ganze Reihe von Ausdrücken, mit denen in der Literatur die Relata diachroner Identität bezeichnet werden, weitgehend synonym – wohl gewahr, dass ich damit grob vereinfache: ›Ding‹, ›Einzelding‹ (›*individual*)‹, ›*particular*‹, ›Substanz‹, ›*continuant*‹ (cf. S. 96, Fn. 32), ›konkreter Gegenstand‹, ›gewöhnlicher Gegenstand‹ (›ordinary object‹), ›materieller Gegenstand‹ und ›physikalischer Gegenstand‹. Was darunter fällt, hängt davon ab, wie man den jeweiligen Ausdruck verwenden möchte. Dagegen lässt sich das Eignungskriterium für Relata diachroner Identitätsaussagen sehr präzise angeben: Ein Gegenstand ist genau dann dafür geeignet, wenn er zu verschiedenen Zeiten existiert. Am besten sollte man deshalb vielleicht von »zeitlichen Gegenständen« sprechen.

8 Einen Sonderfall bilden – wenn es denn so etwas gibt – zeitlich oder räumlich *punktförmige*, d. h. nicht ausgedehnte Gegenstände. Ein instantanes Objekt ist kein Kandidat für diachrone Identitätsaussagen (wohl aber für synchrone), weil es keine zwei distinkten Zeiten gibt, zu denen es existiert. (Beispiele für instantane Objekte wären etwa die *stages* in Siders Version des Vierdimensionalismus – cf. S. 22, Fn. 22.) Räumlich punktförmige Objekte dagegen wären durchaus geeignete Relata für diachrone Identität.

9 Die Dichotomie von konkreten und abstrakten Objekten ist von einer gewissen Unschärfe geprägt: Es ist strittig, wo und wie genau die Grenze zu ziehen ist und was als Kriterium dienen könnte. Der Versuch einer Definition im Rekurs auf Räumlichkeit und Zeitlichkeit gehört jedoch zu den verbreitetsten Herangehensweisen. Ein Beispiel für einen Grenzfall wäre dann etwa die Menge der Bücher in meinem Bücherregal – als Menge ist sie ein mathematisches Objekt und damit eigentlich abstrakt; aber da sich diese Menge raumzeitlich lokalisieren lässt, könnte man auch sagen, dass sie konkret ist. Cf. Rosen 2012.

10 Cf. etwa Gallois 2011.

11 Man kann sich freilich darüber streiten, ob Ereignisse streng genommen *überhaupt* existieren – cf. etwa Prior 1996b.

genschaften im Laufe ihres »Lebens«.[12] Ein Fußballspiel beginnt und endet zu bestimmten Zeiten und läuft vielleicht eher träge und langweilig an, um sich dann zu einem schnellen und spannenden »Krimi« zu entwickeln. Ein Beispiel für eine diachrone Identitätsaussage über ein Fußballspiel wäre etwa: »Das Spiel, in dem kurz vor Schluss drei Tore innerhalb von zehn Minuten fielen, war dasselbe, in dem die Spieler während der ersten Halbzeit von den gelangweilten Zuschauern ausgebuht wurden.« Partys haben gewöhnlich eine Anfangszeit, zu der geladen wird, und enden, wenn der letzte Gast sich verabschiedet. Man stelle sich einen Gastgeber vor, der sich zu fortgeschrittener Stunde bewusst wird, dass dieselbe Party, die zwischendurch so exzessive Ausmaße angenommen hatte, nun doch noch ruhig und zivilisiert ausklingt – ein weiteres Beispiel für diachrone Identitätsurteile bezüglich Ereignissen.[13] Und wer auf einem Festival im Abstand von zwei Stunden an einer bestimmten Bühne vorbeikommt, mag sich fragen, ob es immer noch dasselbe Konzert ist, das dort läuft, oder bereits das nächste.

Auch Ereignisse, Prozesse, Zustände usw. lassen sich somit als zeitliche Gegenstände auffassen und in diachroner wie synchroner Weise identifizieren und individuieren. Da sie in der Philosophie der Identität nur eine untergeordnete Rolle spielen, werde ich mich nun wieder den materiellen Gegenständen oder *continuants*[14] zuwenden und innerhalb dieser Kategorie noch weiter differenzieren, nämlich zwischen den bereits zur Sprache gekommenen *Dingen* oder *Substanzen* (im aristotelischen Sinn einer primären Substanz[15]) und den *Stoffen*: Unsere Welt ist bevölkert nicht nur von Personen, Häusern und Autos, sondern auch von mehr oder weniger klar umgrenzten Quantitäten von Stoffen oder Materialien wie Wasser, Zucker oder Sand. Diese Unterscheidung von Stoff und Substanz ist nicht zuletzt aus der Grammatik geläufig: Substanzen werden, ihrer *Zählbarkeit* entsprechend, durch Substantive bezeichnet, die eine Pluralbildung erlauben[16] (*count nouns*),[17] während Stoffe, weil sie eben *nicht* zählbar sind, durch solche Substantive benannt werden, die grundsätzlich im

---

12 Zum Unterschied zwischen Dingen (im engeren Sinne von materiellen Objekten oder *Substanzen*) und Ereignissen cf. etwa Hacker 1982.

13 Die Beispiele stammen aus Melia 2000.

14 Cf. S. 96, Fn. 32.

15 Etwas schablonenhaft ausgedrückt, sind nach Aristoteles die primären Substanzen alle individuellen Gegenstände, während die sekundären Substanzen die *Arten* von Gegenständen sind. Für eine sehr viel anspruchsvollere Darstellung des aristotelischen Substanzbegriffs cf. vor allem Wiggins 1995.

16 Diese werden auch als Gattungsnamen oder Appellativa bezeichnet.

17 Zur Logik von *common nouns* (die *count nouns* und *non-count nouns* umfassen) cf. Gupta 1980, Ben-Yami 2004, Ben-Yami 2006 sowie Simons 1978. (Für *common nouns* gibt es kein deutsches Pendant – gemeint sind sowohl die Gattungsnamen als auch die Stoffnamen, in Abgrenzung von den Eigennamen (Propria)).

Singular stehen[18] (*non-count nouns*).[19] Auch über Stoffe fällen wir zuweilen diachrone Identitätsurteile: Wenn wir das Bier aus der Flasche in ein Glas füllen, ist es dasselbe Bier, das sich erst in der Flasche befunden hat und nun im Glas befindet.

Kandidaten für diachrone Identitätsaussagen sind also alle im weitesten Sinne konkreten Gegenstände, d. h. Gegenstände, deren Existenz zeitlicher Natur ist und die zu verschiedenen Zeiten existieren:[20] gewöhnliche materielle Dinge, aber auch Stoffe und sogar Ereignisse. Den prominentesten Platz in der Debatte um diachrone Identität nehmen aber die Dinge ein – im Fall von personaler Identität sind das zählbare Gegenstände aus Fleisch und Blut: menschliche Wesen.

Warum kann man keine diachronen oder synchronen Identitätsaussagen über *abstrakte* Gegenstände machen? Sicherlich hat die Existenz der Zahl π weder Anfang noch Ende; aber man könnte ja die Auffassung vertreten, dass sie trotzdem »in der Zeit« existiert – nur eben *für immer* oder *ewig*.[21] Und wenn man Propositionen zu den abstrakten Gegenständen rechnet[22] und der Meinung ist, dass etwa die Proposition, dass Sokrates ein Philosoph ist, noch nicht existierte, bevor Sokrates geboren wurde,[23] dann gibt es sogar abstrakte Gegenstände, die zwar kein Ende, wohl aber einen Anfang in der Zeit und damit doch erst recht Anspruch auf den Titel »zeitlicher Gegenstand« haben – und mithin für diachrone Identitätsaussagen geeignet sind. Aber selbst für mathematische Objekte, die immer schon existiert haben (wenn sie überhaupt zeitlich existieren – die Mehrheit der Philosophen dürfte der Auffassung sein, dass abstrakte Gegenstände *atemporal* existieren), kann man sich problemlos Kennzeichnungen überlegen, die zeitliche Bestimmungen beinhalten: ›diejenige irrationale Zahl, von der ich vor genau 20 Jahren zum ersten Mal gehört habe‹. Damit scheint

---

18 In der Fachsprache heißen sie *Kontinuativa*. Der einzige Fall, in dem auch von solchen Substantiven der Plural gebildet wird, ist der des sogenannten *Sortenplurals* – z. B. ›italienische Weine‹ oder ›griechische Öle‹.

19 Cf. etwa Hacker 2008, S. 29 ff.

20 Darunter fallen auch Gegenstände, deren Existenz *unterbrochen* ist. Man denke etwa an einen Schrank, der vorübergehend auseinandergebaut und für einige Zeit irgendwo zwischengelagert wird, um später und an anderem Ort wieder zusammengebaut zu werden: In manchen Zusammenhängen und für manche praktische Zwecke mag es durchaus sinnvoll sein, dies so zu beschreiben, dass ein und derselbe Schrank vorher und nachher existiert, zwischendurch aber nicht. Das wäre dann also ein diachrones Identitätsurteil über einen nicht kontinuierlich existierenden Gegenstand. Cf. Prior 1957a und Wiggins 1968.

21 Dies ist etwa die Sichtweise von Arthur Prior, dem Begründer der Zeitlogik. Für Prior existieren abstrakte Gegenstände wie Zahlen nicht zeitlos oder *atemporal*, sondern *omnitemporal* (cf. Prior 1996a, S. 48). Zur Unterscheidung zwischen Eternalismus, Atemporalismus, Sempiternalismus und Omnitemporalismus – hier im Zusammenhang mit Propositionen und ihrem Wahrheitswert – cf. Künne 2003, S. 285 ff.

22 Cf. wiederum Rosen 2012.

23 Das ist die Position, die Künne als unilateralen Sempiternalismus bezeichnet – cf. Künne 2003, S. 289.

auch für abstrakte Gegenstände zu gelten, was ich oben als ein Kriterium oder zumindest Charakteristikum für diachrone Identitätsaussagen und ihre Objekte angegeben habe: dass man vermittelst zeitlicher Bestimmungen auf sie Bezug nehmen kann. Dennoch spricht man von diachroner Identität üblicherweise nur im Zusammenhang mit konkreten Gegenständen. Und das dürfte darin begründet liegen, dass die transtemporale Identität von konkreten Gegenständen ganz eigene und besondere Aspekte und Probleme mit sich bringt, durch die sie sich von Identitätsfragen bezüglich abstrakter Objekte unterscheidet bzw. über diese hinausgeht. Dieses neue Themenfeld lässt sich am ehesten mit »Veränderung« überschreiben: Konkrete Gegenstände verändern sich, abstrakte nicht.[24] Auf das Thema der Veränderung werde ich unten ausführlich zurückkommen.[25] Vorher möchte ich aber, nachdem ich die konkreten Gegenstände als einzig sinnvolle Kandidaten für diachrone als auch synchrone Identität ausgewiesen habe, noch genauer auf den Unterschied zwischen diachroner und synchroner Identität eingehen.

4.2.2 Diachrone Identität vs. synchrone Identität

Das Schiff, das zu t_1 den Hafen von Piräus verließ, ist dasselbe Schiff, das seit t_2 im Athener Museum ausgestellt wurde. Die Dame, die mich *gestern* beim Bäcker bedient hat, ist dieselbe, die dort *heute* an der Kasse stand. Der hellste Himmelskörper, den ich *gestern Abend* gesehen habe, und der hellste Himmelskörper, den ich *heute Morgen* gesehen habe, sind identisch.

Viele diachrone Identitätsaussagen weisen hinsichtlich ihrer Form eine starke Ähnlichkeit auf. Im Vergleich dazu ist synchrone Identität wesentlich heterogener. Wann immer wir (konkrete) Gegenstände *zählen* und also *individuieren*, werden in

---

24 Wenn eine Zahl wie π der Person x zum Zeitpunkt t_1 noch unbekannt, zum Zeitpunkt t_2 aber bestens bekannt ist, so handelt es sich natürlich nicht um eine Änderung der Zahl π, sondern um eine Veränderung und Erweiterung des Wissens von x. Im besten Fall kann man, bezogen auf die Zahl π, von einer bloßen *Cambridge-Veränderung* sprechen – so hat Geach die Veränderung getauft, der ein Gegenstand genau dann unterworfen ist, wenn er zu unterschiedlichen Zeiten unterschiedliche Eigenschaften exemplifiziert (und das können eben auch *relationale* Eigenschaften wie ›... ist der Person ... bekannt‹ sein): »The thing called ›x‹ has changed if we have ›F(x)‹ at time *t*‹ true and ›F(x)‹ at time t^1‹ false, for some interpretation of ›F‹, ›t‹ and ›t^1‹.« (Geach 1968, S. 71 f.; cf. Geach 1969c, S. 98 f., und Geach 1969b, S. 318 ff., sowie dazu auch Dummett 1973, S. 491 ff., Lombard 1986, Kap. 4, Ruben 1988, S. 223 ff., und Künne 2003, S. 281 ff.) Wie innerhalb der Cambridge-Veränderungen – also der Veränderungen im weitesten Sinne – die »wirklichen« oder »echten« Veränderungen (*real changes* bzw. *genuine changes*; Künne spricht von *alterations*) von den *bloßen* Cambridge-Veränderungen abzugrenzen sind, ist eine notorisch schwierige Frage (beispielsweise scheidet eine Begrenzung der sich ändernden Eigenschaften auf nicht-relationale Eigenschaften als Option aus – cf. wiederum Künne 2003, S. 281 ff.).

25 Cf. Abschnitt 4.3.1, S. 58.

gewissem Sinne synchrone Identitätsurteile gefällt: Um zu dem Ergebnis zu kommen, dass fünf Äpfel auf dem Tisch liegen, müssen wir in der Lage sein zu entscheiden, wo »der eine Apfel aufhört und der nächste anfängt«, was also als derselbe Apfel gilt und was als zwei verschiedene. Oft geht es dabei um die Beziehung zwischen *Teil* und *Ganzem*. Wenn wir von weitem auf einen Bahnhof blicken und auf beiden Seiten ein paar Waggons eines Zuges »herausragen« sehen, können wir uns fragen, ob es zwei Teile desselben Zuges oder verschiedener Züge sind. Solche Identitätsfragen haben nicht immer eine eindeutig definierte Antwort, sondern sind oft *vage*: In einem Gebäudekomplex etwa fällt es mitunter schwer zu sagen, ob zwei Personen sich gerade im selben Gebäude oder in verschiedenen Gebäuden aufhalten – schlicht und einfach deshalb, weil die Gebäude keine scharfen Grenzen haben und beispielsweise unklar bzw. der Willkür überlassen ist, ob man alles, was durch einen noch so kleinen Verbindungsgang zusammenhängt, als *ein* Gebäude zählen will.[26] Auch Landschafts- oder Geländeformen haben gewöhnlich recht diffuse Grenzen: Wenn ich mich nach zwei Stunden Wanderung frage, ob ich mich immer noch auf demselben Berg befinde, ist möglicherweise weder die affirmative noch die negative Antwort korrekt (oder beide gleichermaßen), weil ich mich in einer Gegend befinde, die weder dem einen noch dem anderen Berg klar zugeordnet ist.[27] Wenn ich mich dagegen freue, dass meine neue Wohnung im selben Stadtteil liegt wie die alte, weil das die Ummeldung erleichtert, gibt es keinen Raum für Zweideutigkeiten – eben weil die Zuordnung zum Stadtteil für behördliche Vorgänge wie Ummeldungen relevant ist und deshalb »von Amts wegen« festgelegt werden *muss*.

Ein anderer Typ von synchronen Identitätsurteilen, der in der Debatte einen prominenten Platz einnimmt, betrifft die (kontroverse[28]) Gleichsetzung oder Unterscheidung von Gegenständen und dem *Material*, das sie *konstituiert* – z. B. der Statue und dem Lehmklumpen, aus dem sie geformt wurde.[29] Wieder andere synchrone Identitätsaussagen beziehen sich auf *Funktionen* oder *Rollen* von Gegenständen: »Die Hauptdarstellerin des Films, den ich gestern Abend gesehen habe, ist meine Lieblingsschauspielerin.«[30] Oder: »Die Liebe seines Lebens und seine stärkste berufliche Konkurrentin waren eine und dieselbe Person.« Ähnlich verhält es sich bei Verwandt-

---

26 Cf. Noonan 2009.

27 Solche Fragen und Aussagen erwecken übrigens den Anschein des Diachronen, weil Zeitangaben für unterschiedliche Zeiten im Spiel sind (›vor zwei Stunden‹, ›jetzt‹). Worum es hier aber geht, ist die Frage, ob zwei *Orte* zum selben Berg gehören; und es ist unwesentlich, dass ich diese Orte im Laufe einer Wanderung *nacheinander* besucht habe.

28 Cf. etwa Wiggins 1968.

29 Für eine Übersicht über die Debatte um den Begriff der Konstitution cf. etwa Wasserman 2012.

30 Das funktioniert natürlich auch mit abstrakten Gegenständen: »Die Sinfonie, die gerade im Radio läuft, ist meine Lieblingssinfonie.« Oder: »Der Vortrag, den er in Manchester gehalten hat, ist derselbe, den er in Berlin gehalten hat.«

schaftsbeziehungen: »Die Frau meines Vaters und die Mutter meiner Brüder sind identisch.«[31]

Bei aller Vielfalt synchroner Identitätsurteile lassen sie sich doch, wenn auch am einfachsten auf negative Weise, ziemlich präzise charakterisieren und abgrenzen: als numerische Identitätsurteile, die konkrete, d. h. zeitliche Objekte zum Gegenstand haben, auf die weder implizit noch explizit im Rekurs auf *verschiedene* Zeiten Bezug genommen wird. Diese Spezifizierung soll für unsere Zwecke ausreichen. Zum Schluss dieses Abschnitts werde ich nun noch Genaueres zu der Art der Unterscheidung sagen, die mit den Bezeichnungen ›diachrone Identität‹ und ›synchrone Identität‹ getroffen wird: eine Unterscheidung nach der *Art der zeitlichen Bezugnahme* auf die relevanten Gegenstände.

4.2.3 Verschiedene Relata, nicht verschiedene Relationen

An den Schemata (4.1) und (4.2)[32] lässt sich bereits sehr gut ablesen, dass es sich bei diachroner und synchroner Identität nicht um verschiedene *Relationen* oder verschiedene »Arten« von Identität handelt (wie bei numerischer und qualitativer Identität): in beiden Fällen geht es um die Relation der numerischen Identität, symbolisiert durch das Gleichheitszeichen.

Numerische und qualitative Identität sind verschiedene Relationen. Man könnte numerische Identität statt mit dem Gleichheitszeichen auch mit einem gewöhnlichen Prädikatbuchstaben symbolisieren, z. B. ›N‹, und dann »x ist numerisch identisch mit y« formalisieren als »Nxy« statt »$x = y$«. Entsprechend würde man dann für qualitative Identität einen zweiten Prädikatbuchstaben aussuchen, etwa ›Q‹, und »x und y sind qualitativ identisch« schreiben als »Qxy«.

Mit diachroner und synchroner Identität verhält es sich anders. Diese sind keine verschiedenen Relationen, und deshalb ergäbe es auch keinen Sinn, sie durch besondere Prädikatbuchstaben symbolisieren zu wollen (im Stile von »Dxy« für »x ist diachron identisch mit y«). Es gibt keine Relation wie ›… ist diachron identisch mit …‹, weder als »Sonderform« der »normalen« Identität noch in irgendeinem anderen Sinne. Man spricht zwar von »diachroner Identität«, aber die Grammatik ist hier irreführend: Das Attribut ›diachron‹ qualifiziert nicht eigentlich die Identität, sondern vielmehr Identitäts*aussagen*. Die Beziehung, die man von Gegenständen behauptet,

---

31 Hierbei kann man allerdings geteilter Meinung darüber sein, ob die Charakterisierungen der fraglichen Gegenstände überhaupt irgendeine zeitliche Dimension haben und somit sinnvollerweise von synchroner Identität gesprochen werden kann: Die Frage, zu welchem Zeitpunkt oder Zeitraum von der Person x gilt, dass sie die Mutter meiner Brüder ist, scheint schief. (Anders verhält es sich mit ›die Frau, die zu t_1 meinen jüngsten Bruder zur Welt gebracht hat‹ und ›die Frau, die zu t_2 meinen Vater geheiratet hat‹ – hier läge dann allerdings ein *diachrones* Identitätsurteil vor.)

32 Cf. S. 49.

wenn man diachrone Identitätsaussagen macht, ist keine andere als die Beziehung der numerischen Identität; das Charakteristische an ihnen ist die *Art*, in der man solche Aussagen macht – genauer: die Art, in der man auf die fraglichen Gegenstände *Bezug nimmt*. Der Unterschied zwischen diachroner und synchroner Identität liegt also nicht in der *Relation*, sondern in den *Relata*, oder genau genommen in der Weise der Bezugnahme auf diese Relata (d. h. in den Ausdrücken, die das Gleichheitszeichen flankieren).[33] Im Fall diachroner Identität geschieht diese Bezugnahme vermittelst Zeitbestimmungen für *verschiedene* Zeiten (›t_1‹ und ›t_2‹), im Fall synchroner Identität über Bestimmungen für *dieselbe* Zeit (oder ganz ohne Zeitbestimmungen).

Wie kommt es nun aber überhaupt zu der seltsamen Schreibweise ›x zu t_1‹ (engl. ›x at t_1‹) in (4.1) und (4.2)? Inwiefern lässt sich das als Formalisierung von Ausdrücken wie ›das Schiff, das heute vor zwei Jahren in Hamburg vom Stapel lief‹ in (A)[34] rechtfertigen? Das ›t_1‹, haben wir gesagt, soll in diesem Fall für ›heute vor zwei Jahren‹ stehen – aber wofür steht dann das ›x‹? Für ›das Schiff, das in Hamburg vom Stapel lief/läuft‹? Normalerweise versteht man Variablen wie ›x‹ als Platzhalter für *Namen*, d. h. also für Eigennamen, Kennzeichnungen (*definite descriptions*) usw. Die Kennzeichnung ist hier aber der gesamte Ausdruck ›das Schiff, das heute vor zwei Jahren in Hamburg vom Stapel lief‹ und nicht ›das Schiff, das in Hamburg vom Stapel läuft‹. Die Zeitbestimmung – t_1 – ist also in x eigentlich bereits *enthalten*.[35]

Dieses Herauslösen der Zeitbestimmung im Zuge der Formalisierung mutet artifiziell an und erklärt sich wohl wirklich nur aus dem Bedürfnis, der Diachronizität Rechnung zu tragen und die Verschiedenheit der Zeitpunkte explizit zu machen. Anders ist es kaum zu verstehen, dass diese Formulierung so verbreitet ist.[36] Aber tatsächlich ist diese Schreibweise höchst irreführend (gerade in Identitätsaussagen), weil sie suggerieren könnte, dass mit ›x zu t_1‹ ein Gegenstand bezeichnet wird, der *nur* zu t_1 existiert.[37] Dieses Missverständnis wird dadurch noch begünstigt, dass wir zuweilen wirklich so ähnlich sprechen – etwa wenn wir ein Foto mit »Das bin *ich vor drei Jah-*

---

33 Wenn ich einen Unterschied mache zwischen den Relata auf der einen Seite und auf der anderen Seite den Namen oder Kennzeichnungen bzw. eindeutigen Beschreibungen (*definite descriptions*), mit denen man auf diese Relata Bezug nimmt, so ist dies keine bloße Spitzfindigkeit: Die Relata sind bei diachroner und synchroner Identität *dieselben* – konkrete Gegenstände, die für eine bestimmte Zeit existieren. *Verschieden* sind lediglich die Arten von Ausdrücken, mit denen wir uns auf die Relata beziehen.

34 Cf. S. 48.

35 Cf. Wiggins 1976, S. 169, Fn. 11.

36 Man schaue sich nur die einschlägigen Artikel über Identität in der *Stanford Encyclopedia of Philosophy* an: Noonan 2009, Gallois 2011, Shoemaker 2012.

37 Das ist natürlich genau die Position der sogenannten *Vierdimensionalisten*. Für die missverständliche Verwendung von Ausdrücken wie ›x zu t‹, auch als Rechtfertigung einer vierdimensionalistischen Ontologie, cf. van Inwagen 2000 über *adverb-pasting* (so nennt van Inwagen die Fehlinterpretation besagter Ausdrücke). Auf die revisionistische Theorie des Vierdimensionalismus komme ich unten noch ausführlicher zurück (Kap. 6, S. 87 ff.).

ren« kommentieren oder behaupten, dass *der Schönberg der Jahrhundertwende* nichts gemein hat mit *dem Schönberg zwischen den Weltkriegen*. Aber wenn wir uns auf diese Weise ausdrücken, wissen wir, dass wir keine separaten Entitäten bezeichnen (die recht kurzlebig wären), sondern eine abkürzende Redeweise verwenden, um zu sagen, dass ein Foto vor drei Jahren aufgenommen wurde (und ich damals vielleicht ganz anders aussah) oder der Stil eines Komponisten sich in einer bestimmten Zeit stark verändert hat. Was mit ›t_1‹ zeitlich lokalisiert wird, ist also nicht die Person (oder das Schiff usw.), sondern ein *Ereignis* oder *Zustand* in der Biographie[38] des jeweiligen Gegenstands.

Fassen wir die bisherigen Ergebnisse zusammen: Wir haben gesehen, dass diachrone Identitätsaussagen sich auf konkrete Gegenstände beziehen und sich dadurch auszeichnen, dass sie unter Verwendung von Ausdrücken für verschiedene Zeiten auf ihre Gegenstände Bezug nehmen. Die Form diachroner Identitätsaussagen wird üblicherweise als ›x zu t_1 = y zu t_2‹ angegeben – wobei wir gezeigt haben, dass diese Schreibweise zu Missverständnissen einlädt und deshalb mit Vorsicht zu genießen ist.

Nachdem wir also einigermaßen Klarheit darüber erlangt haben, was als diachrone Identität bezeichnet wird, können wir nun zu der Frage übergehen, inwiefern diachrone Identität philosophisch interessant und möglicherweise problematisch ist.

4.3 Warum ist diachrone Identität ein Problem?

Der Artikel *Identity Over Time* in der *Stanford Encyclopedia of Philosophy* beginnt mit einem Verweis auf Irving Copi, der das Problem der diachronen Identität (»Identität über Zeit«) mit dem Problem der Veränderung identifiziert. Gemeint ist der folgende Passus:

> [(1)] If an object which changes really changes, then it cannot literally be one and the same object which undergoes the change. But [(2)] if the changing thing retains its identity, then it cannot really have changed.[39]

Das Problem (Copi spricht im vorausgehenden Satz sogar von einem *Paradox*) besteht also darin, dass aus (1) und (2) ganz offensichtlich zu folgen scheint, dass es entweder keine diachrone Identität oder keine Veränderung gibt.

---

38 In den meisten Fällen sind solche Ausdrücke so zu verstehen, dass der fragliche Gegenstand zu t_1 (und zu t_2!) auch *existiert*. (Kennzeichnungen wie ›derjenige große deutsche Dichter, der 1842 schon seit zehn Jahren tot war‹ wären also eher untypisch.)
39 Copi 1954, S. 707.

4.3.1 Das Problem der Veränderung

Man darf sich aber fragen, wie jemand überhaupt dazu kommt, Behauptungen wie (1) oder (2) zu unterschreiben. Der Satz (1) ist schon sprachlich schief: Wenn sich ein Objekt tatsächlich verändert, so heißt es da, dann kann *es* nicht buchstäblich dasselbe Objekt sein, *das* sich verändert. Was soll das heißen? Und worauf beziehen sich die Ausdrücke ›es‹ und ›das‹, wenn nicht auf *das eine* Objekt, das sich verändert? Hier drängt sich erst einmal der Verdacht auf, dass es sich um ein selbst gemachtes Problem handelt und dass nur Philosophen Schwierigkeiten haben, mit dem Begriff der Veränderung umzugehen. Denn wie könnte man (1) verstehen? Das Antezedens spricht von einem Objekt, das sich verändert. Genau das scheint aber vom Konsequens verneint zu werden: *Es kann nicht dasselbe Objekt sein, das sich verändert.* Dieser Satz ist schon grammatikalisch krude. Im Relativsatz »das sich verändert« ist von einem Gegenstand die Rede, der sich verändert – wie auch im Antezedens. Und von diesem Gegenstand (also von *einem* Gegenstand) wird dann behauptet, er könne nicht »derselbe« sein. Aber derselbe wie was? Von *demselben* Gegenstand zu sprechen, ergibt nur Sinn, wenn *zwei* Referenzen vorkommen – z. B. in »*x* und *y* sind derselbe Gegenstand« oder »Peter Bieri ist dieselbe Person wie Pascal Mercier«. Man kann auch sagen: »Es kann nicht ein und derselbe Gegenstand erst *F* und dann ¬*F* sein.« Und letzteres scheint hier gemeint zu sein. Wenn Veränderung heißt, dass ein Gegenstand die Eigenschaft *F* erst exemplifiziert und dann nicht exemplifiziert, dann könnte man das Konsequens von (1) folgendermaßen paraphrasieren: Es kann nicht sein, dass ein und dasselbe Objekt die Eigenschaft *F* erst erfüllt und dann nicht mehr erfüllt. Aber wieso sollte man so etwas behaupten wollen? Es gehört zu den selbstverständlichsten Bestandteilen unseres Weltbildes, dass es viele Eigenschaften gibt, die Gegenstände zu manchen Zeiten exemplifizieren und zu anderen nicht. Jemand hat lange Haare, geht zum Friseur und hat dann kurze Haare. Gebrauchsgegenstände sind erst sauber, dann schmutzig, dann werden sie wieder gesäubert. Wir haben nicht die geringsten Probleme, Veränderung zu verstehen. Es ist im Gegenteil kaum vorstellbar, wie unser Weltbezug *ohne* den Begriff der Veränderung aussehen könnte. Und Veränderung heißt eben gerade, dass *ein* Gegenstand zu verschiedenen Zeitpunkten verschiedene Eigenschaften hat.

Mit den Mitteln der *second-order logic* könnte man den Begriff der Veränderung also wie folgt analysieren:[40]

$$x \text{ verändert sich} \leftrightarrow \exists F(Fx \text{ und dann } \neg Fx) \qquad (4.4)$$

---

40 Dies entspricht dem *cambridge criterion of change* von Geach – cf. S. 53, Fn. 24.

Oder unter Zuhilfenahme der Zeitlogik[41]:

$$x \text{ verändert sich zwischen } t_1 \text{ und } t_2 \leftrightarrow \exists F(Ft_1x \ \& \ \neg Ft_2x) \qquad (4.5)$$

Es ist unschwer zu erkennen, dass nur *eine* Individuenvariable vorkommt: ›*x*‹. Es ist also ein und derselbe Gegenstand, der zu einer Zeit *F* ist und zu einer anderen ¬*F*. Wer über den Begriff der Veränderung verfügt, der dürfte ihn in etwa so verstehen, wie es die obigen Formeln andeuten, und daher keinerlei Veranlassung sehen, Behauptungen wie (1) oder (2) zu akzeptieren.

4.3.2 Noch einmal: Leibniz' Gesetz

Die obigen halbformalen Analysen des Veränderungsbegriffs geben aber zugleich einen Hinweis darauf, was Philosophen dazu bringen könnte, Identität einerseits und das Exemplifizieren verschiedener Eigenschaften andererseits für unvereinbar zu halten und deshalb (1) und (2) zu behaupten: Leibniz' Gesetz.[42] Das Prinzip der Unterschiedslosigkeit des Identischen besagt:

$$\forall x \forall y[x = y \rightarrow \forall F(Fx \leftrightarrow Fy)] \qquad (4.6)$$

Man bekommt nun eine Ahnung, wie jemand auf (1) und (2) kommen könnte: Wenn man in (4.4) die zeitliche Qualifikation ›dann‹ bzw. in (4.5) die zeitlichen Bestimmungen ›t_1‹ und ›t_2‹ außer Acht lässt und außerdem eine zweite Individuenvariable ›*y*‹ einführt, dann erhält man ›*Fx*&¬*Fy*‹, was im Widerspruch zum Konsequens in der obigen Formel steht – woraus also per *modus tollens* die Negation des Antezedens folgen würde, nämlich ›¬*x* = *y*‹ bzw. ›*x*≠*y*‹. Auf Deutsch: Veränderung besteht in

---

41 Die folgende Formel ist lediglich als eine Andeutung zu verstehen und setzt auf keinem konkreten Kalkül auf. In ihr verbindet sich die Prädikatenlogik zweiter Stufe (ich quantifiziere über Prädikate, in diesem Fall über *F*) mit einer sogenannten *B*-Zeitlogik oder »Zeitpunktlogik«, in der die Sätze durch einen Zeitindex qualifiziert werden (›Ft_1x‹ steht für ›es ist zum Zeitpunkt t_1 der Fall, dass *x* das Prädikat *F* exemplifiziert‹). Das Prädikat *F* ist also nicht mit dem Zukunftsoperator aus Priors *A*-Zeitlogik zu verwechseln. Eine (erststufige) Zeitpunkt-Prädikatenlogik wird z. B. in van Benthem 1983 skizziert (S. 127 ff.). Für eine ausgearbeitete *A*-Prädikatenlogik (*tensed predicate logic*) cf. etwa van Benthem 1995.
42 Zu dem vieldeutigen Titel ›Leibniz' Gesetz‹, den Prinzipien der Ununterscheidbarkeit des Identischen sowie der Identität des Ununterscheidbaren, die unter diesem Titel firmieren, sowie zu meiner Entscheidung, von Unterschiedslosigkeit statt Ununterscheidbarkeit zu sprechen (hierin folge ich Schnieder 2004, S. 225 f.), cf. oben, 2.2, S. 27.

der Exemplifikation inkompatibler Eigenschaften, und die Träger inkompatibler Eigenschaften können nach Leibniz nicht identisch sein.

Es liegt also auf der Hand, dass obiges Prinzip der Unterschiedslosigkeit des Identischen – wenn man es *so* versteht – ein Problem für den Begriff von Veränderung darstellt. Wenn *x* und *y* identisch sind, dann, das besagt das Prinzip, teilen sie sämtliche Eigenschaften. Aber wenn Dinge sich verändern, dann haben sie im Lauf der Zeit *unterschiedliche* Eigenschaften. Meine Nichte wird größer und größer, das Nachbarhaus hat einen neuen Anstrich bekommen, der Präsident der Vereinigten Staaten ist heute hier und morgen dort, und die Straße, die jetzt im weiten Bogen um meinen Heimatort herumführt, ging früher mitten hindurch. Trotzdem bleiben sie dieselben. Eben das drückt es ja aus, wenn wir z. B. »*das* Nachbarhaus« sagen: Es gibt nur *einen* Gegenstand, und über diesen werden *zwei* Aussagen gemacht. Sonst müssten wir sagen, dass dort, wo bis vor einem Monat ein rotes Haus gestanden hatte, plötzlich ein anderes, grünes stand – und das wäre eine eher ungewöhnliche Beschreibung des Sachverhalts.

Sollen wir also den Begriff von Veränderung aufgeben oder das oben stehende Prinzip in Frage stellen? Tatsächlich ist kontrovers, ob das Prinzip gilt bzw. wie es zu verstehen ist: Ist es überhaupt für zeitliche Gegenstände, die Veränderungen unterworfen sind, gedacht? Gilt es für alle Arten von Eigenschaften oder nur für *essentielle*, nicht aber für *akzidentelle*?[43] Ist es so gemeint, dass man für ›*F*‹ etwas wie ›hat lange Haare‹ oder ›hat kurze Haare‹ einsetzen sollte?[44]

Auf die Diskussion um die Vereinbarkeit von Leibniz' Gesetz mit dem Begriff der Veränderung werde ich hier nicht näher eingehen.[45] Aber zwei Lösungen, die gelegentlich für dieses »Problem der Veränderung« propagiert werden, sind auch unabhängig von Leibniz' Gesetz interessant und für diachrone Identität im Allgemeinen relevant:[46] Das ist zum einen die schon angesprochene Unterscheidung von *essentiellen* und *akzidentellen* Eigenschaften und zum anderen der Begriff der *temporären Intrinsika*. Diesen Themen werde ich mich in den nächsten beiden Abschnitten widmen.

---

43 Mehr zu dieser Unterscheidung im folgenden Abschnitt 4.3.3.

44 Ein naheliegender Einwand besagt, dass wir in der Praxis niemals etwas sagen würden wie »*Fx*&¬*Fx*« oder »Meine Frau hat lange Haare und hat nicht lange (sondern kurze) Haare.« Man würde uns schlichtweg für verrückt erklären. Wenn wir eine Veränderung darstellen wollen, dann scheint eine zeitliche Unterscheidung unerlässlich: »*Vor zwei Jahren hatte* meine Frau lange Haare, *jetzt hat* sie kurze.« Und wenn man für ›*F*‹ nicht ›*hat* lange Haare‹, sondern ›*hatte vor zwei Jahren* lange Haare‹ einsetzt, dann löst sich der Widerspruch in Luft auf, weil ›¬*F*‹ dann nicht mehr gilt. Cf. Abschnitt 4.3.4, S. 62.

45 Einen guten Ausgangspunkt bietet hier etwa Wiggins 2001, S. 24 ff. und S. 61 ff.

46 Cf. S. 61, Fn. 50.

4.3.3 Essentielle und akzidentelle Eigenschaften

Auch wenn man den Begriff der Veränderung versteht und an sich für unproblematisch hält, kann man sich fragen, ob es bestimmte Einschränkungen bei der Veränderung geben muss, um überhaupt Gegenstände identifizieren und reidentifizieren oder wiedererkennen und über die Zeit hinweg nachverfolgen zu können: Wenn Gegenstände beispielsweise permanent alle ihre Eigenschaften ändern würden, womöglich einschließlich ihres Aufenthaltsortes – wie sollten wir sie im Lauf der Zeit als dieselben aussondern und identifizieren?

Die meisten Veränderungen vollziehen sich allmählich: Gegenstände ändern nicht in einem einzigen Augenblick ihr komplettes Aussehen, sie bewegen sich auch nicht sprunghaft, sondern kontinuierlich von A nach B. Doch nicht nur das: Es scheint auch bestimmte Eigenschaften zu geben, die Gegenstände – je nachdem, um *was für* Gegenstände es sich handelt – niemals wechseln, sondern *immer* und *notwendigerweise* haben. Diese Eigenschaften werden traditionell[47] *essentielle* Eigenschaften genannt und von den *akzidentellen* Eigenschaften unterschieden. Verliert ein Gegenstand essentielle Eigenschaften, hört er auf zu existieren.[48] Akzidentelle Eigenschaften dagegen sind für den Gegenstand nicht wesentlich; das eine Mal hat er sie, das andere Mal wieder nicht.

Wenn wir Leibniz' Gesetz so verstehen, dass sein Geltungsbereich (genauer: das, was für ›*F*‹ eingesetzt werden darf) auf essentielle Eigenschaften beschränkt ist, dann machen uns Dinge, die sich verändern, keine Schwierigkeiten mehr.[49] Größe, Farbe, Aufenthaltsort, räumlicher Verlauf – all das sind keine essentiellen Eigenschaften von Menschen, Häusern und Straßen; sie dürften sich also ändern, unbeschadet der Identität ihrer Träger.

Essentielle und akzidentelle Eigenschaften sind der Gegenstand einer eigenen philosophischen Debatte, auf die ich hier nicht im Einzelnen eingehen kann. So begnüge ich mich mit der bloßen Erwähnung dieser Unterscheidung[50] – und füge hinzu, dass es Philosophen gibt, die diesen Lösungsweg für das Problem der Veränderung als unbefriedigend empfinden und den Ausweg stattdessen lieber in der *zeitlichen Rela-*

---

[47] Gemeinhin wird Aristoteles zum Urvater der Unterscheidung von essentiellen und akzidentellen Eigenschaften erklärt – cf. etwa Robertson 2008.

[48] Genau genommen gibt es hier natürlich nicht den einen Gegenstand, der eine bestimmte Eigenschaft in dem Sinne *verliert*, dass er sie erst hat und dann nicht mehr hat, sondern es sind zwei Gegenstände, von denen der eine die Eigenschaft exemplifiziert und der andere nicht. (Bzw. gibt es den einen Gegenstand schlicht nicht mehr.) Diese sprachliche Unschärfe liegt aber schon in der Rede vom »Aufhören zu existieren«.

[49] Cf. Gallois 2011.

[50] Dass ich sie überhaupt erwähne, liegt darin begründet, dass essentielle und akzidentelle Eigenschaften nicht nur im Zusammenhang mit dem allgemeinen Problem der Veränderung eine Rolle spielen, sondern zuweilen auch in der Philosophie der Identität und Persistenz von Personen (und anderen Gegenständen) problematisiert werden – cf. etwa Wiggins 2001, Kap. 4.

tivierung von Eigenschaften suchen. Diese werde ich im nun folgenden Abschnitt diskutieren – nicht zuletzt deshalb, weil sich an ihnen besonders plastisch zeigen lässt, um welche Fragestellungen, Probleme und Scheinprobleme es in den verschiedenen Debatten der Zeitphilosophie immer wieder geht.[51]

4.3.4 Temporäre Intrinsika

Es gibt noch eine andere Möglichkeit, Leibniz' Prinzip der Unterschiedslosigkeit mit dem Begriff der Veränderung zu vereinbaren: eine, die auch im Zusammenhang mit akzidentellen Eigenschaften anklingt. Akzidentelle Eigenschaften sind Eigenschaften, haben wir gesagt, die Gegenstände nicht notwendigerweise haben, also nicht unbedingt für die gesamte Dauer ihrer Existenz, sondern oft nur zu einer bestimmten Zeit (oder bestimmten Zeiten). Wenn wir diese Eigenschaften bei der Anwendung von Leibniz' Gesetz nicht ausschließen wollen, können wir dann nicht vielleicht das Besondere an ihnen – dass der Gegenstand sie eben nur *vorübergehend* exemplifiziert – irgendwie berücksichtigen, so dass unser Prinzip der Unterschiedslosigkeit trotzdem ohne Einschränkung greift?

Angenommen, die Frau, der ich gestern beim Bäcker begegnet bin, hatte lange Haare, und die Frau, der ich heute beim Bäckner begegnet bin, hatte kurze Haare. Folgt daraus nach Leibniz, dass es sich nicht um dieselbe Frau handeln kann? ›L‹ stehe für das Prädikat ›hat lange Haare‹. Dann könnten wir doch schreiben ›$Lx \& \neg Ly$‹. Und daraus folgt gemäß der Unterschiedslosigkeit des Identischen, dass $x \neq y$. Aber stimmt die Formalisierung? Die Frau, der ich gestern beim Bäcker begegnet bin, *hatte* lange Haare – nämlich *als* ich ihr gestern begegnet bin: sagen wir, zu t_1. Und die Frau, der ich heute begegnet bin, *hatte* kurze Haare – aber natürlich, *als* ich ihr heute begegnet bin: sagen wir, zu t_2. Entweder sollten wir also nicht denselben Prädikatbuchstaben verwenden (sondern z. B. ›G‹ für ›hatte gestern lange Haare‹ und ›$\neg H$‹ für ›hatte heute keine langen Haare‹), oder wir sollten einen zusätzlichen Zeitparameter ergänzen: ›$Lt_1 x \& \neg Lt_2 y$‹.[52] In jedem Fall hat man es dann mit *unterschiedlichen* Prädikaten zu tun (entweder einstellligen, aber komplexen, wie ›... hatte lange Haare zu t_1‹, oder mehrstelligen, als *Relationen* zwischen Person, »Langhaarigkeit« und Zeitpunkt,

---

51 Dem Teil II vorgreifend, nenne ich einige Beispiele: Die *A*-Theoretikerin würde etwas sagen wie: »Sie *hatte* lange Haare, jetzt *hat* sie kurze.« Oder, etwas technischer: »Es ist der Fall gewesen, dass sie lange Haare hat; es ist (jetzt) der Fall, dass sie kurze Haare hat.« Eine *B*-Theoretikerin dagegen: »Sie hat zu t_1 lange Haare; und sie hat zu t_2 kurze Haare.« Oder technisch: »Es ist (zeitlos) der Fall, dass sie zu t_1 lange Haare hat; und es ist (zeitlos) der Fall, dass sie zu t_2 kurze Haare hat.« Die Vierdimensionalistin schließlich könnte sagen: »Die t_1-Zeitscheibe von ihr hat lange Haare; und die t_2-Zeitscheibe von ihr hat kurze Haare.«

52 Eine weitere Möglichkeit besteht darin, nicht das Prädikat, sondern die *Prädikation* zeitlich zu relativieren: cf. Haslanger 2003, § 9.1 *Copula Tensing* (S. 341).

z. B. ›... ist langhaarig-zu-t_1 ‹), und damit greift Leibniz' Prinzip nicht mehr: Identität ist also wieder möglich – so wie wir es von einer guten Analyse verlangen würden, denn natürlich besteht in unserem Beispiel die Möglichkeit, dass es sich um *dieselbe* Frau handelt (die vielleicht in der Zwischenzeit zum Coiffeur gegangen ist, um sich die Haare schneiden zu lassen).

Allerdings gibt es Philosophen, die an dieser Beschreibung etwas auszusetzen haben. Sie finden, dass etwas Wichtiges verloren geht, wenn wir Eigenschaften wie die Haarlänge als *zeit-relativ* behandeln: und zwar der Status einer *intrinsischen* Eigenschaft. Die Länge meiner Haare, meine Körpertemperatur, ob ich sitze oder stehe – all das sind Eigenschaften, die gewöhnlich als intrinsisch gelten, d. h. als Eigenschaften, die ich unabhängig davon habe, was um mich herum vorgeht und in welchen Relationen ich zu meiner Umwelt stehe.[53] Darin unterscheiden sich diese Eigenschaften von *extrinsischen* Eigenschaften, die Gegenstände kraft ihrer Beziehung zu anderen Gegenständen haben: z. B. dass ich größer bin als meine Schwester. Zwar sind intrinsische Eigenschaften wie Haarlänge oder Körpertemperatur (in der Regel) nur *temporär*,[54] aber das ändert nichts daran, dass sie intrinsisch sind. Und wenn man sie als *relativ* zu einer Zeit rekonstruiert, scheint dieses intrinsische Moment verloren zu gehen.

Auch zum Problem der temporären Intrinsika gibt es mittlerweile umfangreiche Literatur und eine ganze Reihe von zum Teil sehr unterschiedlichen Lösungsvorschlägen, die ihrerseits oft im Zusammenhang mit bestimmten Zeittheorien stehen und diese voraussetzen: Dazu gehört der Vierdimensionalismus, aber auch Positionen wie der Präsentismus und die *A*-Theorie. Mit diesen Zeittheorien werden wir uns dann im zweiten Teil der Arbeit ausgiebig zu beschäftigen haben.

Allerdings kann man sich fragen, ob die Sache einen solchen theoretischen Aufwand lohnt. Denn das »Problem« der Veränderung ist meiner Meinung nach ein Scheinproblem. Es ist erstaunlich, dass von den vielen Philosophen, die im Begriff der Veränderung ein Problem für Leibniz' Gesetz sehen (oder umgekehrt), soweit ich es überblicke, niemand etwas dazu sagt, wie Leibniz selbst sein Gesetz verstanden hat. Wenn man (InId)[55] so versteht, dass es dem Begriff der Veränderung widerspricht, dann ist dieser Widerspruch so offensichtlich, dass auch Leibniz ihn gesehen haben muss. Es ist unvorstellbar, dass *ihm selbst* ein so eklatantes Problem nicht bewusst war. Und ebenso ist unvorstellbar, dass er leugnen wollte, dass Gegenstände sich ver-

---

53 Zur (nicht unproblematischen) Unterscheidung von intrinsischen und extrinsischen Eigenschaften cf. etwa Weatherson 2008 sowie Langton und Lewis 1998.

54 Der Terminus ›temporary intrinsics‹ geht zurück auf Lewis 1986, S. 202 ff. Lewis selbst löst das Problem durch seine vierdimensionalistische Ontologie der *temporal parts* – dazu wie gesagt weiter unten mehr: Kap. 6, S. 87 ff. Für eine kritische Darstellung sowohl der Lewis'schen Motivation des Problems als auch seiner Lösung cf. Rundle 2009, S. 84–88.

55 Cf. S. 27.

ändern und dass etwa ein Kessel, der zu t_1 kalt ist, mit einem Kessel, der zu t_2 warm ist, »dennoch« identisch sein kann.

Auf das philosophische Gebäude von Leibniz kann ich hier nicht näher eingehen.[56] Aber für mich liegt auf der Hand, warum er sich kaum zu diesem »Problem« geäußert haben mag: Man muss nämlich erst einmal darauf kommen, hier überhaupt ein Problem zu sehen. Ich will erklären, was ich damit meine: Möglicherweise verstellen hier formale Ausdrücke den Blick darauf, worum es eigentlich geht. Das angebliche Problem der Veränderung besteht nach den klassischen Formulierungen darin, dass x zu t_1 nicht mit y zu t_2 identisch sein kann, wenn beispielsweise x zu t_1 kalt und y zu t_2 heiß ist. Aber die Formeln verführen zu Missverständnissen. Sie suggerieren, dass die Gegenstände, um die es hier geht, welche sind, die mit ›x zu t_1‹ und ›y zu t_2‹ bezeichnet werden. Nehmen wir also (4.6)[57], setzen für ›x‹ den Ausdruck ›x zu t_1‹ und für ›y‹ den Ausdruck ›y zu t_2‹ ein, außerdem für ›F‹ das Prädikat ›... ist kalt‹. Dann gilt, weil y zu t_2 heiß und nicht kalt ist, $\neg Fy$. Damit ist das Bikonditional widerlegt und $x = y$ somit falsch – obwohl wir doch einfach nur von einem banalen Kessel sagen wollten, dass er erst kalt und dann heiß war, sich also hinsichtlich seiner Temperatur verändert hat.

Das ist verwirrt. Ausdrücke wie ›x zu t_1‹ kann man auf zwei Weisen verstehen. Im einen Fall bezeichnen sie überhaupt keine Gegenstände und kommen damit schon aus formalen Gründen nicht als Instanzen für die Individuenvariablen von (4.6) in Frage.[58] Was dann für einen Gegenstand steht, ist allein der Teilausdruck ›x‹. Der Teilausdruck ›zu t_1‹ hingegen gehört entweder zum Prädikat oder – und das entspricht vielleicht am ehesten der natürlichen Sprache, in der es sich bei solchen Ausdrücken um (temporale) *Adverbien* handelt – zur Prädikation.[59] Die Sätze, für welche die genannten Formulierungen ein Schema angeben, sind dann Sätze wie: »Der Kessel war eben noch ganz kalt; aber jetzt ist er schon sehr heiß.« Darin liegt nicht der geringste Widerspruch zu Leibniz' Gesetz. Mit dem ersten Teilsatz prädizieren wir ›... war eben noch ganz kalt‹, mit dem zweiten ›... ist jetzt schon sehr heiß‹. Das sind verschiedene, vollkommen kompatible Prädikate F und G; das zweite ist durchaus nicht die Negation des ersten.

Die andere Möglichkeit besteht darin, Ausdrücke wie ›x zu t_1‹ als Kennzeichnungen (*definite descriptions*) zu verstehen, die eine Zeitangabe einschließen.[60] Dann wären hier Sätze wie der folgende gemeint: »Der Kessel, der eben ganz kalt war, ist mit dem Kessel, der jetzt sehr heiß ist, identisch.« Auch hier gibt es keinerlei Konflikte mit Leibniz' Gesetz. Zum einen wird in diesem Fall, sozusagen auf der obersten Satzebene,

---

56 Dafür sei vor allem Ishiguro 1972 empfohlen.
57 Cf. S. 59.
58 Cf. S. 56 ff., Abschnitt 6.2.3 (S. 97 ff.) sowie Wiggins 1976, S. 169, Fn. 11.
59 Cf. oben.
60 Cf. Wiggins, a. a. O.

überhaupt nichts *prädiziert* – außer Identität. Der Rekurs auf die Eigenschaften dient hier lediglich dazu, auf Gegenstände *Bezug zu nehmen*; ein solcher Rekurs geht also in den *Namen* ein, der für das Subjekt steht (d. h. er ist, um in der Formalisierung von (4.6) zu bleiben, Teil von ›x‹ und nicht Teil des Prädikats). Und wenn man eine Formalisierung wählt, die auch die »Tiefenstruktur« des Satzes berücksichtigt (d. h. die Kennzeichnungen als solche formalisiert), dann sind wiederum entweder die vorkommenden Prädikate nicht F und $\neg F$, sondern etwas wie F-zu-t_1 und $\neg F$-zu-t_2, oder aber die Prädikation wird zeitlich qualifiziert: der Gegenstand, von dem zu t_1 gilt, dass er F ist, ist mit dem Gegenstand identisch, von dem zu t_2 gilt, dass er nicht F ist. Noch immer gibt es keinen Widerspruch zu Leibniz' Gesetz. Denn was ist denn der Gegenstand, von dem zu t_1 gilt, dass er kalt ist? Mein Kessel. Und was ist der Gegenstand, von dem zu t_2 gilt, dass er heiß ist? Mein Kessel. Leibniz behauptet, dass alles, was von x gilt, auch von y gilt, wenn x und y identisch sind. Und von dem Kessel, der zu t_1 kalt war, gilt dasselbe, was von dem Kessel gilt, der zu t_2 heiß ist: eben alles, was von meinem Kessel gilt – z. B. dass er zu t_1 kalt war, oder auch, dass er zu t_2 heiß ist, und vieles andere mehr … Leibniz' Gesetz ist kein Problem für Veränderung; und Veränderung ist kein Problem für Leibniz' Gesetz.

> Many philosophers think that »What is identity across time?« is an important and meaningful question. I have a great deal of trouble seeing what this question might be. For all I have said, there may be metaphysical difficulties that infect every (alleged) fact of temporal identity; if so, these are metaphysical difficulties that are inherent in the very notion of time and which infect every (alleged) fact that involves the passage of time. In short, every one of the real problems about time and identity is either too special or too general to be correctly describable as »the problem of identity through time«.[61]

Dies mag für einen ersten Überblick über das Themenfeld der diachronen Identität genügen. Ich komme nun zum letzten Schritt des einleitenden ersten Teils, für den alle bisherigen Kapitel nur Vorbereitung waren: zur Einführung in den Begriff der personalen Identität.

---

61 Van Inwagen 2000, S. 456.

5 Personale Identität

Nach den vorangegangenen Kapiteln lässt sich bereits erahnen, womit sich Philosophen beschäftigen, wenn sie von personaler Identität sprechen.[1] Ihnen geht es darum, das *Kriterium* oder die notwendige und hinreichende Bedingung für die Identität von Personen zu formulieren – und wir haben gesehen, dass Identitätskriterien in engem Zusammenhang damit stehen, *welcher Art* die Gegenstände sind, deren Identität zur Diskussion steht: in diesem Fall wird also der *Begriff der Person* eine wichtige Rolle spielen. Da außerdem ›personale Identität‹ in der Regel *diachrone* personale Identität meint, können wir schon genauer sagen, wofür ein Kriterium gesucht wird: dafür, dass eine Person *x* zum Zeitpunkt *t* mit einer Person *y* zum Zeitpunkt *t′* identisch ist. Und schließlich wissen wir, dass Identität nicht nur eine Äquivalenzrelation und als solche reflexiv, symmetrisch und transitiv, sondern darüber hinaus eine Eins-zu-eins-Relation ist. Diesem Umstand sollte das Kriterium also Rechnung tragen.

Was ist an Personen und ihrer Identität nun so besonders und philosophisch so interessant, dass Tausende von Seiten zu diesem Thema beschrieben werden? Nun, eine Antwort liegt auf der Hand: *Wir alle sind Personen.*[2] Hier sprechen wir nicht über die Identität irgendwelcher Schiffe oder Statuen, sondern über unsere eigene Identität. Wir selbst sind es, deren Persistenzbedingungen[3] auf dem Prüfstand stehen. Deshalb ist personale Identität in besonderer Weise *wichtig*. Aber ist sie auch *problematisch*? Man könnte meinen, der Begriff der personalen Identität sei so klar wie kaum ein anderer. Wir scheinen sehr gut zu verstehen, was Identität ist, und ebenfalls über eine sehr deutliche Vorstellung davon, was Personen sind, zu verfügen, so dass wir den Begriff der personalen Identität tagtäglich und mit vollkommener Selbstverständlichkeit zur Anwendung bringen können (wenn auch höchst selten unter diesem seinem phi-

---

1 Einen Überblick über die Philosophie der personalen Identität vermittelt etwa Noonan 2003. Für den deutschsprachigen Bereich sei insbesondere die Anthologie Quante 1999 genannt.
2 Dieser Satz, der auf prägnante Weise die besondere Relevanz personaler Identität auf den Punkt bringt, ist aus Budnik 2013 entlehnt (S. 2).
3 Die Bezeichnung ›Persistenzfrage‹ für die zentrale Frage der personalen Identität (cf. etwa Olson 2010) liegt deshalb nahe, weil wir, wann immer wir nach einem Kriterium für die diachrone Identität der Person *x* zu *t* und *y* zu *t′* fragen, die Existenz des fraglichen Gegenstands nicht nur zu den Zeitpunkten *t* und *t′*, sondern auch zu allen dazwischenliegenden Zeitpunkten implizieren. (Das ist keine Selbstverständlichkeit. Es mag durchaus Relata diachroner Identität geben, von denen das nicht gilt (cf. S. 52, Fn. 20). So könnte man sich beispielsweise ein Regal vorstellen, das auseinandergebaut wird, vorübergehend also aufhört zu existieren, wenn man so will, und dann wieder zusammengebaut wird, d. h. in einem gewissen Sinne weiter existiert – cf. Prior 1957a und Wiggins 1968. Für Personen ist das ausgeschlossen.) Insofern lässt sich das gesuchte Kriterium auch so verstehen, dass es die Bedingungen angibt, unter denen Personen *überleben* – dass es angibt, welche Veränderungen Personen überstehen können, ohne dass sie aufhören zu existieren. Mit anderen Worten: Ein solches Kriterium verlangt nicht zuletzt eine Bestimmung des Endes (und ggf. des Anfangs) personaler Existenz. (Und damit ist es auch in ethischen Zusammenhängen relevant.)

losophischen Namen). Wenn nun das konstitutive Kriterium[4] für personale Identität angeben soll, was wir damit *meinen*, wenn wir beispielsweise sagen, dass der Pfarrer, der mich getauft hat, und der Pfarrer, der mich konfirmiert hat, eine und dieselbe Person sind – wie kann es dann Probleme aufwerfen? Wissen wir nicht ganz genau, was wir damit meinen? Haben wir nicht ein ausgezeichnetes Verständnis davon, was es heißt, von *x* und *y* zu behaupten, es handle sich um dieselbe Person?

Probleme scheinen dann aufzutreten, wenn wir uns bestimmte Grenzfälle vorstellen und Gedankenexperimente bemühen, die unsere offenbar doch so sicheren Intuitionen über personale Identität ins Wanken bringen.[5] Das ist an sich noch kein Grund zur Besorgnis, sondern genau das, was Grenzfälle ausmacht – es ist nicht ohne Weiteres klar, wie man den jeweiligen Begriff anzuwenden hat. Bei manchen Artefakten etwa oder bei sehr komplexen und nur mit einer gewissen Unschärfe zu bestimmenden Entitäten (wie z. B. Nationen) kann man beispielsweise gut damit leben, dass es keine eindeutige Antwort auf die Frage »identisch oder nicht?« gibt und dass es letztlich eine Sache der Pragmatik ist, im Zweifelsfall dennoch eine Entscheidung zu treffen. Aber an unsere eigene Identität stellen wir besondere Ansprüche. Bezüglich Personen beharren wir darauf, dass die Identitätsfrage immer eine Antwort haben muss.[6] Vagheit scheint bei personaler Identität keinen Platz zu haben. Das mag damit zusammenhängen, dass Personen die einzigen uns bekannten Wesen sind, die um ihre Identität *wissen*. Mit anderen Worten: Diachrone Identität von Personen ist die einzige diachrone Identität, die *erstpersonal* ausgedrückt werden kann. Und zumindest in den alltäglichen Kontexten des praktischen Lebens scheint damit einherzugehen, dass personale Identität für uns strikte numerische Identität bedeutet, d. h. Identität in einem Ganz-oder-gar-nicht-Sinn: Es kann sinnvoll sein, auf eine Frage wie »Ist dies das Schiff, auf dem Theseus zurückgekehrt ist?« mit »Einerseits, andererseits . . . « zu antworten, aber eine solche Antwort verbietet sich, wenn die Frage lautet: »Bist du es, der den Minotauros getötet hat?« Es wäre absurd zu sagen: »Ich weiß, auf welche Person du anspielst, aber ob ich mit ihr identisch bin, das hängt davon ab, wie man die Sache betrachtet.«

Möglicherweise trügt der Schein. Der eben zitierte Parfit etwa verwirft schließlich die These, dass die Frage der personalen Identität immer eine klare Ja-oder-Nein-Antwort haben muss. Aber auch er erkennt die besondere Bedeutung an, die das

---

4 Zu konstitutiven und evidentiellen Kriterien für Identität cf. oben, Abschnitt 3.3.3, S. 43.

5 Das Heranziehen von Grenzsituationen und exotischen Gedankenexperimenten ist als Methode der Begriffsanalyse durchaus nicht unumstritten. Ich komme darauf zurück (cf. S. 74 sowie S. 102).

6 Cf. etwa Parfit 1971, S. 3, oder Parfit 1984, S. 214: »[M]ost of us are inclined to believe that, in any conceivable case, the question ›Am I about to die?‹ must have an answer. And we are inclined to believe that this answer must be either, and quite simply, Yes or No. Any future person must be either me, or someone else. These beliefs I call the view that *our identity must be determinate*.«

Selbstbewusstsein der Frage personaler Identität verleiht.[7] Bernard Williams hat es so formuliert:

> There is a special problem about personal identity for two reasons. The first is self-consciousness – the fact that there seems to be a peculiar sense in which a man is conscious of his own identity. [...] The second reason is that a question of personal identity is evidently not answered merely by deciding the identity of a certain physical body.[8]

Personen sind selbstbewusste Wesen und hinsichtlich selbstbewusster Wesen scheint es keinen Sinn zu ergeben, dass man sagt, sie seien weder eindeutig identisch noch eindeutig verschieden, sondern irgendetwas dazwischen – oder dass es davon abhänge, von welcher Warte man die Angelegenheit in den Blick nehme, und dass man je nachdem zu unterschiedlichen Identitätsurteilen komme. Aber selbst wenn wir auch bei der Identität von Personen Vagheit zulassen wollen: Eine Theorie personaler Identität muss in jedem Fall dem Phänomen des Selbstbewusstseins Rechnung tragen.

5.1 Psychologische Kriterien

Ist Selbstbewusstsein vielleicht nicht nur der Grund dafür, dass es bei Personen immer eine Antwort auf die Identitätsfrage geben muss, sondern gleichzeitig auch das *Kriterium* für personale Identität? Jedenfalls gibt es eine lange Tradition, personale Identität an psychologische Begriffe wie den des Bewusstseins und Selbstbewusstseins zu binden. Dieser Gedanke findet sich schon bei Locke, mit dem die moderne Diskussion des Begriffs der personalen Identität ihren Anfang nimmt. Die Frage, worin personale Identität besteht, beantwortet er, indem er die Erinnerung, als das Vergegenwärtigen von vergangenen Erfahrungen und Erlebnissen durch das denkende – und sich ihrer *als* zur persönlichen Vergangenheit gehörig *bewusste* – Subjekt, zum Kriterium für die Identität der Person erhebt.

> For since consciousness always accompanies thinking, and 'tis that, that makes every one to be, what he calls *self*; and thereby distinguishes himself from all other thinking things, in this alone consists *personal Identity*, i. e. the sameness of a rational Being: And as far as this consciousness can be extended backwards to any past Action or Thought, so far reaches the Identity

---

7 Und gerade *weil* er dem Selbstbewusstsein oder dem *stream of consciousness* einen so hohen Stellenwert zumisst, löst er sich in letzter Konsequenz von der strikt numerischen Auffassung personaler Identität. Dazu an späterer Stelle mehr: cf. S. 77.
8 Williams 1973, S. 1.

of that *Person*; it is the same *self* now it was then; and 'tis by the same *self* with this present one that now reflects on it, that that Action was done.[9]

Aus solchen und ähnlichen Passagen bei Locke wird häufig das sogenannte *Erinnerungskriterium* für personale Identität rekonstruiert:

(E) x zu t und y zu t' sind genau dann dieselbe Person, wenn y sich zu t' daran erinnern kann, Erfahrungen gemacht zu haben, die x zu t gemacht hat.[10]

Aber so bestechend es auch ist, die Bedeutung hervorzuheben, die Erinnerungen für die Identität einer Person haben (ohne Erinnerung wüssten wir nicht oder kaum, wer wir sind, d. h. hätten wir kein *Bewusstsein* von unserer Identität[11]) – sie zum *Kriterium* für personale Identität zu machen, provoziert gewichtige Einwände, von denen die meisten schon von Lockes Zeitgenossen vorgebracht worden sind.

So gründet sich ein naheliegender Einwand darauf, dass es schlicht absurd wäre zu verlangen, wir müssten uns an jedes einzelne Erlebnis in unserem Leben erinnern können. Vieles ist zu lange her, als dass wir noch Erinnerungen daran hätten, vieles war nicht so wichtig für uns, dass es uns im Gedächtnis geblieben wäre, und an einen großen Teil unseres Lebens können wir uns einfach deshalb nicht erinnern, weil wir zu der Zeit geschlafen haben.

But though Consciousness does thus ascertain our personal Identity to Ourselves, yet to say, that Consciousness *makes* personal Identity, or is *necessary* to our being the same Persons, is to say, that a Person has not existed a single Moment, nor done one Action, but what he can remember; indeed none but what he reflects upon.[12]

Ein weiterer Einwand besagt, dass ein solches Erinnerungskriterium nicht mit der *Transitivität*[13] von Identität vereinbar ist. Denken wir uns erstens einen Schuljungen, der ausgepeitscht wird, weil er Kirschen geklaut hat, zweitens einen jungen Offizier, der auf seinem ersten Feldzug die Flagge des Feindes erkämpft und der sich noch gut

---

9 Locke 1694, Buch II, Kap. XVII »Of Identity and Diversity«, § 9. *Personal Identity.*
10 Cf. etwa Noonan 2003, S. 10.
11 Cf. Hacker 2008, S. 297.
12 Butler 1736, Dissertation I. »Of Personal Identity«, S. 302 (meine Hvh.). Cf. Reid 1785, Essay III. »Of Memory«, Kap. IV. *Of Identity*, S. 319, sowie Kap. VI. *Mr Locke's Account of our personal Identity*, S. 333 und S. 337.
13 Cf. Kap. 2.

daran erinnern kann, wie er als Schuljunge ausgepeitscht wurde, weil er Kirschen geklaut hatte, und drittens einen älteren General, der sich erinnert, wie er als junger Offizier bei seinem ersten Feldzug die Flagge des Feindes erkämpfte, aber keinerlei Erinnerung daran hat, als Schuljunge einmal ausgepeitscht worden zu sein.[14] Dem Erinnerungskriterium zufolge müsste man kurioserweise verneinen, dass es sich bei dem General und dem Schuljungen um dieselbe Person handelt.

Die zeitgenössische Beschäftigung der analytischen Philosophie mit diesem Thema[15] schließt unmittelbar an Locke und seine frühen Kritiker an, wobei sich mehrere Kontroversen unterscheiden lassen. Da ist zunächst die Auseinandersetzung zwischen dem psychologischen und dem physischen Ansatz zu nennen. Vertreter der psychologischen Richtung[16] knüpfen an Locke an, insofern sie das Wesentliche einer Person darin sehen, dass diese sich ihrer selbst als über die Zeit identisch bewusst ist und sich an Erfahrungen erinnert, die sie in der Vergangenheit gemacht hat. Allerdings entwickeln sie das Erinnerungskriterium weiter. So begegnen sie etwa den obigen Einwänden, indem sie nicht mehr verlangen, dass über die Erinnerung eine *direkte* Verbindung zwischen t und t' hergestellt werden kann, sondern sich mit einer *kontinuierlichen* Folge von einzelnen direkten Erinnerungen in diesem Zeitraum begnügen:[17] Demnach ist die Person y genau dann mit einer Person x identisch, die vor zwanzig Jahren eine bestimmte Erfahrung gemacht hat, wenn es gestern eine Person y_{-1} gab, an deren Erfahrungen y sich zum großen Teil[18] erinnern kann, und vorgestern eine Person y_{-2}, an deren Erfahrungen sich y_{-1} zum großen Teil erinnern kann, … und vor neunzehn Jahren und 364 Tagen eine Person, die sich erinnern kann, am Tag zuvor die fragliche Erfahrung gemacht zu haben. Damit können wir nun das *revidierte Erinnerungskriterium* formulieren:

(E$_R$) x zu t und y zu t' sind genau dann dieselbe Person, wenn sie durch kontinuierliche Erfahrungserinnerung verbunden sind.[19]

Üblicherweise werden von den Anhängern der psychologischen Theorie personaler Identität neben den Erfahrungserinnerungen auch andere psychologische Einstel-

---

14 Das Beispiel stammt von Reid, *op. cit.*, S. 333.
15 Für einen Überblick cf. etwa Olson 2010.
16 Cf. etwa Shoemaker 1970, Perry 1972, Perry 1976 und Lewis 1976b.
17 Hierzu und zum Folgenden cf. Parfit 1984, S. 205 ff.
18 ›Zum großen Teil‹ ist freilich keine sonderlich exakte Angabe. Dazu Parfit 1984, S. 206: »Since connectedness is a matter of degree, we cannot plausibly define precisely what counts as enough. But we can claim that there is enough connectedness if the number of direct connections, over any day, is *at least half* the number that hold, over every day, in the lives of nearly every actual person. When there are enough direct connections, there is what I call *strong* connectedness.«
19 Cf. etwa Noonan 2003, S. 10.

lungen berücksichtigt, mit denen Personen sich auf sich selbst beziehen, Absichten etwa und Wünsche als auf die eigene Zukunft gerichtete Haltungen, sowie Charaktereigenschaften und mentale Zustände im Allgemeinen. Aus dem Erinnerungskriterium wird somit das *psychologische Kriterium*:

(Ps) x zu t und y zu t' sind genau dann dieselbe Person, wenn zwischen ihnen psychologische Kontinuität besteht.[20]

Der Begriff der psychologischen Kontinuität ist ein philosophischer Kunstbegriff, der in seiner verfeinertsten Ausgestaltung auf Parfit zurückgeht und in zweifacher Hinsicht über das Locke'sche Erinnerungskriterium hinausweist: Zum einen werden neben Erinnerungen auch die erwähnten weiteren psychologischen »Verbindungen« wie Absichten, Wünsche, Überzeugungen usw. als relevant einbezogen. Zum anderen wird das Kriterium von *psychologischer Verbundenheit* – dem Bestehen *direkter* psychologischer Beziehungen wie der Erinnerung des jungen Offiziers an die Erlebnisse des Schuljungen in Reids Beispiel – auf *psychologische Kontinuität* – das Bestehen einer Kette von überlappenden »starken« Verbindungen, die also auch zwischen dem Schuljungen und dem General vorliegt – ausgeweitet.[21]

Darüber hinaus reagieren die Befürworter eines psychologischen Kriteriums noch auf einen weiteren Vorwurf, der gegen Lockes Erinnerungskriterium erhoben worden ist – nämlich den Vorwurf, dieses Kriterium sei *zirkulär*: Erinnerung komme als Kriterium für personale Identität schon deshalb nicht in Frage, weil sie personale Identität bereits *voraussetze*. Dieser erstmalig von Butler[22] vorgetragene Einwand ist unterschiedlich interpretiert worden.[23] Hier ist eine Möglichkeit, ihn auszuarbeiten: Wenn Personen glaubhaft bekunden, dass sie sich an eine gewisse Erfahrung erinnern, können wir unterscheiden zwischen *echten* und nur *scheinbaren* Erinnerungen – im letzteren Fall *glaubt* die Person, sich an eine Erfahrung zu erinnern, täuscht sich aber diesbezüglich. Selbstverständlich sind mit den Erinnerungskriterien und den psychologischen Kriterien nicht die scheinbaren, sondern die echten Erinnerungen gemeint. Aber eine Erinnerung, e erlebt zu haben, ist sozusagen *per definitionem* genau dann eine echte Erinnerung, wenn die Person, die sich erinnert, mit der Person, die e erlebt hat, *identisch* ist. Damit wären (E), (E$_R$) und (Ps) nur mehr triviale analytische Wahrheiten und keine informativen Kriterien für personale Identität.

---

20 Cf. etwa Noonan 2003, S. 11.
21 Cf. S. 70 sowie Parfit 1984, S. 205 f.
22 »[...] Consciousness of personal Identity presupposes, and therefore cannot constitute, personal Identity, any more than Knowledge in any other Case, can constitute Truth, which it presupposes.« (Butler 1736, S. 302).
23 Cf. Wiggins 2001, Kap. 7, insbes. S. 197–205.

In dieser Weise haben die Neo-Lockeaner den Zirkularitätseinwand verstanden; und das hat sie zu einer begrifflichen Neuschöpfung motiviert: *Quasi-Erinnerungen* sind wie gewöhnliche Erinnerungen, nur dass sie Identität eben *nicht* voraussetzen:[24] Echte Erinnerungen sind dann eine Unterklasse der Quasi-Erinnerungen. Betrachten wir das an einem Beispiel. Nehmen wir an, Jane willigt ein, ihr Gehirn so manipulieren zu lassen, dass sie sich danach an einige von Pauls Erlebnissen zu erinnern scheint: etwa an Spaziergänge durch Venedig, wo sie selbst nie gewesen ist. Das wäre ein Beispiel für (bloße) Quasi-Erinnerungen, in diesem Fall Quasi-Erinnerungen an Erfahrungen einer anderen Person. (Es sind keine *echten* Erinnerungen – denn das hieße ja, dass Jane *selbst* über die Piazza San Marco flaniert ist.)[25] Die Idee der Quasi-Variante lässt sich auf die erwähnten anderen psychologischen Begriffe übertragen: Wir können dann nicht nur von Quasi-Erinnerungen, sondern auch von *Quasi-Intentionen*[26] usw. sprechen. Wenn man die psychologische Kontinuität in (Ps) als überlappende Ketten starker direkter Verbindungen von Quasi-Erinnerungen, Quasi-Intentionen usw. versteht, dann trifft der Zirkularitätseinwand dieses Kriterium nicht.

Aber das psychologische Kriterium hat auch in anderer Hinsicht Widerspruch geerntet. So weist etwa Wiliams mit seinem berühmten Verdopplungsargument[27] auf die logisch-begriffliche Möglichkeit hin, dass es zu t' nicht nur einen, sondern mehrere Kandidaten gibt, die mit x zu t in der Beziehung psychologischer Kontinuität stehen und somit Anspruch erheben, mit x identisch zu sein. Natürlich können zwei verschiedene Personen y und z nicht beide mit x identisch sein – denn das hieße, dass sie auch miteinander identisch sind. Also scheint das Kriterium falsch. Und wieder ist es die Transitivität von Identität, die es scheitern lässt.

Auf diesen Einwand hat man mit einem *verbesserten psychologischen Kriterium* reagiert, das eine Klausel enthält, mit der solcherlei Verdopplungen ausgeschlossen werden:[28]

---

24 Shoemaker führt Quasi-Erinnerungen und das auf ihnen basierende Wissen ein als »a kind of knowledge of past events such that someone's having this sort of knowledge of an event does involve there being a correspondence between his present cognitve state and a past cognitive and sensory state that was of the event, but such that this correspondence, although otherwise just like that which exists in memory, does not necessarily involve that past state's having been a state of the very same person who subsequently has the knowledge« (Shoemaker 1970, S. 271). Cf. Parfit 1984, S. 220: »I have an accurate quasi-memory of a past experience if (1) I seem to remember having an experience, (2) *someone* did have this experience, and (3) my apparent memory is causally dependent, in the right kind of way, on that past experience.«

25 Das Beispiel stammt aus Parfit 1984, S. 220.

26 Cf. etwa Parfit 1984, S. 261.

27 In Williams 1973 erzählt er die Geschichte der Brüder Charles und Robert, die beide Guy Fawkes zu sein scheinen, weil sie sich an allerlei Episoden aus seinem Leben erinnern (genauer: weil sie sich erinnern, das erlebt zu haben, was Guy Fawkes erlebt hat).

28 Parfit hat bewiesen, dass man auch anders darauf reagieren kann – zu seinem extremen Ansatz, demzufolge Identität nicht das ist, worauf es hier ankommt, cf. S. 78.

(Ps⁺) x zu t und y zu t′ sind genau dann dieselbe Person, wenn zwischen ihnen (ausreichende) psychologische Kontinuität besteht und es keinen »Rivalen« z zu t′ gibt, der ebenfalls mit x zu t in psychologischer Kontinuität steht.[29]

Diese Zusatzklausel wirkt auf viele befremdlich: Wie kann es sein, dass die Identität von x und y nicht nur davon abhängt, was von x und y gilt, sondern des Weiteren von einem z (das von y verschieden ist)? Wie kann es sein, dass die Identität von x und y ausgehebelt wird, wenn sich an den Fakten über x und y nichts ändert, sondern lediglich ein Fakt bezüglich eines »Dritten« hinzugefügt wird?

Der Grundsatz, der hinter diesen Fragen steckt, wird als »Nur-x-und-y-Prinzip«[30] bezeichnet. Und er wird nicht nur von (Ps⁺) verletzt, sondern genauso von der zweiten Sublimierung des psychologischen Kriteriums, mit der sich Philosophen gegen das Verdopplungsargument gewehrt haben: dem *Best-Candidate*-Kriterium:[31]

(Ps*) x zu t und y zu t′ sind genau dann dieselbe Person, wenn zwischen ihnen (ausreichende) psychologische Kontinuität besteht und es keinen »Rivalen« z zu t′ gibt, der mit x zu t in gleich starker oder stärkerer psychologischer Kontinuität steht.[32]

5.2 Physische Kriterien

Sind damit alle Versuche, den berühmten Locke'schen Intuitionen durch ein psychologisches Kriterium für personale Identität gerecht zu werden, endgültig *ad absurdum*

---

29 Cf. Noonan 2003, S. 13 f.

30 Cf. Noonan 1985. Wiggins spricht von der »Only a and b condition« (Wiggins 1980, S. 93) oder »Only a and b rule« (Wiggins 2001, 96 ff.). Die Grundidee findet sich bereits bei Williams, z. B. in Williams 1970 – auf diesen Artikel antwortend, gibt Nozick dem Prinzip erstmals eine explizite Formulierung (um es sodann zu verwerfen und seine eigene *Closest-Continuer*-Theorie aufzustellen): »If x at time t_1 is the same individual as y at later time t_2, that can depend only upon facts about x, y and the relationships between them. No fact about any other existing thing is relevant to [...] whether x at t_1 is [...] y at t_2.« (Nozick 1981, S. 31).

31 Cf. etwa Shoemaker 1970. Die wohl ausgefeilteste *Best-Candidate*-Variante ist Nozicks bereits erwähnte *Closest-Continuer*-Theorie – cf. Nozick 1981, S. 29 ff.

32 Cf. Noonan 2003, S. 14.

geführt?[33] Zumindest ist anhand des Nur-x-und-y-Prinzips immer wieder dafür argumentiert worden, bei aller Bedeutung, die psychologische Eigenschaften für den Begriff der Person haben, daran festzuhalten, dass als *Kriterium* für personale Identität dennoch die *körperliche* Kontinuität zu gelten habe. Ein solches *Körperkriterium* stellt Personen in gewissem Sinne auf eine Stufe mit anderen belebten und unbelebten Gegenständen, die für die Dauer ihrer Existenz einen kontinuierlichen Pfad durch Raum und Zeit beschreiben:

(K) x zu t und y zu t' sind genau dann dieselbe Person, wenn sie denselben Körper haben.[34]

Wie zu erwarten, sind auch gegen diese Kriterien Einwände laut geworden. Stellen wir uns zwei Herren vor, Brown und Robinson. Beiden wird operativ das Gehirn entfernt, und versehentlich pflanzt man nach der Behandlung das Gehirn von Brown in den Körper von Robinson. Die Person mit Browns Gehirn und Robinsons Körper – nennen wir sie Brownson – überlebt, hält sich für Brown, erinnert sich an all die Erlebnisse, an die sich vor der Transplantation Brown erinnern konnte, hat dieselben Charaktereigenschaften wie Brown usw.[35] Müssten wir dann nicht sagen, dass Brownson und Brown dieselbe Person sind?[36]

Einige Philosophen haben das bejaht und daraufhin aus dem Körperkriterium ein *Gehirnkriterium* gemacht. Diese Modifikation bedeutet insofern eine Annäherung an

---

33 Es gibt noch ganz andere Gründe, sich vom psychologischen Kriterium zu verabschieden. David Wiggins hat auf überzeugende Weise gezeigt, dass schon der *Begriff* der Quasi-Erinnerung abzulehnen ist (Wiggins 2001, Kap. 7, z. B. S. 227). Um es mit Peter Hacker auszudrücken: »[T]he very idea of psychological continuity is incoherent when severed from the idea of a substance – in our case, the living human being – the psychological characteristics of which persist.« (Hacker 2008, S. 297)
34 Cf. Noonan 2003, S. 2.
35 Das Beispiel stammt aus Shoemaker 1963, S. 23 f., und ist in der Folge unzählige Male wiederaufgegriffen worden. Dabei gerät zuweilen in Vergessenheit, dass Gehirntransplantationen zumindest auf dem heutigen Stand der medizinischen Entwicklung unmöglich sind (und nach Ansicht mancher auch prinzipiell, weil biologisch unmöglich – cf. Hacker 2008, S. 306). Damit gehören Geschichten wie die von Brown und Robinson dem Bereich der *science fiction* an. Und selbst wenn solche Operationen theoretisch und eines Tages auch praktisch möglich sein sollten: Ob wir die Begriffe der Person und der personalen Identität besser verstehen, wenn wir unsere »Intuitionen« an Gedankenexperimenten testen, für die jene Begriffe nicht »gemacht« sind und bei denen sie deshalb an ihre Grenzen stoßen, das ist zumindest fragwürdig (cf. dazu auch Wilkes 1988).
36 Von Brownson zu sagen, dass er Browns Gehirn und Robinsons Körper hat, klingt so, als gehörte das Gehirn nicht zum Körper. Das ist natürlich nicht gemeint. Das Gehirn ist ein Teil des Körpers. Aber das Körperkriterium wird gemeinhin so ausgelegt, dass es die Person, die – bis auf das Gehirn – denselben Körper hat wie x, mit x identisch macht, nicht aber die Person, die *nur* dasselbe Gehirn hat wie x. An genau diesem Punkt setzt, wie ich im Folgenden erläutern werde, die Kritik an.

den Standpunkt des psychologischen Kriteriums, als hier vom Gehirn als dem Träger der mentalen Funktionen einer Person ausgegangen und die Relevanz mentaler Ereignisse für den Begriff der Person zugestanden wird:

(G) x zu t und y zu t' sind dieselbe Person gdw. sie dasselbe Gehirn haben.[37]

Was aber, wenn wir das obige Szenario dahingehend abändern, dass eine Gehirnhälfte von Brown irreparabel beschädigt ist, die andere aber gesund, und dass nur die gesunde Hälfte in den Körper von Robinson verpflanzt wird, während die andere in Browns Körper verbleibt? In diesem Fall hilft uns das Gehirnkriterium nicht weiter, da Brownson – die Person mit Robinsons Körper und Browns gesunder Gehirnhälfte – nicht dasselbe Gehirn hat wie Brown, sondern nur einen *Teil* desselben. Wenn wir dennoch darauf bestehen wollen, dass Brown und Brownson identisch sind, brauchen wir das sogenannte *physische* Kriterium für personale Identität:

(Ph) x zu t und y zu t' sind genau dann dieselbe Person, wenn in y zu t' genug von dem Gehirn von x zu t überlebt, um das Gehirn einer lebenden Person zu sein.[38]

Warum gehen wir dann aber nicht noch einen Schritt weiter und stellen uns vor, dass die beiden Gehirnhälften einer Person unterschiedlichen Körpern eingepflanzt werden?[39] Jede der »resultierenden« Personen hat gleichermaßen Anspruch darauf, mit der »ursprünglichen« Person identisch zu sein – aber es können unmöglich beide mit ihr identisch sein. Wenn es nicht den einen *besten Kandidaten* gibt, sondern zwei beste, die gleich gut sind, dann lässt uns auch dieses Kriterium im Stich.

Möglicherweise ist die beste Reaktion auf solche Probleme, ein *biologisches Kriterium* für personale Identität zu vertreten: Demnach sind Personen im Wesentlichen lebende Organismen einer bestimmten biologischen Art, nämlich der Spezies *homo sapiens*. Dieses Kriterium hat den Vorteil, dass es die Aufgabe einer exakten Bestimmung der Persistenzbedingungen von Personen in einen Bereich verschiebt, der wis-

---

37 Cf. Noonan 2003, S. 4.
38 Cf. ibd., S. 6.
39 Zu derlei Gedankenexperimenten hat vor allem Nagel 1971 Anlass gegeben. In diesem Aufsatz werden Experimente beschrieben, die an sogenannten *Split-brain*-Patienten vorgenommen wurden. Das sind Patienten, die man einer *Callosotomie* unterzogen, d. h. denen man operativ das *corpus callosum* durchtrennt hat – den Balken, der die Gehirnhälften miteinander verbindet. Zu den Verwirrungen und Fehlinterpretationen, die einen Großteil der philosophischen wie auch der neurowissenschaftlichen Literatur zu diesem Thema auszeichnen, cf. Bennett und Hacker 2006, S. 388 ff.

senschaftlich erforscht ist und über den uns kompetente Spezialisten Auskunft geben
können – in den Bereich der Biologie:[40]

(B) x zu t und y zu t' sind genau dann dieselbe Person, wenn sie dasselbe
(menschliche) Lebenwesen sind.[41]

5.3 Alternative Ansätze

Neben dem biologischen Kriterium gibt es noch andere Möglichkeiten, auf die Schwierigkeiten der psychologischen und physischen Kriterien zu reagieren. Denn letztlich
scheinen sie immer daran zu scheitern, dass sie strikte numerische Identität auf eine
nicht-transitive Relation zu reduzieren versuchen. Sollten wir dann nicht überhaupt
aufhören, personale Identität reduzieren zu wollen? Die psychologischen und die physischen Ansätze haben gemein, dass sie ein Kriterium für personale Identität aufstellen. Daneben gibt es aber auch Philosophen, die davon überzeugt sind, dass es ein
informatives empirisches Kriterium für das Vorliegen diachroner Identität nicht gibt,
dass diese Relation sich vielmehr nur der Perspektive der ersten Person erschließt[42]

---

40 Das biologische Kriterium befindet sich näher am Körperkriterium als am physischen Kriterium,
sollte aber mit keinem der beiden verwechselt werden – cf. etwa Olson 1997, S. 19 und S. 142 ff., sowie
Shoemaker 2012. Der biologische Ansatz wird auch als *animalism* bezeichnet. Cf. aber Hacker 2008,
S. 313, Fn. 33: »This conception is sometimes characterized as ›animalism‹, but misleadingly so. The
identity of a person depends upon the *kind* of animal that the person in question is, for ›person‹ is
a qualification on a substance noun. We are, and the only persons we are ever likely to know are,
human persons. Our identity as persons turns on our identity as *individuals* of the kind *human being.*
If an ›ism‹ has to be bestowed, the appropriate and wholly unsurprising one is ›humanism‹.«
41 Cf. etwa Snowdon 1990, van Inwagen 1990b, Olson 1997 und Wiggins 2001. David Wiggins nimmt
innerhalb dieser Reihe insofern eine Sonderstellung ein, als sich seine Position zur Frage der personalen Identität nur im größeren Zusammenhang einerseits mit seiner aristotelisch geprägten Theorie
von Substanz, Substanzsortalen und sortal-relativer Identität und andererseits mit seiner Auffassung
von *natürlichen Arten* (die von Putnam 1970 inspiriert ist – cf. dazu aber Dupré 1993) erschließt: »What
matters is that here, in so far as they assign any, the concepts *person* and *human being* assign the same
underlying principle of individuation to A and to B, and that that principle, the *human being* principle, is the one we have to consult in order to move towards the determination of the truth or falsehood
of the judgment that A is B.« (Wiggins 2001, S. 194) »[For] personhood as we know it, the identity of
persons coincides [...] with the identity of human beings.« (Ibd., S. 225 f.)
42 Eine solche Position ist mit einem starken oder Substanzdualismus verträglich, aber nicht auf ihn
angewiesen. (Für den Dualisten wäre die erstpersönliche Perspektive die einer rein mentalen, nicht-
physikalischen Substanz, eines *Cartesianischen Egos.*) Umgekehrt ist der Materialismus nicht auf die
These des physischen Kriteriums festgelegt.

und nicht weiter analysierbar oder reduzibel ist – personale Identität ist anders gesagt ein *deep further fact*.[43]

> If it is logically possible that I should survive my death, I have a coherent hope if I hope to do so. On an empiricist theory, for me to hope for my resurrection is for me to hope for the future existence of a man with my memories and character, that is, a man who will be able to remember the things which happened to me and react to circumstances somewhat as I do. But that's not at all what I hope for in hoping for my resurrection. I don't hope that *there be* a man of that kind— I want it to be me. If it isn't to be me, then despite my hope for my resurrection, I am probably relatively indifferent to whether or not a man rises with my character and memories. And if I am to rise again, I probably shouldn't mind *all* that much if I had lost many of my memories and much of my bad character. What matters is that *I* rise. So hoping for my resurrection is *not* analysable as hoping for the resurrection of a person in various ways like me. And so an empiricist theory which says that it is [is] false.[44]

Einen radikal anderen Ansatz als die Freunde des *einfachen Standpunkts*[45] verfolgt Derek Parfit. Aus den geschilderten Schwierigkeiten, die für Kriterien gleich welcher Art aufzutreten scheinen, sobald man Gedankenspiele betrachtet, bei denen Personen beispielsweise dupliziert werden,[46] schließt er, dass es nicht im strikten Sinne

---

43 Theorien dieses Typs werden auch als *einfach* und reduktionistische Theorien, die ein Kriterium für personale Identität aufstellen, im Gegensatz dazu als *komplex* bezeichnet. (Cf. etwa Noonan 2003, S. 15 f., außerdem Quante 2001.)

44 Swinburne 1973–4, S. 244. (Den Druckfehler im letzten Satz habe ich mir erlaubt zu korrigieren.) Im darauffolgenden Absatz nennt Swinburne noch ein weiteres Argument gegen jeglichen Reduktionismus bezüglich personaler Identität: die begriffliche Möglichkeit »that I should be you and that you should be me (in a certain sense)«. Cf. dazu auch Prior 2003, S. 93 ff.
Swinburnes Gedankengang erinnert an die Pointe von Williams 1970: dass wir mit vollkommen konträren Intuitionen auf zwei Beschreibungen derselben Situation reagieren, weil wir bei der einen Beschreibung Identität bereits voraussetzen und bei der anderen nicht. In eine ähnliche Richtung zielt die Position von Nida-Rümelin, die einerseits den Skopus von Personen auf Erfahrungssubjekte oder bewusstseinsfähige Wesen im Allgemeinen ausweitet und dabei andererseits unterscheidet zwischen der *nicht-realistischen* Sichtweise transtemporaler Identität – nach der bei Vorliegen einer detaillierten Darstellung der Beziehungen zweier Gegenstände zu den Zeiten t und t' eine zusätzliche Information über die Identität oder Nicht-Identität dieser Gegenstände der Beschreibung nichts Neues hinzufügt, das epistemisch relevant wäre – und der *realistischen* Haltung, die dies bestreitet (Nida-Rümelin 2001).

45 Neben Swinburne ist hier vor allem Chisholm zu nennen – cf. Chisholm 1976b. In gewissem Sinne gehören auch Korsgaard 1989 und McDowell 1997 zu den non-reduktionistischen Ansätzen.

46 Abgesehen von der bereits angeführten Verdopplung durch Transplantation von Gehirnhälften hat Parfit noch ein weiteres Szenario für uns bereit, mit dem wir endgültig in der Welt von *Star Trek* und anderen *Science-fiction*-Stoffen angekommen sind: Mit einem »Teletransporter« werden Personen »dematerialisiert« und an einem anderen Ort »rematerialisiert«. Auf diese Weise wird eine »Kopie«

verstandene numerische Identität[47] ist, worauf es ankommt: »Personal identity is not what matters.«[48] Er schlägt vor, sich vom Begriff der personalen Identität als dem, was uns interessieren sollte, zu verabschieden. Worum es eigentlich gehe, sei psychologische Kontinuität als das, worin personelles Überleben bestehe. Der Begriff der Person sei durchaus mit der Vorstellung vereinbar, dass sich z. B. *ein* Bewusstseinsstrom in *zwei* separate aufspaltet – eine Person also »als zwei Personen weiterlebt« – oder umgekehrt zwei getrennte zu einem zusammenfließen. Parfit findet nichts Unplausibles an dem Gedanken, dass eine Person nur zu einem gewissen Anteil, in einem gewissen Grade weiterexistiert und zum Teil aufhört zu existieren. Parfits Begriff der Person als eines rationalen, selbstbewussten und fühlenden Handelnden ist nicht auf den Menschen beschränkt. Auch andere Tiere oder allgemein Lebewesen, ja sogar Maschinen wie Computer sind kohärent als Personen denkbar. Personelles Fortbestehen, so ergebe die Analyse unserer Intuitionen, ist keine Frage der Identität.

Weder die *simple view* noch Parfits Theorie haben viele Anhänger gefunden. Dennoch ist Parfit der Name, der häufig als erstes fällt, wenn das Thema personale Identität aufkommt. Diese Popularität verdankt sich nicht nur der Exzentrik seiner Position, sondern auch der Differenziertheit, mit der er die klassischen Kriterien psychologischer und physischer Kontinuität in eine Form gebracht hat, die seither als maßgeblich gilt und auf die sich auch seine Gegner immer wieder berufen – so etwa Marya Schechtman, deren *narratives Kriterium* für personale Identität ich der Vollständigkeit halber noch anfügen und mit dem ich dieses Kapitel beenden möchte. Die These der *narrativen Identität* von Personen ist auch und gerade als Gegenentwurf zu Parfits revisionistischer Theorie zu verstehen:

(N) x zu t und y zu t' sind genau dann dieselbe Person, wenn die Erfahrungen von x zu t Teil eines kohärenten Selbstverständnisses von y zu t' sind.[49]

Dieses Kriterium ist aus der Einsicht erwachsen, dass in der Literatur über personale Identität nicht oder nicht genügend unterschieden werde zwischen der Frage nach den Bedingungen der *(Re-) Identifizierung* von Personen – die sinnvollerweise nur im Rekurs auf *körperliche* Kontinuität beantwortet werden könne[50] – und der Frage nach der *Selbstkenntnis* bzw. der Einheitlichkeit der *Autobiographie* von Personen: der

---

der Person angefertigt und das »Original« gleichzeitig zerstört. Wenn allerdings die Zerstörung des Originals misslingt, existiert die Person nach erfolgter »Reproduktion« plötzlich zweimal.

47 Verantwortlich für die Probleme, die uns solche Gedankenexperimente bereiten, ist die Transitivität numerischer Identität – cf. Kap. 2.

48 Parfit 1984, z. B. S. 217. Cf. auch Carruthers 1986.

49 Schechtman 1990, S. 92. Cf. auch Schechtman 1996 sowie, kritisch dazu, Strawson 2004.

50 Cf. Schechtman 1990, S. 88.

Geschichte, als die sie ihr Leben verstehen.[51] Das Problem der psychologischen Kriterien personaler Identität liegt laut Schechtman darin, dass sie die Identifizierungsfrage beantworten sollen – woran sie scheitern, weil sie zirkulär sind.[52] Psychologische Kontinuität komme aber, wenn überhaupt, nur als Antwort auf die Selbstkenntnisfrage in Betracht.[53] Der erste Schritt, den Schechtman macht, besteht also darin richtigzustellen, worauf psychologische Kriterien eine Antwort geben. In einem zweiten Schritt verbessert sie dieses Kriterium, indem sie es von den Verbindungen zwischen *punktuellen* Erinnerungen, Erfahrungen, Intentionen usw., die etwa Parfits Ansatz zugrunde liegen, auf das komplexe Gebilde einer kohärenten *Geschichte* ausweitet, in denen sich Personen gleichsam selbst entwerfen.[54]

Damit möchte ich den kurzen Überblick über die theoretische Landschaft, in der sich die Debatte der personalen Identität abspielt, beenden. Viele Aspekte, die in diesem kurzen Abriss zur Sprache gekommen sind, werden im Laufe der Arbeit erneut auftauchen. Was diese Arbeit hingegen nicht leisten wird, ist eine Argumentation für die eine oder andere Position innerhalb der Debatte.[55] Wichtig für die Belange meiner Untersuchung ist einerseits die »praktische« Relevanz des Begriffs der personalen Identität, die zu großen Teilen die philosophische Diskussion über diesen Begriff motiviert hat (und nach wie vor motiviert) und die sich vor allem in den Begriffen des Überlebens und der Verantwortung äußert. Zum anderen wird die Locke'sche Intuition bezüglich der Bedeutung psychologischer Kontinuität für den Begriff der personalen Identität eine Rolle spielen – und zwar ganz unabhängig von der Frage, ob man dieser Bedeutung in Form eines psychologischen *Kriteriums* Tribut zollen sollte oder nicht.

---

51 Cf. ibd., S. 71: »The question ›Who am I?‹ might be asked either by an amnesia victim or by a confused adolescent, and requires a different answer in each of these contexts. In the former case, the questioner is asking which history her life is a continuation of, and, in the latter, the questioner presumably knows her history but is asking which of the beliefs, values, and desires that she seems to have are truly her own, expressive of who she is. These can be called, respectively, the *question of reidentification* and the *question of self-knowledge*.«
52 Ibd., S. 71.
53 Ibd., S. 86 ff.
54 Ibd., S. 90 ff. Insofern versteht Schechtman ihr Kriterium (N) auch nicht als Antwort auf die Identifizierungsfrage, sondern als Antwort auf die Selbstkenntnisfrage.
55 Was meine eigene Haltung betrifft, so teile ich die Auffassung von Philosophen wie Wiggins und Hacker, dass die Identität einer Person an der Identität des menschlichen Lebewesens hängt. Diese Auffassung werde ich hier jedoch nicht durch weitere Argumente zu untermauern versuchen.

Teil II: **Zeitspezifische Probleme personaler Identität**

El tiempo es la sustancia de que estoy hecho.
El tiempo es un río que me arrebata,
pero yo soy el río;
es un tigre que me destroza,
pero yo soy el tigre;
es un fuego que me consume,
pero yo soy el fuego.

Die Zeit ist die Substanz, aus der ich gemacht bin.
Die Zeit ist ein Fluss, der mich davonreißt,
aber ich bin der Fluss;
sie ist ein Tiger, der mich zerfleischt,
aber ich bin der Tiger;
sie ist ein Feuer, das mich verzehrt,
aber ich bin das Feuer.

Jorge Luis Borges

Wie angekündigt werde ich im zweiten Teil dieser Arbeit drei Begriffe aus dem Bereich der personalen Identität mit drei Theorien aus dem Bereich der Zeitphilosophie kombinieren. Dies dürfte einige Nachfragen provozieren: Warum gerade drei? Warum diese drei und keine anderen? Warum in dieser Kombination? Warum überhaupt Begriffe »aus dem Bereich« der personalen Identität und nicht den Begriff selbst? Warum Theorien der Zeit und nicht den Begriff der Zeit? Wenn aber Theorien der Zeit, warum dann nicht auch Theorien personaler Identität? Und warum nicht Begriffe der Zeit mit Theorien personaler Identität paaren?

Einen Teil dieser Fragen – etwa die nach dem Grund für die Wahl gerade diesen oder jenen Begriffs und für die Kombination mit einer bestimmten Zeittheorie – möchte ich noch zurückstellen und erst zu Beginn des jeweiligen Kapitels beantworten. Nur so viel sei schon jetzt gesagt (und das ist bereits in der Einleitung angeklungen): Innerhalb der jeweiligen Zeitdebatte werde ich immer diejenige Position auswählen, die unserem Alltagsverständnis von Zeit zumindest auf den ersten Blick widerspricht. Wenn man solche kontraintuitiven oder gar revisionistischen Theorien voraussetzt, um dann Begriffe aus dem Umfeld der personalen Identität zu analysieren, die tief in unserem bestehenden Begriffsschema und unserem alltäglichen Sprechen und Denken verankert sind, ist natürlich zu erwarten, dass Spannungen auftreten. Und von diesen Spannungen erhoffe ich mir einen reicheren Aufschluss über die fraglichen Begriffsbeziehungen als von der Kombination mit der entsprechenden Standardauffassung, bei der man im ungünstigsten Fall nur feststellen könnte, dass die Analyse reibungslos funktioniert – wie es auch nicht anders zu erwarten war.

Auf den anderen Teil der berechtigten Nachfragen möchte ich schon hier eingehen. Zunächst zur Frage, warum ich nicht den Begriff der personalen Identität selbst mit verschiedenen Zeittheorien kombiniere, sondern andere Begriffe, die im Kontext personaler Identität von großer Bedeutung sind. Auch das hat gewissermaßen strategische Gründe. Der Begriff der personalen Identität an sich ist ein reichlich abstrakter Begriff. In ihm wenden wir Identität – als einen der elementarsten Begriffe überhaupt – auf eine Klasse von Gegenständen an (oder im Einzelfall auf einen ihrer Vertreter). Wenn wir das Spezifische dieser Klasse außer Acht lassen, dann sprechen wir über diachrone Identität ganz allgemein. Und was diese mit Zeit zu tun hat, ist schnell gesagt: Wir beziehen uns auf Gegenstände, die zu verschiedenen *Zeiten* existieren, und fragen danach, was uns berechtigt, sie als identisch zu bezeichnen. Das führt also nicht weit. Wir müssen das Spezifische an Personen mit einbeziehen. Aber wo sollen wir anfangen? Der Begriff der Person ist ein schier unüberschaubares Feld in der Philosophie. Woher wissen wir, welche Aspekte im Zusammenhang mit Fragen diachroner Identität und mit zeittheoretischen Unterscheidungen relevant sind?

Am einfachsten ist es daher, die klassischen Begriffe heranzuziehen, um die seit jeher alle philosophische Beschäftigung mit personaler Identität zu kreisen scheint. Die drei Begriffe, die ich herausgreife (dass es drei sind, ist reiner Zufall), sind einerseits die wahrscheinlich wichtigsten,[56] und andererseits sind sie besonders geeignet, um mit Theorien der Zeit in Verbindung gesetzt zu werden: es sind dies die Begriffe der Erinnerung (oder allgemein des Vergangenheitsbezugs), des Überlebens und der Verantwortung. In ihnen manifestieren sich diejenigen Aspekte des Personenbegriffs, die im Zusammenhang mit Fragen der diachronen Identität eine zentrale Rolle spielen.

Zur nächsten Frage: Warum kombiniere ich *Begriffe* der personalen Identität mit *Theorien* der Zeit? Warum nicht umgekehrt? Das hat einen ganz einfachen Grund. Der Begriff der (diachronen) personalen Identität impliziert Zeit – nicht umgekehrt. Deshalb ergibt es Sinn, eine bestimmte Theorie der Zeit vorauszusetzen und dann zu prüfen, wie sich der Begriff der diachronen Identität von Personen gestaltet. Dagegen ergibt es keinen Sinn, etwa die psychologische Theorie personaler Identität vorauszusetzen und dann zu prüfen, wie sich der Begriff der Zeit gestaltet.[57] Daher werde ich jeweils eine zeitphilosophische Position zur Voraussetzung machen und auf dieser Grundlage den betreffenden Begriff aus der Sphäre der personalen Identität beleuchten.[58]

Die vielleicht wichtigste Frage betrifft die Auswahl der Zeitdebatten – warum habe ich mich gerade für diese drei entschieden? Die knappe Antwort lautet: Weil sie die drei prominentesten Zeitdebatten sind.[59] Hier ist eine ausführlichere Antwort. In der analytischen Zeitphilosophie lassen sich vier Stränge unterscheiden. Der erste geht im Wesentlichen auf McTaggart zurück.[60] Charakteristisch für ihn ist die Auseinanderset-

---

56 Cf. etwa Olson 2010, Shoemaker 2012 oder Gallois 2011.

57 Hier vereinfache ich. Man könnte sich vorstellen, dass beispielsweise die Zugrundelegung einer *B*-Theorie den Begriff der Erinnerung *ad absurdum* führt, und daraus schließen, dass unter der Voraussetzung einer psychologischen Theorie personaler Identität (die direkt auf dem Erinnerungsbegriff aufsetzt) der Zeitbegriff ein *A*-theoretischer sein muss. Da ich aber keiner der untersuchten Zeittheorien unterstellen möchte, dass sie so fundamentale Begriffe wie den der Erinnerung *aufgeben* muss (auch wenn sie ihn vielleicht *verändern* muss), bleibe ich bei meiner Herangehensweise, Begriffe der personalen Identität mit Theorien der Zeit zu paaren – zumal das wie gesagt die naheliegende Strategie ist, insofern personale Identität Zeit beinhaltet bzw. auf ihr aufsetzt und nicht umgekehrt.

58 Gäbe es nicht noch eine weitere Möglichkeit? Könnte ich nicht auch *Theorien* der personalen Identität mit *Theorien* der Zeit in Verbindung bringen. Ja, das wäre möglich. (Und das Kapitel 8 geht sogar in diese Richtung, weil die Erinnerung, der ich mich dort widme, nicht nur ein wichtiger Begriff für die personale Identität ist, sondern von einigen Philosophen sogar zum *Kriterium* für personale Identität erhoben worden ist – diese Philosophen vertreten also die Theorie des Erinnerungskriteriums für personale Identität.) Aber mein Ansatz hat den Vorzug einer höheren Allgemeingültigkeit: Wenn ich zwei Theorien miteinander kombiniere, bleibt es den Vertretern beider Theorien unbenommen, die jeweils andere von vornherein abzulehnen – womit meine Untersuchung gleichsam ins Leere liefe, weil es niemanden gibt, der eine solche Kombination von Theorien tatsächlich propagiert. Wenn ich dagegen eine Zeittheorie mit einem so fundamentalen Begriff wie dem des Überlebens in Beziehung setze, müssen die Anhänger dieser Theorie mir folgen – oder aber den Begriff aufgeben.

59 Cf. Markosian 2010. Einen guten Überblick über das Theorienfeld vermitteln etwa Müller 2007 und Friebe 2012. Für aktuelle Anthologien cf. Callender 2011 sowie Bardon 2012.

60 Cf. die Einführung in Abschnitt 8.1, S. 133.

zung mit den Begriffen von Gegenwart, Vergangenheit und Zukunft. Dieser Strang besteht aus zwei Debatten: einer metaphysischen und einer ontologischen, könnte man sagen.[61] In der metaphysischen Debatte streiten sich A- und B-Theoretiker darüber, ob es zeitlich dynamische Fakten (sogenannte A-Fakten oder *tensed facts*) gibt oder ob alle Fakten zeitlich statische Fakten (B-Fakten oder *tenseless facts*) sind.[62] In der ontologischen Debatte treten Präsentisten gegen Eternalisten an – erstere halten dafür, dass nur das Gegenwärtige real ist, während die Eternalisten der Meinung sind, dass Vergangenes, Gegenwärtiges und Zukünftiges gleichermaßen real ist.[63] Zwischen diesen beiden Debatten bestehen enge Verbindungen. Insbesondere ist die präsentistische Position auf eine A-Theorie angewiesen – denn für den B-Theoretiker gibt es in der Wirklichkeit keine Gegenwart, und somit fehlen ihm die Mittel, um sagen zu können, dass nur Gegenwärtiges existiert.

Den zweiten Strang in der analytischen Philosophie der Zeit bildet die Persistenzdebatte zwischen Drei- und Vierdimensionalisten. Diese Debatte ist grundsätzlich unabhängig von den Begriffen der Gegenwart, Vergangenheit und Zukunft.[64] In ihr geht es darum, wie Gegenstände in der Zeit und durch die Zeit hindurch existieren. Vierdimensionalisten sind der Auffassung, dass gewöhnliche Objekte persistieren, indem sie nicht nur räumliche, sondern auch *zeitliche Teile* haben. Damit widersprechen sie der klassischen (»dreidimensionalistischen«) Sicht, derzufolge die Gegenstände zu jedem Zeitpunkt ihrer Existenz »als Ganze präsent« sind.[65]

Der dritte Strang ist die philosophische Beschäftigung mit den Konsequenzen physikalischer Theorien, insbesondere mit den Folgen der speziellen und der allgemeinen Relativitätstheorie für unser Denken über Zeit.[66] Auch wenn manche Philosophen finden, dass diese physikalischen Theorien direkte Auswirkungen auf die bereits genannten Zeittheorien haben,[67] werde ich sie in meiner Arbeit ausklammern – einfach deshalb, weil ihre Einbeziehung nicht nur den Rahmen einer solchen Arbeit sprengen, sondern ihr auch eine andere Ausrichtung geben würde, die

---

61 Cf. Fine 2005c.

62 Den Begriff der A- und B-Fakten erläutere ich in Kapitel 8.

63 Cf. Kap. 7.

64 Insofern sind beide Positionen sowohl mit der A- als auch mit der B-Theorie kompatibel. Desgleichen lassen sich beide Positionen sowohl mit dem Präsentismus als auch mit dem Eternalismus vereinbaren. Dennoch gibt es so etwas wie Standardkombinationen: Das ist einerseits das revisionistische »Paket« aus Vierdimensionalismus, B-Theorie und Eternalismus, andererseits die sozusagen konservative Trias von Dreidimensionalismus, A-Theorie und Präsentismus. (Cf. etwa Sider 2001b.)

65 Cf. Abschnitt 6.2, S. 91.

66 Als Ausgangspunkt empfiehlt sich hier wiederum Markosian 2010. Einen guten Einstieg in die Materie, der auch die anderen Zeitdebatten berücksichtigt, bietet Savitt 2008.

67 Verbreitet ist etwa der Standpunkt, dass die spezielle Relativitätstheorie die A-Theorie der Zeit widerlegt. (Für eine Widerlegung der Widerlegung cf. Müller 2002, Kap. 4.) Zuweilen wird auch behauptet, dass die spezielle Relativitätstheorie eine vierdimensionalistische Ontologie erfordert. (Für eine Relativierung dieser vermeintlichen Abhängigkeit cf. Balashov 2000.)

mir für die Analyse von Begriffen der personalen Identität, wie sie sich aus unserer nicht-relativistischen »Lebenswelt« herausgebildet haben, weder notwendig noch wünschenswert erscheint.

Anders verhält es sich mit dem vierten und letzten Strang, der zumindest im weiteren Sinne zur Philosophie der Zeit gehört: der Diskussion um Determinismus und Indeterminismus.[68] Diese Debatte ist für den Begriff der Person als eines Handlungssubjekts unmittelbar relevant. Aber da die Verbindungen zum Begriff der personalen Identität in diesem Fall weniger direkt sind und ihre Ausarbeitung sich dadurch wesentlich komplexer gestalten dürfte als bei den zuerst genannten Kontroversen, werde ich auch diesen Diskurs in der vorliegenden Arbeit aussparen müssen.

Nach diesen Präliminarien kann ich mich nun dem ersten Beispiel für die Verbindungen von Zeittheorie und Begriffen der personalen Identität zuwenden: dem Begriff der Verantwortung vor dem Hintergrund einer vierdimensionalistischen Persistenztheorie.

---

68 Cf. etwa Belnap 2007.

6 Verantwortung und Vierdimensionalismus

Mein Projekt ist, Zeit und personale Identität aus philosophischer Perspektive aufeinander zu beziehen. Die einzige größere Debatte, in der das zumindest andeutungsweise schon geschehen ist, dürfte die Debatte zwischen Vierdimensionalisten und ihren Gegnern sein. Von ihr möchte ich hier ausgehen.

Genau genommen ist es nicht das Verhältnis von Zeit und personaler Identität, sondern das Verhältnis von Zeit und Identität im Allgemeinen, das in dem genannten Diskurs thematisiert oder immerhin gestreift wird. Zwar ist häufig von Personen die Rede, aber sie sind hier nur ein Gegenstand unter vielen – neben Lehmklumpen, Kerzenstummeln und Flussläufen. Was über die Identität von Personen gesagt wird, ist nicht als für diese spezifisch gemeint, sondern soll genauso für alle möglichen anderen Gegenstände gelten.

Dass die Vierdimensionalisten keine Auswirkungen *nennen*, die ihre Theorie speziell für die Identität von Personen hat, heißt nicht, dass es keine *gibt*. Ob es welche gibt oder nicht, soll hier untersucht werden: Versteht ein Vierdimensionalist zwangsläufig etwas anderes unter personaler Identität als ein Dreidimensionalist? Hat die Entscheidung zwischen Vierdimensionalimus und Dreidimensionalismus Konsequenzen, die für das Problem der personalen Identität spezifisch sind? Wenn ja: Worin bestehen diese Konsequenzen, und wie sind sie zu bewerten?

Dieser Frage möchte ich hier anhand des Verantwortungsbegriffs nachgehen, der in enger Verbindung zum Begriff der personalen Identität steht. Die Untersuchung besteht aus vier Abschnitten. Ich beginne mit dem Thema Verantwortung. Zunächst beleuchte ich, was der Begriff der Verantwortung mit personaler Identität zu tun hat. Im zweiten Teil mache ich dann die Grundidee des Vierdimensionalismus anschaulich und deute dabei schon einige Konsequenzen für das Themenfeld der personalen Identität an. Diese Konsequenzen analysiere ich im dritten Teil detailliert am Beispiel des Verantwortungsbegriffs. Der vierte Teil schließlich liefert eine kurze Zusammenfassung und eine vorläufige Interpretation der Ergebnisse.

6.1 Verantwortung und personale Identität

Zwischen den Begriffen der *Verantwortung* und der personalen Identität besteht eine enge Verbindung: Verantwortung ist das Thema, das – zusammen mit dem Thema *Überleben* – immer wieder auftaucht, wenn es um die *praktische Relevanz* personaler

Identität geht.[1] Mit dem Begriff des Überlebens werde ich mich im nächsten Kapitel beschäftigen; das vorliegende ist dem Begriff der Verantwortung gewidmet.

Wie gestaltet sich nun die begriffliche Beziehung zwischen Verantwortung und personaler Identität? Inwiefern ist die Identität der Person relevant für Fragen der Verantwortung? Die Antwort lässt sich in der Form eines Slogans geben, der unmittelbar einleuchtet: »Jeder ist nur für seine eigenen Taten verantwortlich.«[2] Dem wird kaum jemand widersprechen wollen. Allerdings lässt diese Formulierung offen, ob sich die Verantwortung auf *alle* eigenen Taten erstreckt, oder ob es unter meinen Taten auch solche geben kann, für die ich aus irgendwelchen Gründen *nicht* verantwortlich bin. Verbreitet ist die letztere Auffassung: danach handelt es sich bei personaler Identität nur um eine *notwendige* Bedingung und nicht um eine *hinreichende* Bedingung für Verantwortlichkeit.[3] Wenn eine Person für eine Tat verantwortlich ist, dann hat sie diese Tat begangen – d. h. dann ist sie *identisch* mit der Person, die die Tat begangen hat:[4]

(V$_N$)   Für alle Personen x und Taten y: x ist verantwortlich für y → es gibt eine Person z, von der gilt, dass sie y ausgeführt hat und mit x identisch ist.[5]

---

1 Cf. etwa Olson 2010 (insbes. Abschnitt 1, »The Problems of Personal Identity«), Gallois 2011 (Abschnitt 5, »Personal Identity«), Shoemaker 2012 (insbes. Abschnitt 5, »Identity and Moral Responsibility«), Noonan 2003 (S. 1), Rorty 1976 (S. 1–4) oder Parfit 1971 (S. 4). Die Signifikanz des Personenbegriffs in moralischen (und rechtlichen) Kontexten wie dem der Zuschreibung von Verantwortung ist freilich nicht erst im 20. Jahrhundert beleuchtet worden, sondern bereits zur Zeit der Entstehung dieses Begriffs in der Antike – cf. etwa Hacker 2008, S. 285 ff. Für die Neuzeit ist hier neben Kant vor allem Locke zu nennen, der gleichzeitig den Ausgangspunkt der modernen Debatte um personale Identität bildet. Für Locke ist der Begriff der Person ein *forensischer* Begriff – was sich darin äußert, dass für ihn die Kontinuität des Bewusstseins einerseits die *Identität der Person* konstituiert und andererseits als Kriterium für die Zuschreibung von *Verantwortung* dient. Cf. Locke 2008 sowie dazu bspw. Shoemaker 2012 und Hacker 2008, S. 295.

2 Cf. Shoemaker 2012.

3 Cf. ibd. Dagegen, Identität als hinreichend für Verantwortung zu betrachten, sprechen allein schon die – wenn auch eher seltenen – Fälle, in denen Personen beispielsweise einer Gehirnwäsche unterzogen oder unter Drogen gesetzt werden. Ich komme darauf zurück.

4 Ich vermeide hier bewusst den anspruchsvolleren Begriff der *Handlung*, weil es mir zunächst noch um ein sehr weites Verständnis von ›Tun‹ geht, das z. B. auch ohne Weiteres auf Tiere anwendbar ist. Erst in einem zweiten Schritt werde ich zum stärkeren Begriff der Handlung übergehen, um statt einer bloß *notwendigen* Bedingung die zusammen *hinreichenden* Bedingungen für Verantwortung zu umreißen – cf. S. 90.

5 Um die komplizierte Formalisierung von *Kennzeichnungen* wie ›die Person, die y ausgeführt hat‹ zu vermeiden, beschränke ich mich hier auf die schwächere, aber für meine Zwecke ausreichende Bedingung, dass es (mindestens) eine – statt *genau* eine – Person gibt, die y ausgeführt hat. (Cf. Fn. V_N^*.) In den allermeisten Fällen, bei denen es um die Zuschreibung von Verantwortung geht, dürfte es ohnehin um Taten gehen, denen eindeutig ein einzelner Urheber zuzuordnen ist. (Was ich hier bewusst ausklammere, ist das große Thema der kollektiven Verantwortung – bei ihr funktioniert dies nicht.)

In Formeln:

$$\forall x \forall y (Vxy \rightarrow \exists z(Azy \& x = z))^6 \qquad (V_N^*)$$

Diese Pfeilrichtung mag seltsam anmuten. Müsste es nicht umgekehrt sein? So, wie das Konditional formuliert ist, können wir zwar erklären, warum jemand, der eine bestimmte Tat erwiesenermaßen *nicht* begangen hat, deshalb auch nicht für sie verantwortlich ist (in diesem Sinne folgt aus Nicht-Identität Nicht-Verantwortlichkeit).[7] Aber für unsere moralische Praxis scheint doch die »Gegenrichtung« viel wichtiger zu sein: Wenn wir herausfinden, dass jemand etwas Verwerfliches getan hat, dann wissen wir, dass er es ist, der die Verantwortung dafür trägt. Und wenn wir jemanden dabei ertappen, wie er sich moralisch etwas zuschulden kommen lässt, dann haben wir Grund, ihn für verantwortlich zu erklären. Das epistemische Prozedere, wenn man so will, verläuft also in umgekehrter Richtung. Wir erkennen nicht zuerst, dass x für y verantwortlich ist – woran sollte man das auch erkennen können –, um dann daraus zu schließen, dass er y auch tatsächlich begangen hat; sondern wir überprüfen zunächst, ob x die Tat y begangen hat (oder werden vielleicht Zeuge dieser Tat), um daraus im zweiten Schritt ein Urteil über seine Verantwortlichkeit fällen zu können.

Damit haben wir eine minimale Bedingung für Verantwortung benannt. In der Praxis können wir damit noch nicht viel anfangen. Der einzige Nutzen besteht, wie so oft bei nur *notwendigen* Bedingungen, darin, *negative* Schlüsse ziehen zu können: Wenn wir von einer Person wissen, dass sie nicht der Urheber einer bestimmten Tat ist, dann genügt das, um daraus zu folgern, dass sie nicht für diese Tat verantwortlich sein kann.

Um eine *hinreichende* Bedingung für Verantwortung anzugeben, bedarf es einer erheblichen Ausarbeitung von (V_N), die ich hier aber nur zu skizzieren brauche, da die weitere Argumentation nicht von den Details eines starken Verantwortungsbegriffs abhängt.[8] In jedem Fall muss es sich bei der fraglichen Tat um eine *Handlung* im emphatischen Sinne handeln.[9] Für moralische Verantwortung wird etwa erforderlich sein, dass sie von einem rationalen Wesen mit Akteurstatus (sprich: von einer

---

6 Um hier der erwähnten Kennzeichnung gerecht zu werden, könnte man der Konjunktion in der Bedingung ein weiteres Konjunkt $\forall w(Awy \rightarrow w = z)$ beifügen – oder Russells Operator ›ı‹ für *definite descriptions* verwenden ($\imath z(Azy) = x$). Cf. Fn. 5.

7 In juristischen Kontexten freilich ist dieses Prinzip zu relativieren.

8 Das werde ich im Folgenden erläutern.

9 Was das genau heißt, darauf finden sich in der Literatur natürlich unterschiedliche Antworten. An dieser Stelle muss ich aber keine Handlungstheorie elaborieren, da für meinen Gedankengang auch eine eher holzschnittartige Darstellung des Verantwortungsbegriffs ausreicht. Mit den angesprochenen Aspekten möchte ich also gewissermaßen den unkontroversen *Kern* von Verantwortung andeuten, der für verschiedene Handlungs- und Moraltheorien die gemeinsame Grundlage bildet.

Person) begangen worden ist, dass die Handlung moralisch signifikant ist, d. h. beispielsweise, dass es angebracht ist, die Person bezüglich ihrer Handlung zu loben oder zu tadeln[10], dass die Person *frei* gehandelt hat und keine entschuldigenden Umstände vorlagen[11] usw. In diesem Zusammenhang ist auch die Unterscheidung zwischen Verantwortung im Sinne von Zuschreibbarkeit (*attributability*) und Verantwortung im stärkeren Sinn von *accountability* relevant.[12]

Worauf es mir einzig und allein ankommt, ist, dass es einen beträchtlichen Unterschied zwischen bloßer Urheberschaft als *notwendiger* Bedingung von Verantwortung auf der einen Seite und den zusammen *hinreichenden* Bedingungen von Verantwortung auf der anderen Seite gibt und dass dieser Unterschied den für Personen spezifischen Status eines rationalen Akteurs betrifft, der sich zu seinen eigenen Handlungen verhält, der sich im Normalfall an die Handlungen erinnern kann, für die er verantwortlich ist, und der sich diese Handlungen (in einem ggf. zu spezifizierenden Sinne) zu eigen macht. Die folgende Formel für die *hinreichende* Bedingung ist also lediglich im Sinne eines Platzhalters zu verstehen, der die eben genannten Aspekte symbolisiert, ohne sie im Einzelnen explizit zu machen:

(V_H) Die Person x hat die Tat y begangen; sie hat dabei frei gehandelt; es lagen keine entschuldigenden Umstände vor; ...; ... → x ist für y verantwortlich

Im Laufe des Kapitels wird sowohl die notwendige Bedingung für Verantwortung (V_N) als auch die hinreichende Bedingung (V_H) eine Rolle spielen. Im Abschnitt 6.3 werde ich von der minimalen Anforderung ausgehen, wenn ich untersuche, wie sich der Begriff der Verantwortung im Rahmen des Vierdimensionalismus darstellt. Damit mache ich es dieser Theorie gewissermaßen zunächst noch leicht – alles, was sie einfangen muss, um diese notwendige Bedingung von Verantwortung repräsentieren zu können, ist die rein kausale Relation bloßer Urheberschaft zwischen einer Person und einer Tat. Erst in einem zweiten Schritt werde ich dann zur anspruchsvolleren Verantwortungsanalyse übergehen und prüfen, wie die vierdimensionalistische Ontologie mit den hinreichenden Bedingungen für Verantwortung zurechtkommt.

Bevor ich den Vierdimensionalismus auf den Begriff der Verantwortung anwenden kann, muss ich allerdings erst einmal auseinanderlegen, was man sich unter dem Vierdimensionalismus überhaupt vorzustellen hat. Der nächste Abschnitt gibt deshalb eine kurze Einführung in diese Zeittheorie.

---

10 Cf. Strawson 1962 zu den sogenannten »reaktiven Einstellungen« (*reactive attitudes*).
11 Cf. S. 88, Fn. 3; dazu auch Shoemaker 2012.
12 Cf. Eshleman 2009, § 2.2, dazu auch Watson 1987 und Watson 1996 sowie Williams 1976.

6.2 Vierdimensionalismus

6.2.1 Die Theorie der zeitlichen Teile

Auf die Frage, was Vierdimensionalismus ist, gibt es keine allgemeingültige Antwort. Der Ausdruck wird ganz unterschiedlich verwandt.[13] Was hier und im Folgenden mit ihm gemeint ist, wird auch als Lehre von den »zeitlichen Teilen« (*temporal parts*) oder als *Perdurantismus* bezeichnet.[14] In diesem Sinne einer ontologischen These besagt Vierdimensionalismus lediglich die Existenz zeitlicher Teile[15], genauer:

(4D)   Alle raumzeitlichen Gegenstände haben zeitliche Teile.[16]

Zeitliche Teile wiederum lassen sich zum Beispiel folgendermaßen definieren:[17]

(TP) x ist ein (instantaner[18]) zeitlicher Teil von y zum Zeitpunkt t $\leftrightarrow_{df}$
x existiert zu t (und nur zu t), ist zu t Teil von y und überlappt zu t alles, was zu diesem Zeitpunkt Teil von y ist.

---

13 Cf. etwa Gallois 2011, Abschnitt 4.5 »Four Dimensionalism«.

14 Cf. Sider 2001b, S. 3: »This picture of persistence over time I have called four-dimensionalism is also known as the doctrine of temporal parts and the thesis that objects ›perdure‹.« Sider ist neben Lewis der wichtigste Name im Zusammenhang mit Vierdimensionalismus, nicht zuletzt wegen seines gleichnamigen Standardwerkes, dem das obige Zitat entstammt und in dem er nicht nur seine eigene, »nicht-klassische« Lesart der vierdimensionalistischen These vorstellt (auch als »Stadientheorie« oder *Exdurantismus* bezeichnet – cf. S. 93, Fn. 22), sondern auch die wahrscheinlich eingehendste Darstellung der klassischen Form des Vierdimensionalismus liefert. Vor ihm stand in erster Linie David Lewis für diese Theorie der *temporal parts*, weil sie zum ersten Mal ausführlich und systematisch dargelegt hat – cf. etwa Lewis 1971, Lewis 1976a, Lewis 1983 und Lewis 1986. Vergleichbare Positionen hat es allerdings schon früher gegeben – übrigens auch früher als Einsteins Relativitätstheorie und Minkowskis Raumzeitmodell, an das der Ausdruck ›Vierdimensionalismus‹ gemahnt und anhand dessen zuweilen für die Doktrin der zeitlichen Teile argumentiert wird (cf. etwa Hawley 2010, Abschnitt 7, »Special Relativity and Temporal Parts«, sowie Sider 2001b, S. 3, Fn. 2, und S. 79 ff.).

15 Cf. Sider 2001b, S. 60.

16 Cf. ibd., S. 59: »Four-dimensionalism may then be formulated as the claim that, necessarily, each spatiotemporal object has a temporal part at every moment at which it exists.«

17 Cf. ibd., S. 59. Ein Standardwerk zur Mereologie als der Lehre vom Verhältnis zwischen Teil und Ganzem ist Simons 1987.

18 Für diejenigen, die ein Problem mit *instantanen* Teilen haben, lassen sich auch Definitionen für *ausgedehnte* zeitliche Teile angeben – cf. etwa Sider 2001b, S. 60.

Was mit dieser sehr technisch daherkommenden Definition gemeint ist, lässt sich am besten in einem Bild veranschaulichen (Abb. 6.1).

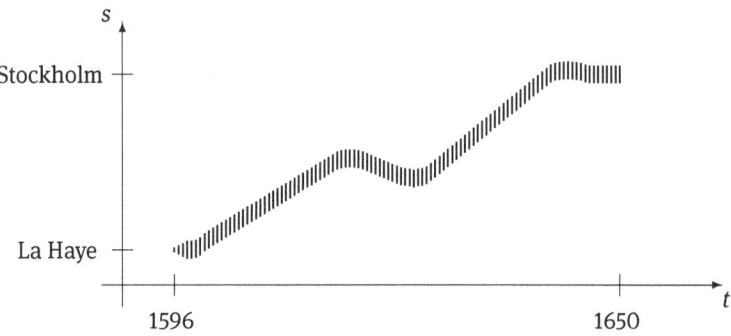

Abb. 6.1. Descartes als Raum-Zeit-Wurm

Als Beispiel für einen raumzeitlichen Gegenstand muss hier Descartes herhalten. Das Diagramm soll – stark vereinfacht – seinen Lebensweg von der Geburt 1596 in La Haye bis zum Tod 1650 in Stockholm repräsentieren, wobei die drei Dimensionen des Raums auf eine einzige heruntergebrochen sind. Nach der alltäglichen, »dreidimensionalistischen« Auffassung würden wir sagen, dass jeder der kleinen Striche für Descartes steht und ihn an einem bestimmten Ort zeigt, an dem er sich zu der entsprechenden Zeit aufgehalten hat. Für den Vierdimensionalisten hingegen wird Descartes durch den ganzen »Wurm«[19] dargestellt, während die einzelnen Striche seine zeitlichen Teile abbilden. Der Wurmtheoretiker denkt sich also jedes Objekt in Raum und Zeit als ein vierdimensionales Ganzes, das nicht nur räumliche Teile hat (z. B. Gliedmaßen, Organe etc.), sondern genauso zeitliche. Und dass ein Gegenstand zu verschiedenen Zeiten existiert – Descartes etwa im Jahr 1600, aber auch im Jahr 1640 –, heißt für den Vierdimensionalisten nichts anderes, als dass dieser Gegenstand verschiedene zeitliche Teile zu verschiedenen Zeiten hat. Diese Sicht auf die zeitliche Existenz (auch *Persistenz* genannt) von Gegenständen wird als *Perduranz* und die entsprechende Theorie als *Perdurantismus* bezeichnet. Für die entgegengesetzte Position ist der Terminus *Endurantismus* eingeführt worden.

---

19 Die vorherrschende Form des Vierdimensionalismus wird deshalb auch als *Wurmtheorie* bezeichnet. Dazu weiter unten mehr.

Let us say that something *persists* iff, somehow or other, it exists at various times; this is the neutral word. Something *perdures* iff it persists by having different temporal parts, or stages, at different times, though no one part of it is wholly present at more than one time; whereas it *endures* iff it persists by being wholly present at more than one time.[20]

Die Thesen von Perdurantismus und Endurantismus lauten entsprechend:

(Perd) Alle raumzeitlichen Gegenstände persistieren[21], indem sie zu verschiedenen Zeiten verschiedene zeitliche *Teile* haben.[22]

(End) Zumindest manche[23] raumzeitlichen Gegenstände persistieren, indem sie zu verschiedenen Zeiten als *ganze* präsent sind.[24]

---

20 Lewis 1986, S. 202. Die Terminologie von *perduring* und *enduring* geht auf die Dissertation von Mark Johnston zurück (Johnston 1984) – cf. Johnston 1987, S. 112 f., und Lewis 1986, S. 202, Fn. 4.

21 Persistenz ist der neutrale Begriff und meint lediglich Existenz zu verschiedenen Zeiten – cf. das obige Zitat von Lewis.

22 Eine Variante des Perdurantismus besteht in dem Versuch, die Idee von *counterparts*, die Lewis vor dem Hintergrund seiner Modaltheorie entwickelt hat, für die Persistenztheorie fruchtbar zu machen: Nach dieser Version persistieren Gegenstände, indem ihre zeitlichen Teile *Gegenstücke* zu anderen Zeiten haben. (Diese *stages* als »zeitliche Teile« zu bezeichnen, ist insofern irreführend, als es das zugehörige *Ganze* hier nur gleichsam als logisches Konstrukt gibt. Sider tut es dennoch – für ihn ist das Charakteristikum *aller* Richtungen des Vierdimensionalimus, dass sie eine Lehre der zeitlichen Teile vertreten – cf. S. 91, Fn. 16.) Haslanger führt für diese von der »Stadientheorie« (*stage theory*) vertretene Form von Persistenz den Begriff »exduring« ein und grenzt ihn so vom »perduring« ab (Haslanger 2003, S. 317 ff.). Ich komme darauf zurück (cf. Abschnitt 6.3.2, S. 106).

23 Während der Perdurantismus üblicherweise darauf besteht, dass es *ausschließlich* perdurierende Gegenstände gibt, lässt der Endurantismus offen, ob neben den endurierenden (gewöhnlichen) auch noch perdurierende oder exdurierende (ungewöhnliche) Dinge existieren. Der Exdurantismus wiederum geht davon aus, dass es auch (besondere) perdurierende Objekte gibt, bestreitet aber die Existenz endurierender Gegenstände. (Cf. Haslanger 2003, S. 324.) Wenn man außerdem in die »raumzeitlichen Gegenstände« nicht nur »Dinge« (im engen Sinne von *Substanzen*), sondern auch Ereignisse und Prozesse einschließt (und eine Ontologie vertritt, in der Ereignisse Platz haben), dann hätte man damit schon Beispiele für Objekte gefunden, von denen auch ein Dreidimensionalist nicht bestreiten würde, dass sie zeitliche Teile haben und in gewissem Sinne persistieren, *indem* sie zeitliche Teile zu verschiedenen Zeiten haben – und nicht, indem sie zu verschiedenen Zeiten »als ganze präsent sind«. Cf. den folgenden Abschnitt 6.2.2.

24 Wenn der Endurantismus das »klassische«, der Alltagssprache entsprechende Verständnis davon, wie Dinge in der Zeit existieren, verkörpern soll, kann man sich fragen, ob man dieses Alltagsverständnis in der Rede vom »Als-Ganzes-präsent-Sein«, von »Persistenz« und von »Dreidimensionalismus« wirklich wiederfindet. Ohne Frage ist der Vierdimensionalismus zutiefst kontraintuitiv, aber die Formulierung der Gegenposition wirkt in gewisser Weise genauso artifiziell und losgelöst von unserer gewöhnlichen Sprechweise: Natürlich würden wir zustimmen, dass Descartes nicht nur im Jahr 1600, sondern z. B. auch im Jahr 1610 existiert hat, aber ein philosophisch unbelasteter Gesprächspartner käme vermutlich in einige Verlegenheit, wenn man ihn fragen würde, ob Descartes im Jahr 1600 »als

6.2.2 Zeitliche Teile von Dingen und Ereignissen

Zeitliche *Teile*, das heißt Teile, deren Position und Begrenzung nicht räumlicher, sondern zeitlicher Natur ist, deren Form oder Struktur also durch zeitliche statt durch räumliche Koordinaten charakterisiert wird, kann es nur geben, wenn auch das *Ganze* in dem Sinne zeitlicher Art ist, dass es eine zeitliche *Ausdehnung* besitzt.[25] Als alltägliche Beispiele für etwas, das zeitlich ausgedehnt ist, fallen einem als Erstes *Ereignisse* und *Prozesse* ein – im Zusammenhang mit diesen ist uns die Idee zeitlicher Teile durchaus geläufig: Wir sprechen von der ersten Halbzeit eines Fußballspiels, von der Anfangsphase eines Hausbaus und der Endphase einer Promotion oder vom schönsten Tag des Lebens. Bei Vorgängen, Begebenheiten und Geschichten ist uns der Gedanke, dass sie verschiedene zeitliche Teile haben, vollkommen vertraut.

So verwundert es nicht, dass neben der Analogie zu den räumlichen Teilen von Dingen immer wieder die Analogie zu den zeitlichen Teilen von Ereignissen bemüht wird, um zu verdeutlichen, was mit zeitlichen Teilen von Dingen gemeint ist (Abb. 6.2).[26]

Was dagegen sehr verwundert, ist die Unbekümmertheit, mit der zuweilen nicht nur eine Analogie hergestellt wird, sondern der kategoriale Unterschied zwischen Ding und Ereignis verwischt oder beide kurzerhand *gleichgesetzt* werden. Betrach-

---

ganzer präsent war« oder nicht. (Cf. etwa McCall und Lowe 2003, McCall und Lowe 2006, McCall und Lowe 2009.) Vor diesem Hintergrund wird von einer zunehmenden Zahl von Skeptikern die Frage gestellt, ob es sich bei der Debatte zwischen Drei- und Vierdimensionalisten überhaupt um einen genuinen Konflikt (über »metaphysische Fakten«) oder lediglich um unterschiedliche Beschreibungsweisen mit ihren jeweiligen Vor- und Nachteilen und somit um einen »Sturm im Wasserglas« handelt. (Cf. ibd., außerdem etwa Rundle 2009, S. 78–88, oder Wiggins 2001, S. 182.) Ein ähnlicher Skeptizismus in Verbindung mit der Debatte zwischen Präsentisten und Eternalisten wird etwa in Savitt 2006 und Dorato 2006 formuliert (cf. Kap. 7).

25 Eine Ausnahme bilden *instantane* Objekte, die nur *einen* zeitlichen Teil besitzen (einen »uneigentlichen Teil« oder *improper part* – cf. Simons 1987, S. 9 ff.), der mit dem Objekt identisch ist. Hierauf hat mich Akiko Frischhut aufmerksam gemacht.

26 Cf. Sider 2001b, S. 1 ff. Man könnte einwenden, dass in der Abbildung etwas fehlt, nämlich die räumlichen Teile von Ereignissen: Beispielsweise könne man doch von einem Fußballspiel sagen, dass es im Mittelfeld langweilig sei. Aber ist es wirklich ein *Teil* des Fußballspiels, der hier näher charakterisiert wird? Oder allgemeiner: Kann man wirklich vom oberen und unteren oder linken und rechten oder nördlichen und südlichen Teil eines Ereignisses sprechen? Zumindest die Grammatik lässt dies fraglich erscheinen: Was durch Adverbiale genauer bestimmt wird, ist kein Substantiv, sondern das Verb und damit der Satz als ganzer. Die Einschränkung ›im Mittelfeld‹ bezieht sich also nicht auf ›das Fußballspiel‹, sondern auf ›(das Fußballspiel) ist langweilig‹. Es mag Fälle geben, in denen sich ohne Veränderung der Satzbedeutung ein Adverbial in ein Adjektiv umformen lässt, mit dem ein Ereignis modifiziert bzw. ein Teil eines Ereignisses identifiziert wird. Keineswegs liegt hier aber ein allgemeines Prinzip vor.

Entsprechendes gilt für die Verbindung von zeitlichen Adverbialen und Ausdrücken für Dinge: »Gestern war die Tomate noch grün« bedeutet nicht, dass der *gestrige Teil* der Tomate grün war (oder ist). Ich komme darauf zurück.

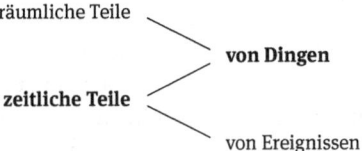

Abb. 6.2. Analoga zeitlicher Teile von Dingen

ten wir einen Passus aus einem einflussreichen Text der vierdimensionalistischen Tradition.

> If we consider non-overlapping phases in the history of the same particular, *P*, then [...] such phases are in no way identical. What we have is simply a particular case of different *parts* of the same thing. They are temporal parts [...]. These parts, themselves particulars, are related in various ways to each other and to further particulars. The holding of some of these relations *constitutes* what it is for the parts to be different temporal parts of *P*.[27]

Fast unmerklich geht Armstrong von Teilen der *Geschichte* eines Objekts zu Teilen des *Objekts selbst* über. Er beginnt damit, dass nicht überlappende Phasen innerhalb der Geschichte eines Objekts niemals miteinander identisch sein können. Das leuchtet ein. Und gleichwohl, so fährt er fort, sind es Teile desselben Dings. Auch das ist klar (wenn man »Ding« im weiten Sinne versteht, als Gegenstand oder Entität): Es sind Teile derselben Geschichte, d. h. der Geschichte desselben Objekts – nichts anderes sagt ja der erste Satz. Im letzten Satz ist dann aber plötzlich die Rede davon, was diese Teile (der Geschichte von *P*) zu Teilen von *P* macht! Auf einmal scheint er also überhaupt keinen Unterschied mehr zwischen dem Objekt und seiner Geschichte zu machen.

Armstrong steht damit nicht allein. Hier ist ein Beispiel aus einem weiteren Klassiker der Zeitscheibenontologie:

> A river is a process through time, and the river-stages are its momentary parts.[28]

---

27 Armstrong 1980, S. 67 f.
28 Quine 1950, S. 621.

Aber ein Fluss ist kein Prozess. Über einen Prozess kann man keine Brücke bauen, ein Prozess hat weder Quelle noch Mündung, ist weder sauber noch schmutzig, weder warm noch kalt, und ein Prozess führt auch nicht mal mehr und mal weniger Wasser. Dinge sind keine Ereignisse, und Personen sind keine Biographien.[29]

Oder doch? Die Vierdimensionalistin behauptet genau das. Sie gesteht zu, dass unsere Sprache zwischen Dingen und Ereignissen unterscheidet. Sie hat aber auch gar nicht den Anspruch, unserem bestehenden Begriffsschema gerecht zu werden. Sie betreibt, um mit Strawson zu sprechen, keine deskriptive, sondern präskriptive oder revisionistische Metaphysik.[30] Aufgrund verschiedener Argumente bestreitet sie, dass die Unterscheidung von Ding und Prozess eine Entsprechung in ontologischen Kategorien hat, und regt deshalb an, unser Begriffsschema zu überdenken und anzupassen (zumindest für den *philosophischen* Diskurs – dass wir im *Alltag* sehr gut mit der Differenzierung zwischen Objekt und Ereignis zurechtkommen, wird auch von den Vierdimensionalisten nicht geleugnet).[31]

> Physical objects, conceived thus four-dimensionally in space and time, are not to be distinguished from events, or, in the concrete sense of the term, processes.[32]

---

29 Cf. etwa Wiggins 2001 (S. 31: »An event does not persist in the way a continuant does – that is *through* time, gaining and losing new parts.«) oder van Inwagen 1990a (S. 252: »[T]he concept of a temporal extent does not apply to [...] any [...] object that persists or [...] exhibits identity across time.«).

30 Cf. etwa die methodologischen Ausführungen in der Einführung von Sider 2001b, S. xiv ff.

31 Cf. Sider 2001b, S. 211 f. Zu Beginn seines Buches wählt Sider noch eine eher vorsichtige Formulierung: »[P]ersons are a lot *like* their stories.« (ibd., S. 1; meine Hvh.) In dieser Frage ist also eine gewisse Uneinheitlichkeit zu bemerken. Und es soll auch nicht behauptet werden, jeder Vierdimensionalist hebe den Unterschied zwischen Ding und Ereignis auf oder reduziere eines auf das andere. Erst recht nicht gilt das Umgekehrte: Simons etwa reduziert in gewissem Sinne Dinge auf Ereignisse, ist aber bekennender Dreidimensionalist. Cf. S. 96, Fn. 32.

32 Quine 1960, S. 171. Es liegt vielleicht an dem Schillernden des strapazierten Substanzbegriffs (cf. Wiggins 1995), dass in der Literatur meist andere Termini verwandt werden: entweder ist schlicht von Dingen und Ereignissen bzw. Prozessen die Rede oder, mit einem eher fachlichen Vokabular, von *continuants* und *occurrents*. Der Ausdruck ›continuant‹ geht auf W. E. Johnson zurück: »A continuant, on the other hand, means that which continues to exist while its states or relations may be changing [...].« (Johnson 1921, S. 199) Im Zusammenhang mit zeitlichen Teilen und Vierdimensionalismus werden diese Begriffe von verschiedenen Philosophen wieder aufgenommen. Simons und Melia etwa fragen danach, welche Beziehung zwischen beiden besteht, und kommen dabei zu unterschiedlichen Ergebnissen. Während Melia sich ontologisch von *occurrents* komplett verabschiedet (cf. Melia 2000), braucht Simons sie als *truthmaker* für Existenzaussagen über *continuants*: »A continuant is an abstractum over occurrents under a suitable equivalence relation.« (Simons 2000b, S. 428; cf. Künne 1988 sowie Simons 2000a.)

Der Vollständigkeit halber und um Missverständnisse zu vermeiden, sei noch angemerkt, dass der Ausdruck ›continuant‹ unterschiedlich verwandt wird: zum einen in dem beschriebenen Sinne für etwas, an dem Dreidimensionalisten festhalten und das Vierdimensionalisten verwerfen – nämlich

6.2.3 ›x-zu-t‹

Um das Verständnis des Vierdimensionalismus zu vertiefen, ist es hilfreich, sich noch einmal das sogenannte Problem der *temporären Intrinsika*[33] zu vergegenwärtigen; denn die Weise, in der David Lewis dieses Problem behandelt hat, war von großem Einfluss auf die Philosophie der zeitlichen Teile. Das Problem sah Lewis darin, dass unsere alltägliche Rede von Veränderungen – »das Brot war noch warm, als ich es gekauft habe, ist aber mittlerweile abgekühlt« – damit zu konfligieren scheint, dass es sich bei Eigenschaften wie der Temperatur nicht um relationale Eigenschaften handelt, die Gegenstände vermöge ihrer Beziehungen zu anderen Gegenständen und zur externen Welt haben, sondern um intrinsische Eigenschaften, die Gegenstände gleichsam aus sich selbst heraus haben. Wenn man Veränderung nun erklärt, indem man einem Gegenstand solche Eigenschaften wie Temperatur nur *relativ zur Zeit* zu- oder abspricht, dann geht der intrinsische Charakter dieser Eigenschaften verloren – so Lewis. Statt nun also zu sagen, dass x zu t warm und zu t' kalt ist,[34] zieht Lewis die Formulierung vor: x-zu-t ist warm, und x-zu-t' ist kalt.[35] Hier gibt es also nicht mehr nur *einen* Gegenstand (x), dem zu verschiedenen Zeiten verschiedene Eigenschaften zugeschrieben werden, sondern *zwei* Gegenstände (x-zu-t und x-zu-t'): dem einen wird die eine und dem anderen die andere Eigenschaft zugeschrieben – und zwar *ohne* irgendeine zeitliche Relativierung. Bei diesen beiden Gegenständen handelt es sich um nichts anderes als *zeitliche Teile* von x.

Substanzen oder Dinge als eigenständige ontologische Kategorie im Gegensatz zu Ereignissen. (Zur Ontologie von Ding und Ereignis cf. etwa Hacker 1982 und Hacker 2008, S. 39 sowie S. 65 ff.) Zum anderen wird ›continuant‹ auch in einem neutralen Sinne für persistierende Gegenstände benutzt – unabhängig davon, ob sie perdurieren oder endurieren. Für Sider schließlich sind *continuants* die Referenten gewöhnlicher Ausdrücke, d. h. die Dinge, über die wir gemeinhin quantifizieren, die Subjekte alltäglicher Prädikationen etc. (cf. Sider 2001b, z. B. S. 60, 64, 190, 224). Das könnten entweder Substanzen sein (*continuants* im engeren Sinne) oder Aggregate von zeitlichen Teilen oder – und das ist Siders eigene Sicht – die zeitlichen Teile selbst.

33 Cf. oben, Abschnitt 4.3.4, S. 62.

34 Genauer: Es ist zu t der Fall, dass x warm ist, und es ist zu t' der Fall, dass x kalt ist. Hier wird also die *Prädikation* (›ist warm‹, ›ist kalt‹) zeitlich qualifiziert. Besonders deutlich wird das an der Formalisierung durch eine A-Zeitlogik (»PWx & Kx« für »es ist der Fall gewesen, dass x warm ist, und es ist (jetzt) der Fall, dass x kalt ist«), in der sich die zeitliche Relativierung durch Satzoperatoren wie den Vergangenheitsoperator ›P‹ ausdrückt. (In einer B-Zeitlogik könnte man schreiben: »Wtx & $Kt'x$«.) Zur A- und B-Logik cf. unten, Kap. 8.

35 Hier wird das *Subjekt* der Prädikation zeitlich qualifiziert – in einer Formalisierung könnte man dies z. B. durch entsprechende Indizes auszudrücken: »Wx_t & $Kx_{t'}$«. Eine dritte Möglichkeit besteht darin, das *Prädikat* selbst zu qualifizieren (»x ist warm-zu-t und kalt-zu-t'« oder »W_tx & $K_{t'}x$«). Auch diese Option wird gelegentlich erwogen.

Ausdrücke der Form ›x zu t‹ sind noch in einer anderen philosophischen Diszi-
plin sehr prominent: dort nämlich, wo es um diachrone Identität geht.[36] Die Frage der
personalen Identität etwa wird häufig wie folgt gestellt:[37]

(PI)   Welche Bedingungen müssen erfüllt sein, um von einem Gegenstand x zu
einem Zeitpunkt t und einem Gegenstand y zu einem von t verschiedenen
Zeitpunkt t' sagen zu können, es handele sich um dieselbe Person?

Identität im hier relevanten Sinn ist – das haben wir gesehen[38] – eine Relation,
und die vorstehende Formulierung lädt zu dem Missverständnis[39] ein, die Relata personaler Identität als x-zu-t und y-zu-t' zu bestimmen. Dies scheinen die Objekte zu
sein, die auf beiden Seiten des Gleichheitszeichens bezeichnet werden und also in
der fraglichen Beziehung zueinander stehen (oder auch nicht) – ihnen wird personale Identität zu- bzw. abgesprochen:

$$x \text{ zu } t = y \text{ zu } t' \qquad \text{(PI*)}$$

Es ist aber offensichtlich, dass es sich bei x-zu-t und y-zu-t' nicht um zeitliche Teile
handeln kann, wenn (PI*) wahr sein soll. Personale Identität wäre dann die Identität
der t-Scheibe von x mit der t'-Scheibe von y – und somit schlicht ein Ding der Unmög-
lichkeit. Wenn t und t' verschiedene Zeitpunkte sind, dann sind auch die zugehörigen
Zeitscheiben notwendig verschieden (völlig unabhängig davon, *wessen* Zeitscheiben
es sind). Eine 12-Uhr-Scheibe kann unter keinen Umständen mit einer 13-Uhr-Scheibe
identisch sein.[40]

Was aber sollte die Vierdimensionalistin unter x-zu-t verstehen, wenn nicht einen
zeitlichen Teil von x? Natürlich, wird sie sagen, ist mit ›x zu t‹ eine Zeitscheibe gemeint. Für sie liegt das Problem von (PI*) nicht in den Relata, sondern in der Relation. Woran sie sich stört, sind nicht die Ausdrücke ›x zu t‹ und ›y zu t'‹, sondern das
Gleichheitszeichen. Denn was wir mit Aussagen wie (PI*) *eigentlich* meinen, so die Per-

---

36 Cf. oben, Abschnitt 4.2, S. 48.
37 Cf. oben, Kap. 5 (S. 66 ff.).
38 Cf. oben, Kap. 1 (S. 21 ff.).
39 Cf. oben, Abschnitt 4.2, S. 48, und insbesondere 4.2.3, S. 55.
40 Zumindest gilt dies für Identität nach der klassischen »Ganz oder gar nicht«-Definition. (Für Ansätze, die mit einem Begriff von *partieller* Identität arbeiten, cf. etwa Armstrong 1980.) Der einzige Weg,
die Möglichkeit strikter numerischer Identität für zwei zu verschiedenen Zeiten existierende zeitliche
Teile zu retten, bestünde darin, Identität im Sinne von Leibniz' Gesetz (cf. Abschnitt 2.2, S. 27) aufzufassen, d. h. als Gemeinhaben aller »puren« Eigenschaften – denn zeitliche Position ist *keine* pure
Eigenschaft (cf. Wiggins 2001, S. 61 ff., und Forrest 2011).

durantistin, ist die Beziehung, in der zwei Gegenstände zueinander stehen, wenn sie *Teile desselben Ganzen* sind[41]:

(PI$_{4D}$)   Welche Bedingungen müssen erfüllt sein, um von der t-Scheibe eines Gegenstands x und der t'-Scheibe eines Gegenstands y sagen zu können, es handele sich um Zeitscheiben derselben Person?

Das ist sicherlich die naheliegende Analyse unseres alltäglichen Umgangs mit diachroner Identität, wenn man Vierdimensionalist ist. Aber hat das wirklich noch viel mit den Sätzen zu tun, deren allgemeine Form mit (PI) angegeben werden sollte? Ein Allerweltsbeispiel für die Identitätsurteile, nach deren Bedingungen in (PI) gefragt wird, wäre etwa[42]:

(1)   Die Frau, die ich gestern beim Bäcker gesehen habe, ist identisch mit derjenigen, die mir heute in der Post begegnet ist.

Dieser Satz enthält zwei Kennzeichnungen und behauptet, dass mit beiden auf denselben Gegenstand Bezug genommen wird. Die in den Kennzeichnungen vorkommenden zeitlichen und räumlichen Bestimmungen dienen dem Zweck, die Beziehungen (Sehen/Begegnen) zwischen Sprecher und besagtem Gegenstand näher zu beschreiben. Sätzen wie diesem begegnen wir allenthalben, und für gewöhnlich geben sie uns keine größeren Rätsel auf. Gehen wir nun weiter zu einer abkürzenden Redeweise:

(2)   Die Frau gestern beim Bäcker ist dieselbe wie die heute in der Post.

Dem brauchen wir nur noch eine semiformale *façon* zu geben, und schon ist die Ähnlichkeit mit (PI*) nicht mehr zu übersehen.

(3)   die Frau gestern beim Bäcker = die Frau heute in der Post

---

41 Cf. S. 104 zu Genidentität, Einheitsrelation etc.
42 Cf. oben, S. 56.

Die Wortstellung kann nicht darüber hinwegtäuschen, dass sich für *x* bequem ›die Frau beim Bäcker‹ und für *y* ›die Frau in der Post‹ einsetzen lässt. *t* (respektive *t'*) wäre dann ein noch genauer zu spezifizierender Zeitpunkt am mit ›gestern‹ (›heute‹) bezeichneten Tag.

Während jedoch der Vierdimensionsionalist die Relata in (3) als zeitliche Teile interpretieren und die geschilderte Situation also dahingehend analysieren dürfte, dass der Sprecher hier streng genommen gar keine Frau gesehen hat, sondern Zeitscheiben – die allerdings Teile derselben (Wurm-) Frau sind[43] –, haben wir (3) über schrittweises Abkürzen aus dem Satz (1) abgeleitet, in dem keinerlei Zeitscheiben vorkommen, sondern nur mit *definite descriptions*, die Zeitangaben beinhalten, auf Personen (und in diesem Fall auf *dieselbe* Person) Bezug genommen wird.[44] Die Zeitangaben ›heute‹ und ›gestern‹ sind hier also eindeutig adverbial gebraucht[45] und dienen nicht dazu, zeitliche Teile zu identifizieren.

Dass sowohl Vierdimensionalisten als auch die Theoretiker diachroner Identität Ausdrücke der Form ›*x* zu *t*‹ verwenden, sollte einen also nicht verleiten zu glauben, dass beide auch dasselbe *meinen*. Erstere denken dabei an zeitliche Teile, letztere an über die Zeit bestehende Gegenstände, von denen zu verschiedenen Zeiten Verschiedenes ausgesagt werden kann – wie eben in den besagten Kennzeichnungen.[46]

Dies mag als Einführung in die Ontologie der zeitlichen Teile genügen. An einigen Punkten ist bereits angeklungen, inwiefern diese Ontologie Probleme aufwerfen könnte. Im folgenden Abschnitt werde ich mich der Frage zuwenden, wie sich der Begriff der Verantwortung in einem vierdimensionalistischen Setting gestaltet. Dabei wird sich zeigen, dass die angedeuteten Schwierigkeiten sich bestätigen und verfestigen.

---

43 Was zwei Zeitscheiben zu Teilen desselben Wurms macht, ist die Relation der »Genidentität« oder »Einheitsrelation« (cf. S. 104), die zwischen ihnen besteht. Wie sich diese Relation konkret gestaltet, hängt davon ab, welcher Art das Ganze ist, von dem die Scheiben Teile sind: ob es sich etwa um eine Person handelt oder ein Schiff oder eine Statue. Das kann körperliche oder psychologische Kontinuität sein, raumzeitliche Kontinuität usw. – prinzipiell taugt hier jedes Identitätskriterium, das man auch als Nicht-Vierdimensionalist in Anschlag bringen würde. Cf. etwa Sider 2001a.
44 Cf. ibd.
45 Das fälschliche Beziehen des Adverbs auf das Subjekt nennt van Inwagen *adverb-pasting* (van Inwagen 2000, S. 441 ff.)
46 Zumindest ist die Problemstellung der diachronen Identität und der personalen Identität im Besonderen *neutral* gegenüber der Kontroverse zwischen Drei- und Vierdimensionalisten. Wer an zeitliche Teile glaubt und sich mit personaler Identität beschäftigt, wird Ausdrücke der Form ›Person *x* zum Zeitpunkt *t*‹ natürlich anders verstehen als ein Dreidimensionalist. Cf. etwa Perrys Rede von »personstages« (Perry 2008, S. 7 ff.) oder Lewis' Hinweis darauf, dass es sich bei den Relationen der Identität und der psychologischen Kontinuität (als Kriterium für personale Identität) schon insofern um verschiedene Relationen handelt, als sie unterschiedliche *Relata* haben: erstere ist eine Beziehung zwischen Personen als ausgedehnten *continuants*, letztere eine Beziehung zwischen Person-Stadien oder Zeitscheiben von *continuants* oder Personen-zu-Zeiten (Lewis 1983, S. 58).

6.3 Vierdimensionalismus und Verantwortung

Fassen wir die Ergebnisse des vorangegangenen Abschnitts noch einmal zusammen und beziehen sie auf das Thema der personalen Identität. Für die Vierdimensionalistin geht es bei der Frage nach personaler Identität darum, welche Beziehungen zwischen zeitlichen Teilen bestehen müssen, damit sie verdienen, als Teile einer und derselben Person bezeichnet zu werden. Etwas, das in der Zeit existiert, versteht sie dabei, egal ob Ding oder Ereignis, als Inhalt einer bestimmten Region der Raumzeit.[47] Das gilt sowohl für die Teile als auch für das Ganze.[48] Wie die Relation zwischen zeitlichen Teilen einer Person inhaltlich zu füllen ist, das zu beantworten ist nicht die Aufgabe des Vierdimensionalismus. Wenn es überhaupt entschieden werden kann, dann müssen es die Theoretiker der personalen Identität tun, die sich Gedanken über psychologische und physische Kontinuität machen und darüber, in welchem Verhältnis das Mentale und das Körperliche als verschiedene Aspekte unseres Personenbegriffs zueinander stehen.

Der Vierdimensionalismus macht keinen Unterschied zwischen Personen und anderen belebten oder unbelebten Gegenständen. Er soll für alle diese Dinge gleichermaßen gelten. Aber möglicherweise haben wir bei Personen größere Hemmungen, eine Zeitscheibenontologie anzuwenden, als bei Schiffen oder Statuen. Möglicherweise gibt es elementare Aspekte des Person-Seins, an denen sich der Vierdimensionalismus die Zähne ausbeißt.[49]

Ein wesentlicher Unterschied zwischen Personen und anderen Gegenständen besteht nicht nur darin, dass Personen denken und fühlen, sondern auch darin, dass sie *handeln*. Personen sind Akteure, und als solche tragen sie Verantwortung für ihr Tun und Lassen. Anhand dieses Prinzips – dass wir für unsere Handlungen verantwortlich sind und verantwortlich gemacht werden können – soll der Vierdimensionalismus exemplarisch auf seine »Personentauglichkeit« getestet werden. Denn was auch immer wir für eine Theorie über personales Fortbestehen in der Zeit aufstellen – grundlegende Begriffe wie der Begriff moralischer Verantwortung müssen in der Theorie einen Platz finden.[50]

---

47 Manche Vierdimensionalisten gehen sogar so weit, Gegenstände nicht als *Inhalt* einer Raumzeitregion aufzufassen, sondern als die Region *selbst* – cf. etwa Quine 1976, S. 499 ff., Quine 1981, S. 16 ff., und Sider 2001b, S. 110.

48 Für instantane *Teile* ist diese Region höchstens in den drei Dimensionen des Raums ausgedehnt (höchstens, weil auch räumlich punkt-, linien- oder flächenförmige Teile möglich sind). Für das *Ganze* hingegen hat die Region auch eine Ausdehnung »entlang der Zeitachse« (es sei denn, das Ganze hat nur einen Teil und ist mit diesem identisch – cf. S. 94, Fn. 25).

49 Dies ist auch die Stoßrichtung von Machut 2008. In dieser Arbeit werden neben Aspekten der Erstpersonalität vor allem Einstellungen wie Absichten und Wünsche sowie Erfahrungserinnerungen gegen den Vierdimensionalismus ins Feld geführt.

50 Manche Revisionisten allerdings würden das wohl bestreiten.

Tatsächlich scheinen Fragen der praktischen Rationalität und der Moral so etwas wie die höheren Weihen des Vierdimensionalismus darzustellen, denen man sich erst gegen Ende der Entwicklung einer Theorie widmet. So wendet Sider sich erst in den späteren Teilen seines Standardwerkes diesen Fragen zu[51], dabei eine Debatte aufgreifend, die in Repliken und Postscripta zwischen Lewis, Perry und Parfit geführt[52] und in jüngerer und jüngster Zeit wieder neu belebt worden ist[53]. In dieser Auseinandersetzung geht es um die Verbindung von Themen wie Verantwortung mit einem klassischen Problem der Theorie personaler Identität (und der diachronen Identität im Allgemeinen): den Spaltungs- und Fusionsfällen.[54] Bezogen auf Personen, handelt es sich hier natürlich nicht um reale Fälle, sondern um Gedankenexperimente, in denen Personen sich wie Amöben teilen[55] oder miteinander verschmelzen. Beispielsweise werden Szenarien beschrieben, in denen Gehirnhälften getrennt und unterschiedlichen Körpern eingepflanzt werden oder die linke Hemisphäre der einen Person mit der rechten Hemisphäre der anderen Person zusammengefügt wird.[56]

Im Folgenden möchte ich für die zwei wichtigsten Varianten des Vierdimensionalismus respektive Perdurantismus – die »Wurmtheorie«[57] und die »Stadientheorie«[58] – das Fusionsszenario durchspielen, um dann zu untersuchen, wie sich vor diesem Hintergrund der Begriff der Verantwortung darstellt. Dabei gehe ich zunächst von der Minimalanalyse des Verantwortungsbegriffs aus,[59] um dann in einem weiteren Schritt die Plausibilität der vierdimensionalistischen Analyse mit Rücksicht auf den stärkeren Verantwortungsbegriff, wie er in der moralischen Praxis von Personen zum Tragen kommt, zu hinterfragen.

---

51 Sider 2001b, S. 201 ff.

52 Cf. Lewis 1983, Parfit 1976.

53 Cf. etwa Belzer 2005, Ninan 2009.

54 Cf. etwa Olson 2010, Abschnitt 5: »Fission«.

55 Cf. Prior 1957/58, Prior 1965/6 und Wiggins 2001, S. 72 f. sowie 83 f.

56 Cf. Kap. 5. Unabhängig von der Frage, ob solche Operationen jemals medizinisch möglich sein werden (und überhaupt biologisch möglich sind), ist das Argumentieren anhand von Gedankenexperimenten – die häufig von *science fiction* inspiriert sind – mittlerweile sehr umstritten: cf. etwa Wilkes 1988 oder Bennett und Hacker 2006, S. 388 ff., und Hacker 2008, S. 301 ff. Wichtig scheint mir: *Wenn* man sich auf diese Gedankenexperimente einlässt, muss man damit rechnen (und darf sich nicht darüber wundern), dass bestimmte Begriffe nicht mehr »funktionieren«, weil die Grenzen für ihre sinnvolle Anwendung überschritten werden. Cf. S. 74, Fn. 35.

57 Cf. S. 92.

58 Cf. S. 91, Fn. 14, und S. 22, Fn. 22, sowie den Beginn von Abschnitt 6.3.2, S. 106.

59 Cf. Abschnitt 6.1, S. 87.

6.3.1 Fusionierende Würmer

Nach der Wurmtheorie[60] sind gewöhnliche Gegenstände wie Personen oder Tische und Stühle streng genommen vierdimensionale »Raum-Zeit-Würmer«, d. h. Objekte mit einer räumlichen *und* einer zeitlichen Ausdehnung. Was heißt das nun für die Gedankenspiele aus der Literatur über personale Identität, in denen es um die Fusion oder Verschmelzung zweier Personen zu einer einzigen geht? Stellen wir uns vor, dass Anne und Marie verschmelzen: die linke Gehirnhälfte der einen wird mit der rechten Gehirnhälfte der anderen verbunden (Abb. 6.3).

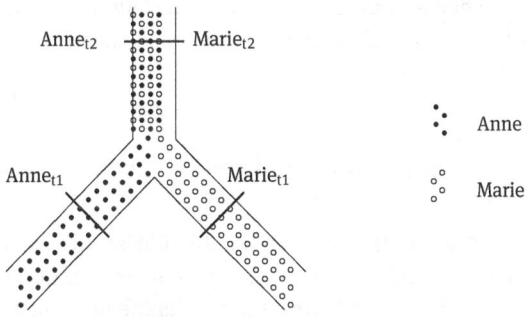

Abb. 6.3. Fusion, wie sie die Wurmtheorie sieht

In der Rekonstruktion der Wurmtheorie gibt es nicht nur *vor*, sondern auch *nach* der Fusion noch zwei Personen.[61] Dass es nach der Fusion den *Anschein* hat, als gäbe es nur noch eine Person, liegt daran, dass die beiden »Personen-Würmer« ab dem Zeitpunkt der Fusion *überlappen*. Das heißt, für alle Zeitpunkte nach der Fusion gilt für jeden zeitlichen Teil der einen Person, dass er zugleich ein zeitlicher Teil der anderen Person ist. Ein und dieselbe Zeitscheibe kann also Teil mehrerer Wurmpersonen sein. Anne und Marie existieren mithin auch nach der Verschmelzung, allerdings mit dem interessanten Zusatz, dass jetzt jede Zeitscheibe von Anne mit der jeweiligen von Marie identisch ist:

$$\text{Anne}_{t2} = \text{Marie}_{t2} \tag{6.1}$$

---

60 Cf. oben, Abschnitt 6.2.1, S. 91.
61 Cf. Sider 2001b, S. 152 f.

Dass Anne und Marie auch nach der Verschmelzung fortbestehen, lässt sich in Anlehnung an (PI_{4D})[62] folgendermaßen formulieren:

$Anne_{t1}$ (bzw. $Marie_{t1}$) ist Teil derselben Person wie $Anne_{t2}$ (bzw. $Marie_{t2}$).[63]   (6.2)

Zwischen $Anne_{t1}$ und $Anne_{t2}$ besteht also die Relation »... ist Teil derselben Person wie ...«. Diese Relation wird in der Literatur auch als *Genidentität*,[64] *Einheitsrelation*[65] oder *I-Relation*[66] bezeichnet.[67]

Zwischen einer Anne-Scheibe von einem beliebigen Zeitpunkt *vor* der Fusion und der Marie-Scheibe desselben Zeitpunkts besteht diese Relation dagegen *nicht* – d. h. diese Zeitscheiben sind nicht Teil derselben Person (es gibt keinen Wurm, der sie beide umfasst):

$Anne_{t1}$ ist nicht Teil derselben Person wie $Marie_{t1}$.   (6.3)

Problematisch an der Relation der Genidentität ist, dass sie im Gegensatz zur strikten numerischen Identität, um die es bei personaler Identität eigentlich gehen soll, nicht transitiv ist. Dass Transitivität für die Genidentität nicht gilt, ist anhand von Teilungs- und Fusionsfällen (und vielleicht auch *nur* dann[68]) leicht zu zeigen. Es gilt gemäß (6.2):

$Anne_{t1}$ ist Teil derselben Person wie $Anne_{t2}/Marie_{t2}$ (nämlich von Anne).   (6.4)

Und:

$Anne_{t2}/Marie_{t2}$ ist Teil derselben Person wie $Marie_{t1}$ (nämlich von Marie).   (6.5)

---

62 Cf. oben, S. 99.
63 Die Klammerung ist hier so zu verstehen, dass alle vier Kombinationen eingeschlossen sind.
64 Diesen Ausdruck hat Carnap aus Lewin 1923 übernommen und in die philosophische Diskussion eingebracht – cf. etwa Carnap 1928, §§ 128 und 159, sowie Carnap 1958, S. 198 ff.
65 Dieser Terminus stammt von Perry – cf. etwa Perry 1972, S. 467, und Perry 2008, S. 9.
66 Das ist der Name, den David Lewis der Relation gibt – cf. etwa Lewis 1976b, S. 21.
67 Cf. Sider 2001b, S. 194.
68 Cf. Lewis 1976b, S. 24 ff.

Angenommen, Genidentität sei transitiv:

(GT) $\forall x \forall y \forall z$
            ((x ist Teil derselben Person wie y & y ist Teil derselben Person wie z)
            $\rightarrow x$ ist Teil derselben Person wie z)

Aus (6.4), (6.5) und (GT) folgt:

$$\text{Anne}_{t1} \text{ ist Teil derselben Person wie Marie}_{t1}. \qquad (6.6)$$

Das ist jedoch die Negation unserer Voraussetzung (6.3). Die Annahme der Transitivität von Genidentität führt bezüglich unseres Beispiels also in einen Widerspruch – daraus folgt, dass Genidentität *intransitiv* ist.[69]

Das hat fatale Konsequenzen. Betrachten wir wie angekündigt das Prinzip der Verantwortung. Ein Grundsatz, den auch Vierdimensionalisten wie Lewis bewahren möchten,[70] lautet: Wir sind nur für das verantwortlich, was *wir selbst* getan haben.[71] Angenommen aber, Anne hat vor der Fusion (sagen wir, zu t_1) eine moralisch verwerfliche Handlung begangen, und zwar aus freien Stücken, ohne dass irgendwelche Umstände sie hätten entschuldigen können usw. – kurz: nehmen wir an, die hinreichende Bedingung für Verantwortung (V_H)[72] sei erfüllt. Auf dieser Grundlage wird Anne nun zum Zeitpunkt t_2 mit vollem Recht für verantwortlich erklärt. Da die Zeitscheiben Anne$_{t2}$ und Marie$_{t2}$ identisch sind, ist es jedoch nicht möglich, dass zu t_2 Anne verantwortlich erklärt wird und Marie nicht. Für Marie aber ist noch nicht einmal die *notwendige* Bedingung für Verantwortung (V_N)[73] erfüllt – daraus folgt logisch, dass sie *nicht* verantwortlich ist. Sie ist noch nicht einmal die *Urheberin* der besagten verwerflichen Tat. Aber ebenso zwingend folgt, wie oben gezeigt, dass Anne sehr wohl verantwortlich ist. Und wenn zu t_2 Anne für verantwortlich erklärt wird, dann wird auch Marie für verantwortlich erklärt, weil ihre Zeitscheiben zu t_2 identisch sind. Somit wird Marie für etwas verantwortlich erklärt, das sie gar nicht getan hat.

---

[69] Ein ausführlicher Beweis findet sich im Anhang, S. 213.

[70] Lewis nennt es eine »platitude of common sense«, dass es *Identität* ist, worauf es bei Fragen des Überlebens, der Verantwortung etc. ankommt (Lewis 1983, S. 56). Jemand wie Parfit würde dem natürlich entschieden widersprechen.

[71] Cf. oben, Abschnitt 6.1, S. 87.

[72] Cf. S. 90.

[73] Cf. S. 88.

Der Vorteil, den man gewöhnlich der Wurm-Beschreibung zuerkennt, wenn es um die Beschreibung von Fusionsszenarien geht[74] – dass es nämlich auch nach der Fusion noch *zwei* Objekte gibt, die lediglich überlappen – erweist sich hier als Nachteil. Zwar gibt es zu t_2 sowohl Anne noch als auch Marie, d. h. zwei distinkte Personen, und man kann darauf beharren, dass die eine für unsere fragliche Tat verantwortlich ist und die andere nicht. Aber wir können die beiden Personen nicht mehr getrennt ansprechen und behandeln. Verantwortung wäre jedoch sinnlos, wenn es sich dabei nur um einen rein theoretischen Status handelte, der keinerlei Konsequenzen hätte. Verantwortung ist nicht zuletzt deshalb wichtig, weil aus ihr Reaktionen wie Lob oder Tadel und auch selbstbezogene Einstellungen wie Reue oder Stolz erwachsen können. Was immer aber zu t_2 mit Anne *geschieht*, das geschieht auch mit Marie. Was immer Anne (zu Recht) für Konsequenzen aus ihrer Verantwortung zieht: dieselben »Konsequenzen« zieht (zu Unrecht) Marie. Und was immer die Einstellungen sind, die andere (zu Recht) Anne entgegenbringen, weil sie eben verantwortlich ist: denselben Reaktionen ist (zu Unrecht) Marie ausgesetzt.

Was schließen wir nun daraus? Sollen wir unseren Verantwortungsbegriff revidieren? Oder sollen wir die Wurmtheorie für widerlegt erachten? In jedem Fall scheint unser Begriff der Verantwortung eine Auffassung von personaler Identität als echter – im Sinne von: transitiver – Identität zu implizieren. Die Auffassung von personaler Identität, wie sie der Wurmtheorie innewohnt, ist keine solche.[75] Schauen wir, ob es um die »Stadientheorie« besser bestellt ist.

6.3.2 Fusionierende Stadien

Die Welt der Stadientheorie (*stage theory*) sieht grundsätzlich nicht anders aus als die der Wurmtheorie: sie ist von denselben Zeitscheiben und Raumzeitwürmern bevölkert. Der Unterschied besteht darin, dass sich unsere alltägliche Rede von Personen laut Stadientheoretikern wie Sider nicht auf die Würmer, sondern auf die zeitlichen Teile – er spricht von »Stadien« (*stages*) – bezieht.[76] Dass Personen zu verschiedenen Zeiten existieren, »übersetzt« Sider dann so, dass es zu den zeitlichen »Teilen«[77],

---

74 Cf. wiederum Sider 2001b, S. 152 f.

75 Eine Möglichkeit, diese Richtung des Vierdimensionalismus zu verteidigen, bestünde darin, so abstruse Gedankenexperimente wie die von Spaltung oder Verschmelzung als irrelevant abzulehnen und darauf zu bestehen, dass die Zeitscheibenontologie für die normalen moralischen Beziehungen, die wir im Hier und Jetzt der realen Welt pflegen, bestens herangezogen werden kann.

76 Cf. S. 91, Fn. 14, und S. 93, Fn. 22. Laut Sider bezieht sich die Rede von Personen (und anderen diachronen Gegenständen) immer auf *Momentstadien* (*instantaneous stages*), also auf *punktförmige* zeitliche Teile. Cf. Sider 2001b, S. 60 f. und 188 ff.

77 Die Rede von Teilen ist hier insofern irreführend, als es in dieser Theorie das Ganze (als Objekt) gar nicht gibt.

auf die wir uns sprachlich beziehen, *Gegenstücke* in der Vergangenheit oder Zukunft gibt.[78]

Für die Stadientheoretiker gibt es zu jedem Zeitpunkt nach der Fusion nur noch *eine* Person, da es jeweils nur *eine* Zeitscheibe gibt und wir uns, wenn wir Personen zählen, auf Zeitscheiben beziehen (und nicht auf etwas, das aus ihnen zusammengesetzt ist). Nennen wir die einzelne Person, die es nach der Verschmelzung noch gibt, Annemarie. Jede Zeitscheibe, auf die wir uns zu einem Zeitpunkt *nach* der Verschmelzung mit dem Namen ›Annemarie‹ beziehen, hat Gegenstücke sowohl unter denjenigen Zeitscheiben, auf die wir uns *vor* der Verschmelzung mit dem Namen ›Anne‹ bezogen haben, als auch unter solchen, die wir mit ›Marie‹ angesprochen haben.[79]

Was heißt das nun für unser Unschuldslamm Marie und die Übeltäterin Anne? Wie versteht ein Stadientheoretiker den Satz »Anne *ist* verantwortlich für die Handlung, die *sie* begangen *hat*«? Worauf sich die Ausdrücke ›Anne‹ und ›sie‹ beziehen, ist für ihn kein Wurm, sondern ein zeitlicher Teil oder ein Stadium. Also muss es ein Stadium geben, dass zur Zeit der Tat existierte und die Tat begangen hat, und ein weiteres Stadium, das jetzt existiert und für verantwortlich erklärt wird. Und zwischen diesen beiden Stadien besteht eine Gegenstück-Relation. Zeitliche Prädikation funktioniert dann so: Wenn ich die zeitliche Eigenschaft exemplifiziere, vor zwei Wochen eine verwerfliche Tat begangen zu haben, dann gibt es eine *Zeitscheibe* (nämlich diejenige, auf die sich ›ich‹ jetzt bezieht), die jene Eigenschaft exemplifiziert, und zwar insofern, als diese Zeitscheibe eine Vor-Zwei-Wochen-Zeitscheibe zum Gegenstück hat, die das Subjekt der verwerflichen Tat ist (dann ohne zeitliche Qualifikation).[80]

Der Stadientheoretiker braucht nun nicht mehr zu sagen, dass eine Person für die Tat einer anderen Person verantwortlich ist, denn die Tat, um die es geht, hat Annemarie, wie eben beschrieben, tatsächlich begangen: Sowohl die hinreichende Bedingung für Verantwortung (V_H)[81] als auch die notwendige Bedingung für Verantwortung (V_N)[82] ist erfüllt. Und hier hilft ausnahmsweise kein »Alibi« – es ist zwar ebenfalls wahr, dass Annemarie vor zwei Wochen *etwas anderes* getan hat (nämlich das, was der Marie-Zeitscheibe zugeordnet ist), aber für den Stadientheoretiker reicht die Tatsache, dass sie zur selben Zeit *auch* die fragliche Tat begangen hat, dafür aus, dass sie für diese verantwortlich ist.[83]

---

78 Wie oben bereits gesagt, ist die Theorie der *temporal counterparts* von Lewis' Theorie modaler *counterparts* inspiriert.

79 Daraus kann man schon ersehen, dass auch hier keine Transitivität gegeben ist, denn natürlich steht keine Anne-Scheibe mit irgendeiner Marie-Scheibe in der Gegenstück-Relation. Und tatsächlich geht es in Siders Augen bei der Wurmtheorie und bei seiner eigenen Stadientheorie letztlich um dieselbe Relation: die der Genidentität.

80 Cf. Sider 2001b, S. 193.

81 Cf. S. 90.

82 Cf. S. 88.

83 Cf. Sider 2001b, S. 203 f.

Die Frage wäre dann freilich, wie die Stadientheorie *Negationen* verstehen kann, ohne dass Inkonsistenzen auftreten. Entweder man sagt: Annemarie hat genau dann vor zwei Wochen *keine* verwerfliche Handlung begangen, wenn sie keine Vor-Zwei-Wochen-Zeitscheibe als Gegenstück hat, die das Subjekt einer solchen Handlung ist. (Das wäre dann die direkte Verneinung des obigen Analysandums für die affirmative Version.) Oder man sagt: Sie hat genau dann vor zwei Wochen keine verwerfliche Handlung begangen, wenn es eine Vor-Zwei-Wochen-Zeitscheibe gibt, die sie als Gegenstück hat und von der gilt, dass sie *nicht* Subjekt einer solchen Handlung ist. (Dann hätte sie gleichzeitig eine verwerfliche Handlung begangen und keine verwerfliche Handlung begangen.)

Die Stadientheorie ist der Wurmtheorie nur dann überlegen (hinsichtlich unseres Beispiels), wenn wir die erste Lesart von Verneinungen wählen. Denn nur dann können wir vermeiden, dass die Fusionsperson entgegen unserer minimalen Verantwortungsanalyse (V)[84] für etwas verantwortlich ist, dass sie nicht getan hat. Nach der zweiten Lesart dagegen bekämen wir ein ähnliches Ergebnis wie bei der Wurmtheorie (allerdings ohne Widerspruch zu (V)): *dort* ist für die Handlung sowohl die Urheberin als auch eine Unbeteiligte verantwortlich, *hier* eine Person, die die Handlung zugleich begangen und nicht begangen hat.[85]

Für manch einen – mich eingeschlossen – sind die vorstehenden Ausführungen ein Grund mehr, den Vierdimensionalismus abzulehnen. Weder die Wurmtheorie noch die Stadientheorie kann den Verantwortungsbegriff auf überzeugende Weise mit Spaltungs- oder Fusionsfällen vereinbaren. Die intransitive Relation der Genidentität, auf die personale Identität in einem vierdimensionalistischen Rahmen reduziert wird, taugt nicht für unsere moralische Praxis der Zuschreibung von Verantwortung. Was aber ist die Alternative? Wie sähe die dreidimensionalistische bzw. die *Commonsense*-Beschreibung der genannten Szenarien aus? Was kann jemand, der an personaler Identität im strikt numerischen Sinne festhält, zu den Fissions- und Fusionsfällen sagen, die ja auch in der Debatte um personale Identität (und dort meistens unabhängig von der Kontroverse zwischen Drei- und Vierdimensionalismus) eine große Rolle spielen?[86]

Meine Antwort ist zweigeteilt. Erstens plädiere ich dafür, sich gar nicht erst auf derlei Gedankenexperimente einzulassen. Unser Begriffsschema einschließlich der Begriffe von Person, Verantwortung etc. ist aus den Anforderungen unserer realen Welt erwachsen, in der (zumindest bis jetzt) Fälle von Personen, die sich aufspalten oder miteinander verschmelzen, nicht vorkommen. Daher sollten wir nicht erwarten,

---

84 Cf. S. 88.

85 Unabhängig von dieser Entscheidung sieht sich die Stadientheorie allerdings noch ganz anderen Problemen gegenüber, so etwa beim *zeitlosen Zählen* (cf. Sider 2001b, S. 197). Hier räumt selbst Sider ein, dass man in bestimmten Fällen auf die Wurmtheorie zurückgreifen muss.

86 Cf. Kap. 5.

dass diese Begriffe für Szenarien aus dem Bereich der *science fiction* von großem Nutzen sind (abgesehen von Unterhaltungszwecken). Hypothetische Grenzfälle, mit denen unsere Begriffe bis aufs Äußerste strapaziert werden, sind wenig geeignet, um Aufschluss über ihre logische Rolle innerhalb unseres Begriffsschemas und über ihre Beziehungen zu anderen Begriffen zu geben.

Wenn man sich dennoch darauf einlassen möchte, und damit komme ich zum zweiten Teil meiner Antwort, so sollte man als »Dreidimensionalist« meines Erachtens das Folgende sagen:[87] Das, was als Verschmelzung deklariert wird, ist korrekterweise so zu beschreiben, dass zwei Gegenstände aufhören zu existieren und ein neuer zu existieren beginnt. Entsprechendes gilt für die sogenannten Spaltungsfälle: Hier kommt die Existenz eines Gegenstandes zu ihrem Ende, während zwei neue anfangen zu existieren. Alles, was man zu den Beziehungen, die zwischen den »alten« und den »neuen« Gegenständen bestehen, sagen sollte, ist etwas wie: Es ist, *als ob* Annemarie zu t_2 für die Tat von Anne verantwortlich wäre – weil es vielleicht ist, *als ob* sich Annemarie zu t_2 erinnern könnte, das getan zu haben, was Anne zu t_1 getan hat. Aber »Als-ob-Verantwortung« ist keine Verantwortung, und »Als-ob-Erinnerung« ist keine Erinnnerung. Annemarie ist *nicht* für die Tat von Anne verantwortlich – weil Annemarie und Anne nicht identisch sind und die notwendige Bedingung für Verantwortung (V_N) damit nicht gegeben ist.

6.4 Vorläufiges Fazit

Die Untersuchung des vierdimensionalistischen Weltbildes hat ergeben, dass es zum Teil gravierende Veränderungen in unserem Verständnis der Begriffe von Verantwortung, Person und personaler Identität nach sich zieht. Allerdings muss man der Fairness halber dazusagen, dass diese Auswirkungen erstens nicht für den Vierdimensionalismus spezifisch sind, sondern jede Theorie betreffen, die personale Identität auf eine nicht-transitive Relation reduziert (ein weiteres Beispiel wäre, wie bereits angedeutet, die Beziehung psychologischer Kontinuität), und dass die Auswirkungen nur in Situationen virulent werden, die – zumindest bis jetzt – in unserer Wirklichkeit nicht vorkommen und bei denen man sich deshalb nicht wundern sollte, wenn unser Begriffsschema, das aus der Welt, wie wir sie kennen, und aus den Bedürfnissen bezüglich dieser Welt erwachsen ist, an seine Grenzen stößt oder scheitert.

In diesem Begriffsschema – auch das hat die Untersuchung gezeigt – ist die Selbstbezüglichkeit der Person ein essentieller Bestandteil, der sich auch in der Art und Weise manifestiert, wie wir über die zeitliche Existenz von Personen denken und über ihr Handeln in der Zeit, dessen sie sich rückblickend bewusst sind und für das sie fortan die Verantwortung tragen. Als Person beziehe ich mich auf *mich selbst in der Zeit*,

---

87 Cf. Wiggins 2001, S. 226 ff., sowie das Beispiel der Amöben (S. 102, Fn. 55).

zum Beispiel eben auf die Taten, die *ich* begangen *habe* und die somit zu *meiner Vergangenheit* gehören und für die *ich jetzt* verantwortlich bin. Und genau das ist der Punkt, an dem revisionistische Zeittheorien wie der Vierdimensionalismus in besondere Schwierigkeiten geraten und erhebliche Herausforderungen zu meistern haben.

Diese spezifisch personale Fähigkeit, sich auf sich selbst in der Gegenwart und aus der Gegenwart heraus auf sich selbst in Vergangenheit und Zukunft zu beziehen, scheint mir im Zentrum der begrifflichen Beziehungen zwischen Zeit und personaler Identität zu stehen. Bevor ich im III. Teil dieser Arbeit ausführlicher auf diese Fähigkeit eingehen werde, möchte ich zunächst anhand von zwei weiteren Beispielen untersuchen, ob sie sich auch für andere Schnittstellen zwischen den Begriffen der Zeit und der personalen Identität als relevant erweist. Es sind dies die Schnittstellen von Überlebensbegriff und Eternalismus sowie von Vergangenheitsbezug und *B*-Theorie der Zeit.

7 Überleben und Eternalismus

Øieblikket er hiint Tvetydige, hvori Tiden og Evigheden berøre hinanden.

Der Augenblick ist jenes Zweideutige, darin Zeit und Ewigkeit einander berühren.

Søren Aabye Kierkegaard[1]

Mein Ziel in diesem Kapitel ist es, den Zusammenhang zwischen personaler Identität und Zeit am Beispiel von Überlebensbegriff und Eternalismus aufzuzeigen. Zunächst werde ich den Begriff des Überlebens in die Diskussion um personale Identität einordnen und anhand des Existenzbegriffs eine Definition angeben. Im zweiten Schritt stelle ich die eternalistische Position vor und arbeite zwei Begriffe von Existenz heraus, deren Unterscheidung sie – so meine Argumentation – voraussetzt. Schließlich prüfe ich für beide Existenzbegriffe, welche Konsequenzen aus ihnen für den Begriff des Überlebens erwachsen, wenn man die eternalistische Ontologie zugrunde legt.

7.1 Der Begriff des Überlebens

7.1.1 Personale Identität und Überleben

Whether we are to live in a future State, as it is the most important Question which can possibly be asked, so it is the most intelligible one which can be expressed in Language.

Joseph Butler[2]

Das Problem der personalen Identität kann man auch formulieren als das Problem, die Bedingungen personalen Überlebens zu benennen:[3] Wovon hängt es ab, ob ich zu ei-

---

1 Kierkegaard 1844, S. 90.
2 Butler 1736, S. 301.
3 Die enge Verbindung zwischen den Begriffen des Überlebens und der Identität von Personen äußert sich bereits in Titeln wie *Survival and Identity* (Lewis 1983) und *The Concern to Survive* (Wiggins 1987), mit denen einschlägige Texte der Debatte um personale Identität überschrieben sind – oder auch im Slogan *Identity is not what matters in survival* (cf. etwa Parfit 1971), mit dem Parfit seine berühmte Theorie zusammenfasst, die der gängigen Vorstellung von der Beziehung zwischen Überleben und personaler Identität (Parfit 1971, S. 9: »›Will I survive?‹ seems [...] equivalent to ›Will there be some person alive who is the same person as me?‹«) diametral entgegengesetzt ist. Cf. unten, S. 112, Fn. 4.

nem bestimmten Zeitpunkt in der Zukunft noch existieren werde, d. h. ob es dann eine Person geben wird, mit der ich identisch bin? Was sind die Bedingungen dafür, dass sich unter den Dingen, die beispielsweise in genau einem Jahr existieren werden, ein Gegenstand x befindet, von dem gilt, dass er zu mir – der ich jetzt diese Zeilen schreibe – in der Relation der (personalen) Identität steht? Oder, um aus der Perspektive der dritten Person zu sprechen: Unter welchen Voraussetzungen wird es zu der heute existierenden Person p in einer bestimmten Zeit in der Zukunft eine Person p' geben, so dass gilt $p = p'$? Oder, um nicht im Futur sprechen zu müssen: Was heißt es oder was ist dafür erforderlich, dass es zum Zeitpunkt t_2 eine Person p' gibt, die mit der zum Zeitpunkt $t_1 < t_2$ existierenden Person p identisch ist?[4]

Die Frage des Überlebens bildet den Kern der meisten – häufig sehr exzentrischen – Gedankenexperimente, die in der Literatur eine Rolle spielen: Überlebt eine Person, wenn nach einem Unfall nur ihr Gehirn gerettet werden kann (und vielleicht einem neuen Körper eingepflanzt wird)? Führt eine totale Amnesie dazu, dass die betroffene Person aufhört zu existieren? Kann eine Person sich in zwei Personen aufspalten, und würde man dann sagen, dass die Person überlebt? Die Antworten hängen davon ab, was für das Fortbestehen einer Person erforderlich ist, d. h. worin die Persistenzkonditionen von Personen bestehen – und genau das ist die Hauptfrage in der Diskussion um personale Identität.[5]

7.1.2 Überleben und Existenz

Wir können den Begriff des Überlebens in einem ersten Schritt folgendermaßen analysieren: Dass eine Person ein Ereignis (z. B. einen Unfall oder eine Operation[6]) überlebt,

---

4 Derek Parfit ist innerhalb der Debatte um personale Identität durch eine radikal revisionistische Position bekannt geworden, die darin besteht, das Überleben einer Person nicht im Sinne personaler *Identität* (als der 1-zu-1- und »Ganz-oder-gar-nicht«-Relation strikter numerischer Identität) zu verstehen, sondern als ein Fortbestehen, das Grade zulässt und sogar Verzweigungen erlaubt, weil es vollständig auf die Relation der psychologischen Kontinuität reduzierbar ist – die im Gegensatz zu Identität keine Äquivalenzrelation ist. Das heißt aber nicht, dass Parfit sich für den Überlebensbegriff und die Persistenzkonditionen nicht interessieren würde. Er trennt diese Fragen einfach nur vom Identitätsbegriff. Davon abgesehen geht es ihm um dasselbe Thema wie den anderen Philosophen in der Debatte: darum, was es heißt, dass Personen über die Zeit hinweg existieren, und was dieses Fortbestehen ausmacht.

5 Cf. etwa Olson 2010.

6 Sozusagen einen Spezialfall, der für die historische Entwicklung der philosophischen Beschäftigung mit personaler Identität von großer Bedeutung ist, stellt das Problem eines Lebens nach dem Tod dar: die Frage, ob eine Person nach dem biologisch-organischen *exitus* und dem Zerfall des Körpers in irgendeiner Form noch weiter existieren könnte.

heißt, dass die Person nach diesem Ereignis – oder anders gesagt: zu dem Zeitpunkt, da das Ereignis beendet ist – noch *existiert*.[7]

(Ü)   Person p überlebt e $\equiv_{df}$ p existiert nach e (noch)[8]

Im Folgenden soll untersucht werden, wie ein Eternalist das Definiens verstehen könnte.[9] Es wird sich zeigen, dass er im Wesentlichen zwischen zwei Interpretationen wählen kann und dass beide, jede auf ihre Weise, zu überraschenden Resultaten führen.

7.2 Eternalismus

7.2.1 Die Debatte

Existiert Kleopatra? Je nachdem, wem man diese Frage stellt, wird die Antwort unterschiedlich ausfallen. *Präsentisten* sagen »Nein«, *Eternalisten* »Ja«. Präsentisten sind der Meinung, dass nur Gegenwärtiges existiert: Kleopatra *hat* existiert, aber sie existiert *nicht mehr*.[10] Non-Präsentisten bestreiten dies. Sie sind entweder *Eterna-*

---

7 Neben der transitiven Verwendung von ›überleben‹ (bei der das Objekt sowohl ein Ereignis sein kann – »sie hat den Unfall überlebt« – als auch eine Person – »er sollte alle seine Kinder überleben«) gibt es auch die intransitive (»keiner von ihnen hat überlebt«) und sogar eine reflexive, bei der ›über*leben*‹ allerdings im übertragenen Sinn zu verstehen ist (»diese Mode hat sich überlebt«). Für meine Analyse wähle ich deshalb die transitive Variante, weil in ihr der sonst nur implizite und möglicherweise sehr vage zeitliche Bezugspunkt explizit gemacht wird: im Fall eines Ereignisses ist dies der Zeitpunkt, zu dem es endet, und im Fall einer Person der Zeitpunkt ihres Ablebens. Das Argument ließe sich aber, auf etwas umständlichere Weise, auch für die intransitive Verwendung durchspielen.
8 Der Zusatz »noch« ist wichtig, da ohne ihn keine Äquivalenz zwischen dem linken und dem rechten Satz vorläge: Wenn p nach e überhaupt erst *anfängt zu existieren*, dann wäre das Definiens erfüllt, obwohl es in einem solchen Fall falsch wäre zu sagen »p überlebt e«. Die Bedingung muss also sein, dass p nach e immer *noch* existiert, d. h. *davor* auch schon existiert hat – oder wenigstens *währenddessen*‹ (dann wäre es auch möglich zu sagen, dass eine Person ihre Geburt »überlebt«, ohne *vor* der Geburt existiert zu haben; auf die schwierige Frage vorgeburtlichen Lebens werde ich hier allerdings nicht eingehen).
9 Mich interessiert hier also nicht, wie sich einem Eternalisten die *Bedingungen* personalen Überlebens (z. B. psychologisches oder Körperkriterium) darstellen. Vielmehr möchte ich untersuchen, wie ein Eternalist das verstehen kann, *wofür* nach Bedingungen gefragt wird, d. h. was personales Überleben überhaupt bedeutet.
10 Cf. etwa Bigelow 1996, Hinchliff 1996, Markosian 2004, Zimmerman 2008 und vor allem die Schriften des Begründers der *tense logic* (Prior 1957b, Prior 1967 und Prior 2003). Für den Präsentismus spricht zunächst einmal, dass er dem gesunden Menschenverstand entspricht.

listen oder *Growing-block*-Theoretiker.[11] Eternalisten vertreten die These, Vergangenes, Gegenwärtiges und Zukünftiges existiere gleichermaßen.[12] Die *Growing-block*-Theoretiker nehmen eine Zwischenposition ein, derzufolge über das Gegenwärtige hinaus auch alles Vergangene existiert, nicht aber das Zukünftige.[13]

7.2.2 Zwei Bedeutungen von ›Existenz‹

In diesem Abschnitt zeige ich, dass die Positionen von Eternalismus, Präsentismus und *Growing-block*-Theorie eine Unterscheidung zweier Begriffe von Existenz voraussetzen[14] – und welche das sind.

---

11 Bis jetzt war nur vom Eternalismus und nicht von der *Growing-block*-Theorie die Rede, und auch im Folgenden werde ich der Einfachheit halber oft nur von dieser Position sprechen, auch wenn mein Argument – weil es beim Begriff des Überlebens nur um die Zukunft und nicht um die Vergangenheit geht – genauso für die Zwischenposition der *Growing-block*-Theorie durchginge. Genau genommen müsste das Kapitel also »Überleben und Non-Präsentismus« statt »Überleben und Eternalismus« heißen.
Der Vollständigkeit halber sei hier auch die sogenannte *Shrinking-tree*-Theorie genannt (cf. McCall 1976 und McCall 1994). Diese Theorie hat zwar gewisse Gemeinsamkeiten mit der *Growing-block*-Theorie, betrifft aber primär nicht die Fragen nach der Existenz des Vergangenen und Zukünftigen, sondern die Frage nach dem Fluss der Zeit und das Problem von Determinismus und Indeterminismus. Der Aspekt, der für mich relevant ist – ob nämlich auch Vergangenes existiert –, ist für diese Theorie nicht wesentlich (cf. Friebe 2012).
12 Cf. etwa Russell 1915, Williams 1951, Quine 1960 (§ 36), Smart 1962 sowie Mellor 1998 und Sider 2001b. Die Motivation für den Eternalismus erklärt sich vor allem aus einer Reihe von Problemen, die Eternalisten dem Präsentismus unterstellen: Wie können wir sinnvoll über einen Gegenstand wie Kleopatra reden, wenn er gar nicht existiert? Wie kann ich ein Bewunderer von Kleopatra sein und somit in einer Beziehung zu ihr stehen, wenn ein Relatum dieser Beziehung (ich) existiert und das andere (Kleopatra) nicht? Wie kann es sein, dass eine Aussage über Kleopatra wahr ist, wenn alles, was eine solche Aussage *wahr machen* könnte, nicht (mehr) existiert? Wie kann man angesichts der speziellen Relativitätstheorie überhaupt noch in dem absoluten Sinn von einer Gegenwart sprechen, den die Formulierung der Präsentismusthese verlangt? Cf. Markosian 2010, § 6.
13 Cf. Broad 1993, Tooley 1997. Diese Theorie nimmt für sich gewissermaßen in Anspruch, das Beste aus den beiden extremen Positionen in sich zu vereinen: Sie kann erklären, wie wir auf vergangene Gegenstände Bezug nehmen und zu ihnen in Relationen stehen können, erhält aber gleichzeitig den dynamischen Charakter von Zeit, insofern sie zugesteht, dass im Laufe der Zeit immer wieder neue Gegenstände zu existieren beginnen.
14 Zwar werden diese Positionen oft auch ohne Rekurs auf Ausdrücke wie ›Existenz‹ oder ›existieren‹ formuliert (ein Beispiel aus dem präsentistischen Lager wäre etwa: »nur die Gegenwart ist real«), aber im Laufe dieses Kapitels wird sich zeigen, dass z. B. ›ist real‹ synonym ist mit ›existiert‹ (in der einen Bedeutung) und ›ist gegenwärtig‹ nichts anderes heißt als ›existiert gegenwärtig‹ (wobei Existenz hier in dem zweiten Sinne zu verstehen ist).

Dass in der Debatte (mindestens[15]) zwei Bedeutungen von ›existiert‹ eine Rolle spielen, ist nicht schwer zu sehen.[16] Beginnen wir mit einer typischen Formulierung der Präsentismusthese:

(Pr₁) Es existiert nur, was gegenwärtig existiert.[17]

Wenn das Wort ›existiert‹ an beiden Stellen *dieselbe* Bedeutung haben soll, scheinen zwei – gleichermaßen unplausible – Interpretationen möglich: a) Der Ausdruck ›existiert gegenwärtig‹ ist tautologisch redundant (so wie ›weißer Schimmel‹) und der ganze Satz somit eine Tautologie. b) Der Ausdruck ›existiert gegenwärtig‹ ist nicht tautologisch; das Verb ›existiert‹ wird mit dem zusätzlichen Adverb ›gegenwärtig‹ auf substantielle (i. e. nicht-tautologische) Weise qualifiziert (so wie in »Was warm ist, ist 30° warm«). Sätze dieser Form scheinen höchstens eine kontingente Wahrheit ausdrücken zu können:[18] Es ist zwar auch *möglich*, dass Gegenstände nicht-gegenwärtig existieren, *faktisch* jedoch existieren alle Gegenstände, die überhaupt existieren, gegenwärtig. Aber auch diese Interpretation ist abzulehnen, und zwar aus zwei Gründen: Erstens ist nicht ersichtlich, was mit ›existieren‹ gemeint sein könnte, damit der vorstehende Satz nicht offenkundig falsch ist – es geht ja gerade um die Abgrenzung gegenwärtig existierender Gegenstände von solchen, deren Existenz in der Vergangenheit oder Zukunft liegt. Und zweitens versteht sich die These des Präsentismus natürlich nicht als ein kontingenter Befund, sondern als *notwendige* Wahrheit,[19] und

---

15 Kit Fine unterscheidet im Zusammenhang mit der *A*- und der *B*-Theorie jeweils drei Existenzbegriffe, bezieht dabei allerdings auch *abstrakte* Objekte (wie z. B. Zahlen) mit ein, die ich hier bewusst ausklammere, da es mir um Personen und somit um *konkrete* materielle Gegenstände geht. (Fine 2005a, S. 349 ff.)

16 Cf. etwa Mellor 1998, S. 20.

17 Cf. etwa Haslanger 2003, S. 325.

18 Ein Gegenbeispiel wäre etwa Williamsons These: »Es gilt notwendigerweise, dass alles, was existiert, notwendigerweise existiert.« (Williamson 2002a) Übertragen auf meinen Fall, ergäbe sich: »Es gilt notwendigerweise, dass alles, was existiert, gegenwärtig existiert.« Kontingente respektive nicht-gegenwärtige Existenz wäre dann also logisch bzw. begrifflich möglich, aber »metaphysisch« unmöglich. (Ob es so etwas wie metaphysische Notwendigkeit und Möglichkeit gibt, ist umstritten. Da ich an dieser Stelle nicht näher darauf eingehen kann, begnüge ich mich damit, durch die Anführungszeichen einen gewissen Vorbehalt anzudeuten.) Im Zusammenhang mit Zeitontologie ist allerdings klar, dass diese Interpretation nicht in Frage kommt, da es hier darum geht, gegenwärtig Existierendes von nicht-gegenwärtig Existierendem zu unterscheiden – beides *gibt* es also, das Gegenwärtige als auch das Nicht-Gegenwärtige, und somit ist beides nicht nur logisch-begrifflich, sondern auch, wenn man so will, *metaphysisch* möglich. (Cf. dazu die folgende Argumentation gegen die Deutung der These als kontingente Wahrheit.) – Für diesen Hinweis danke ich Stephan Krämer.

19 Cf. Markosian 2004, S. 47, Fn. 1: »[N]ecessarily, it is always true that only present objects exist.«

als solche ist sie nach der besagten Lesart – d. h. unter der Voraussetzung, dass nur *eine* Bedeutung von ›existiert‹ im Spiel ist – erst recht falsch.[20]

Es müssen also zwei verschiedene Begriffe von Existenz sein, mit denen die Auseinandersetzung zwischen Präsentisten und Eternalisten geführt wird – der eine ist auf der linken und der andere auf der rechten Seite von Sätzen wie (Pr$_1$) gemeint.[21]

(Pr$_2$)   Es existiert$_1$ nur, was gegenwärtig existiert$_2$.

Im Folgenden soll nun untersucht werden, welche Begriffe dies sind. Beginnen werde ich mit der »rechten Seite«.

7.2.3 Zeitlicher Ort

In einem bestimmten Sinne versteht auch ein Eternalist, was ein Präsentist meint, wenn er sagt, dass Kleopatra nicht existiert. Denn auch der Eternalist wird nicht bestreiten, dass Kleopatra vor mehr als 2000 Jahren gestorben ist. Was für ein Begriff von Existenz ist aber gemeint, wenn der Präsentist so spricht und der Eternalist ihm zustimmt? Klar scheint, dass bei dieser Verwendung von ›existiert‹ unterschieden wird zwischen ›ist gegenwärtig‹ (oder ›existiert in der Gegenwart‹), ›ist vergangen‹ (oder ›existiert in der Vergangenheit‹) und ›ist zukünftig‹ (oder ›existiert in der Zukunft‹). Wenn dieser Sinn von Existenz gemeint ist, wäre es falsch, heute, d. h. im 21. Jahrhundert, zu sagen, dass Kleopatra existiert – weil ihr Leben in der Vergangenheit liegt. Im Jahr 50 v. Chr. geäußert, hätte der Satz »Kleopatra existiert« hingegen eine Wahrheit ausgedrückt.

Es ist klar, dass dies der Begriff von Existenz ist, den wir mit ›existiert$_2$‹ markiert haben. Kleopatra gehört also *nicht* zu den Dingen, die gegenwärtig existieren$_2$. Aber mit einem bloßen Austauschen von ›existiert$_2$ gegenwärtig‹ durch ›ist gegenwärtig‹ oder ›existiert in der Gegenwart‹ ist noch nicht viel gewonnen, denn das ist genau das ›existiert gegenwärtig‹, mit dem wir in (Pr$_1$) begonnen hatten:

(Pr$_3$)   Es existiert$_1$ nur, was gegenwärtig ist.[22]

---

20 Logisch richtig wäre das umgekehrte Konditional, z. B.: $\forall x(x$ ist 30° warm $\rightarrow x$ ist warm).

21 Hier setze ich freilich voraus, dass es sich um einen genuinen Konflikt und nicht nur um die unterschiedliche Verwendung von Wörtern handelt. Manche Autoren stellen genau das in Frage. Ich komme darauf zurück (cf. Abschnitt 7.2.4.1, S. 123).

22 Cf. etwa Bigelow 1996, S. 35. Auch hier wird wieder klar: Wenn diese Behauptung nicht auf eine bloße Tautologie zusammenschrumpfen soll, dann muss mit ›existiert$_{(1)}$‹ etwas anderes gemeint sein als mit ›ist gegenwärtig‹.

Auch das eternalistische Pendant bringt uns nicht weiter: »Gegenwärtiges, Vergangenes und Zukünftiges existiert$_1$ gleichermaßen.« Vielmehr taucht hier noch ein weiteres Problem auf: Die meisten Eternalisten sind nämlich gleichzeitig *B*-Theoretiker.[23] Gemäß der *B*-Theorie der Zeit hat die Unterscheidung zwischen Gegenwart, Vergangenheit und Zukunft, wie sie sich in den *tempora verbi* (*tenses*) unserer Sprache manifestiert, keine Entsprechung in der Realität. Die Frage ist also, was der gewöhnliche Eternalist, für den es im strengen Sinne so etwas wie Gegenwart und Vergangenheit gar nicht gibt, damit meinen könnte, dass Vergangenes, Gegenwärtiges und Zukünftiges gleichermaßen existiert$_1$. Dieses Problem ist aber zugleich der Schlüssel zu einer besseren Formulierung der ontologischen Thesen. Denn wie man die Rede etwa von der Gegenwart in einem *B*-theoretischen Weltbild zu verstehen hat, ist aus der Literatur hinlänglich bekannt. Zwar versucht man in der *B*-Theorie mittlerweile nicht mehr, Sätze, die *A*-Bestimmungen enthalten, durch solche, die mit *B*-Relationen (›ist früher als‹, ›ist später als‹ und ›ist gleichzeitig mit‹) auskommen, zu *übersetzen* oder zu *paraphrasieren*. Aber man kann die *Wahrheitsbedingungen* von *A*-Sätzen in einer reinen *B*-Form angeben.

Dies werde ich im Folgenden für Sätze, die *A*-Bestimmungen wie ›ist gegenwärtig‹, ›ist vergangen‹ und ›ist zukünftig‹ enthalten, der Reihe nach durchspielen, um darüber dann zu einer klareren Formulierung der Präsentismus- und Eternalismus-Thesen zu gelangen.

7.2.3.1 Gegenwärtiges

Die *B*-Theoretikerin behauptet: Was Äußerungen der Form »Die Person *p* ist gegenwärtig« wahr macht, sind die Relationen, in denen der Zeitpunkt der Äußerung einerseits zum Zeitpunkt des Beginns der Existenz und andererseits zum Zeitpunkt des Endes der Existenz von *p* steht.[24] Das hieße also, metasprachlich formuliert:

(G$_B$)   *p* erfüllt zum Zeitpunkt t_0 das Prädikat ›ist gegenwärtig‹

⇔ t(Beginn der Existenz(p)) ≤ t_0 ≤ t(Ende der Existenz(p))

---

23 Zur *A*- und *B*-Theorie cf. unten: Abschnitt 8.1, S. 133 ff.

24 Das sind, wenn man von göttlichen Personen oder Ähnlichem einmal absieht, der Zeitpunkt der Geburt (oder wann immer man den Beginn der personalen Existenz genau ansetzen mag) und der Zeitpunkt des Todes.

Durch eine solche Behandlung von Ausdrücken wie ›ist gegenwärtig‹ können wir nun auch die Präsentismusthese (Pr$_3$) reformulieren:[25]

(Pr$_4$) x erfüllt zum Zeitpunkt t_0 das Prädikat ›existiert$_1$‹
    $\Leftrightarrow$ t(Beginn der Existenz$_2(x)$) < t_0 < t(Ende der Existenz$_2(x)$)

Was auf der rechten Seite des Bikonditionals steht, wird auch als zeitlicher Ort (*temporal location*)[26], Existenz-zum-Zeitpunkt-t oder als die *B-Zeit*[27] eines Gegenstandes bezeichnet. Wenn man die Rede von der Gegenwart also z. B. in der Terminologie von ›existiert-zu-t‹ analysieren wollte, könnte man sagen:

(G$_1$) x erfüllt zum Zeitpunkt t_0 das Prädikat ›ist gegenwärtig‹
    $\Leftrightarrow$ x existiert-zu-t_0

Entsprechend ergäbe sich für die Präsentismus-These:

(Pr$_5$) x erfüllt zum Zeitpunkt t_0 das Prädikat ›existiert$_1$‹
    $\Leftrightarrow$ x existiert-zu-t_0[28]

Diese Existenz-zu-t kann man, *pace* Moore[29], als zweistelliges Prädikat auffassen – die zweite (bzw. in der folgenden Formalisierung *erste*) Stelle gebührt dann dem Zeitpunkt: Et_0x[30]

7.2.3.2 Vergangenes und Zukünftiges

Wie sieht es mit der Bedeutung von ›vergangen‹ und von ›zukünftig‹ aus? In der Ontologie des Präsentisten ist für Vergangenes kein Platz. Darin besteht der Unterschied zur *Growing-block*-Theorie, die besagt, dass neben dem Gegenwärtigen auch alles Ver-

---

25 Hier und an entsprechenden Stellen verwende ich statt ›p‹ die Individuenvariable ›x‹, weil sich die Thesen von Präsentismus und Eternalismus nicht nur auf Personen, sondern auf beliebige Gegenstände beziehen.
26 Cf. etwa Markosian 2004, S. 48.
27 Cf. etwa Mellor 1998, S. 20.
28 Das Wort ›existiert‹ ist hier *zeitlos* zu verstehen – denn dass ein Zeitpunkt zur »Lebenszeit« eines Gegenstandes gehört, verändert sich nicht.
29 Cf. Moore 1993.
30 Cf. etwa Künne 2007, S. 287.

gangene existiert. Die großzügigste Ontologie ist die des Eternalisten, die im Gegensatz zur *Growing-block*-Variante auch Zukünftiges mit einbezieht. Um zu verstehen, worin sich die Positionen voneinander absetzen, müssen wir also zwischen Gegenwärtigem, Vergangenem und Zukünftigem unterscheiden können.

Das Besondere an der Auseinandersetzung zwischen Präsentisten und den verschiedenen Lagern von Non-Präsentisten – das, wodurch sich die Ontologie des Zeitlichen von anderen ontologischen Disziplinen abhebt – ist der Gesichtspunkt der *zeitlichen* Eigenschaften, unter dem die »Existenzkandidaten« betrachtet und nach dem sie eingeteilt werden. In der Ontologie des Modalen herrscht Uneinigkeit darüber, ob nur tatsächliche oder auch mögliche Gegenstände existieren. Der Konflikt zwischen Nominalisten und Platonisten wird über der Frage ausgetragen, ob nur konkrete oder auch abstrakte Gegenstände existieren. Im Fall von Präsentisten und Non-Präsentisten hingegen streitet man darum, ob nur *gegenwärtige* oder auch *vergangene* und vielleicht sogar *zukünftige* Gegenstände existieren.

Nun mag es auch Gegenstände geben, die in keine dieser drei Kategorien fallen. Man denke etwa an Abstrakta, von denen viele sagen würden, dass sie – wenn überhaupt – *atemporal* existieren. (Eine andere Auffassung besagt, dass sie *omnitemporal* existieren.[31]) Diese Problematik kann ich hier jedoch getrost aussparen, da es mir im vorliegenden Zusammenhang ausschließlich um *Personen* geht – und somit um konkrete Objekte in Raum und Zeit.

Aber auch wenn wir uns auf in der Zeit existierende Gegenstände beschränken, scheint eine *disjunkte Einteilung* oder *Partition* in vergangene, gegenwärtige und zukünftige unmöglich – zumindest wenn man ›x ist vergangen‹ versteht als ›es gibt (mindestens) einen Zeitpunkt in der Vergangenheit, zu dem x existiert hat‹,

(**V**$_1$)   x erfüllt zum Zeitpunkt t_0 das Prädikat ›ist vergangen‹
        ⇔ $\exists t < t_0(x$ existiert-zu-$t)$

und ›x ist zukünftig‹ als ›es gibt (mindestens) einen Zeitpunkt in der Zukunft, zu dem x existieren wird‹:

(**Z**$_1$)   x erfüllt zum Zeitpunkt t_0 das Prädikat ›ist zukünftig‹
        ⇔ $\exists t > t_0(x$ existiert-zu-$t)$

Ich existiere heute, habe aber auch gestern schon existiert und werde hoffentlich auch morgen noch existieren. Meine Existenz erstreckt sich über einen Teil der Ver-

---

31 Cf. oben, S. 52, Fn. 21.

gangenheit, die Gegenwart und einen Teil der Zukunft, und ich gehöre folglich in jede der drei Kategorien. Dasselbe gilt zumindest für den Großteil meiner Mitmenschen. Die drei Mengen (die der vergangenen, die der gegenwärtigen und die der zukünftigen Gegenstände) sind also nicht distinkt, sondern überschneiden sich. Für Gegenstände, deren zeitliche Existenz *kontinuierlich* ist, heißt das genau genommen, dass die Menge der gegenwärtigen Gegenstände eine Obermenge der Schnittmenge aus der Menge der vergangenen und der Menge der zukünftigen Gegenstände ist: $V_1 \cap Z_1 \subseteq G_1$[32] (Cf. Abb. 7.1 – G_1 sei hier die Menge der Gegenstände, die (G_1)[33] erfüllen, wenn t_0 der Zeitpunkt ist, zu dem ich dies schreibe – und Entsprechendes gelte für V_1 und Z_1.)

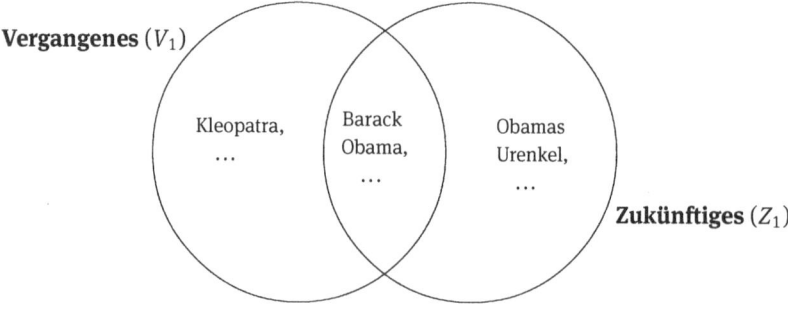

Abb. 7.1. Vergangenes und Zukünftiges im weiten Sinne

Wenn man ›*x* ist vergangen‹ aber versteht als ›die Existenz von *x* liegt *gänzlich* in der Vergangenheit‹ und somit die Zusatzbedingung einschließt, dass *x jetzt nicht mehr* existiert (und ergo, qua *continuant*, auch in der Zukunft nicht mehr),

(V₂)   *x* erfüllt zum Zeitpunkt t_0 das Prädikat ›ist vergangen‹
     $\Leftrightarrow$ $\exists t < t_0 (x$ existiert-zu-$t)$ & $\neg (x$ existiert-zu-$t_0)$

---

32 Cf. Fine 2005b, S. 163 – Warum die Menge der gegenwärtigen Gegenstände hier als Obermenge der besagten Schnittmenge aufgefasst wird (und nicht als die Schnittmenge selbst), erklärt sich daraus, dass man in der Gegenwart möglicherweise auch *instantane* Objekte zulassen möchte – Gegenstände, die *nur* in der Gegenwart existieren und mithin nicht in der Schnittmenge von Vergangenem und Zukünftigem enthalten sind.
33 Cf. S. 118.

und wenn man ›zukünftig‹ in demselben starken Sinne, als ›*nur* zukünftig‹, versteht,

(Z$_2$) x erfüllt zum Zeitpunkt t_0 das Prädikat ›ist zukünftig‹

⇔ $\exists t > t_0(x$ existiert-zu-$t)$ & ¬ $(x$ existiert-zu-$t_0)$[34]

dann lässt sich tatsächlich eine Einteilung in drei sauber getrennte Mengen vorneh-men[35]: Kleopatra gehört in die erste, der aktuelle amerikanische Präsident findet sich in der zweiten, und die dritte enthält – sollte er jemals welche haben – seine Urenkel (Abb. 7.2).

Vergangenes	**Gegenwärtiges**	**Zukünftiges**
Kleopatra, ...	Barack Obama, ...	Obamas Urenkel, ...

Abb. 7.2. Vergangenes und Zukünftiges im engen Sinne

Diese Einteilung ist keine stabile – sie verändert sich mit der Zeit (daher die Ein-schränkung ›zum Zeitpunkt t_0‹ in den vorausgehenden Definitionen). Die Menge der gegenwärtigen Gegenstände verliert ständig Elemente an die Menge der (nur) vergan-genen Gegenstände und bekommt aus der Menge der (nur) zukünftigen Gegenstände

---

34 Für Nondeterministen ist die Menge der jeweils zukünftigen Gegenstände (noch) nicht »defi-niert« – ihre Elemente sind, wenn man so will, lediglich *angenommen*. (Das berührt die Frage mög-licher Gegenstände (*possibilia*) – für einen Überblick cf. Yagisawa 2009 – wichtige Arbeiten zu diesem Thema sind etwa Barcan Marcus 1976, Prior und Fine 1977, Lewis 1986, Williamson 1998, Divers 2002 und Fine 2003. Cf. auch die Diskussion um *future contingents* – einen guten Einstieg bietet hier Øhr-strøm und Hasle 2011.)

35 An der Definition des Gegenwärtigen ändert sich nichts, sondern es gilt weiterhin (G$_1$); d. h. die Menge der gegenwärtigen Gegenstände umfasst alle, die zu-t_0-existieren (aber nicht notwendig *nur* zu t_0).

immer neue hinzu.[36] Anders gesagt: Die Einteilung ist relativ zur Zeit. Vor hundert Jahren war die Menge der gegenwärtigen Gegenstände anders zusammengesetzt als heute.

Wer also eine mehr oder weniger sparsame Ontologie vertritt und die Existenz zukünftiger und vielleicht auch vergangener Objekte bestreitet, nimmt damit zugleich in Kauf, dass diese Ontologie beständigem Wandel unterworfen ist. Nur wer Vergangenes, Gegenwärtiges und Zukünftiges als gleichermaßen real annimmt, kann mit einer konstanten, statischen Ontologie aufwarten.

Mit diesen Begriffen von Vergangenem und Zukünftigem können wir nun die Positionen von *Growing-block*-Theorie und Eternalismus formulieren:

(Gb$_1$) x erfüllt zum Zeitpunkt t_0 das Prädikat ›existiert$_1$‹
   $\Leftrightarrow$ $\exists t \leq t_0 (x$ existiert-zu-$t)$

(Et$_1$) x erfüllt (zu allen Zeiten) das Prädikat ›existiert$_1$‹
   $\Leftrightarrow$ $\exists t(x$ existiert-zu-$t)$

7.2.4 Existenz im ontologischen Sinn

> To be is, purely and simply, to be the value of a variable.
>
> Willard Van Orman Quine[37]

> I doubt whether any dogma, even of empiricism, has ever been quite so muddling as the dogma that to be is to be a value of a bound variable.
>
> Arthur Norman Prior[38]

Wenden wir uns nun dem Begriff von Existenz zu, der auf der linken Seite von (Pr$_1$) und seinen non-präsentistischen Gegenstücken gemeint ist: diejenige Existenz, die

---

36 Das ist freilich (wenn überhaupt, im strikten Sinne) nur *kontingenterweise* so – denn warum sollte es nicht *möglich* sein, dass für eine Zeitlang kein neuer Gegenstand entsteht und auch keiner aufhört zu existieren?

37 Quine 1948, S. 32.

38 Prior 1963, S. 150.

Gegenständen abhängig von ihrem »zeitlichen Ort« (und abhängig von der vertretenen Zeitontologie) zu- oder abgesprochen wird.

7.2.4.1 Ein Streit um Worte?

Manche Autoren sind der Ansicht, dass Präsentisten und Non-Präsentisten gar nicht über dasselbe sprechen: Was der Eternalist Gegenwärtigem, Vergangenem und Zukünftigem gleichermaßen zuerkennt, ist etwas anderes, als was der Präsentist allem Nicht-Gegenwärtigen abspricht. Der Eternalist meint möglicherweise etwas, das Präsentisten mit dem Disjunkt ›existiert oder hat existiert oder wird existieren‹ ausdrücken könnten. Dann gäbe es gar keinen Widerspruch zwischen den Positionen, sondern nur unterschiedliche Verwendungen des Wortes ›existieren‹.[39]

Wir können diese unterschiedlichen Existenzbegriffe zum Beispiel durch Indizes kenntlich machen

(Df. 1) x existiert$_{Pr}$ $\equiv_{df}$ x ist gegenwärtig

(Df. 2) x existiert$_{Gb}$ $\equiv_{df}$ x ist gegenwärtig oder vergangen

(Df. 3) x existiert$_{Et}$ $\equiv_{df}$ x ist gegenwärtig oder vergangen oder zukünftig

und sehen dann, wie die konkurrierenden Positionen auf Tautologien zusammenschmelzen:

(Pr$_S$)   Es existiert$_{Pr}$ nur, was gegenwärtig ist.

(Gb$_S$)   Es existiert$_{Gb}$ nur, was gegenwärtig oder vergangen ist.

(Et$_S$)   Es existiert$_{Et}$ alles, was gegenwärtig, vergangen oder zukünftig ist.

Der Konflikt wäre damit nur noch ein rein verbaler. Im nächsten Abschnitt werde ich darstellen, wie diejenigen Philosophen, die der Meinung sind, dass es sich *nicht* nur um einen verbalen Disput handelt, zu erklären versuchen, was mit Existenz in diesem »ontologischen«[40] Sinn genau gemeint ist.

---

39 Diese Auffassung hat etwa Sellars vertreten (cf. Sellars 1962, 546–550, 566). Cf. dazu die Kritik in Sider 2001b, S. 15 f. Für neuere Arbeiten zu diesem Thema cf. etwa Meyer 2005, Savitt 2006, Dorato 2006.

40 Fine spricht vom »ontischen« Existenzbegriff – cf. Fine 2005a, S. 349 f.

7.2.4.2 Uneingeschränkte Quantifikation

Die Frage, auf die Präsentisten und Non-Präsentisten so unterschiedliche Antworten haben, ist die Frage der Ontologie: Was existiert (und was nicht)? Was ist real? Was ist Bestandteil der Wirklichkeit? Für welche x drückt der Satz »Es gibt x« eine Wahrheit aus?

Eine Weise, den ontologischen Existenzbegriff verständlich zu machen, bedient sich der Sprache der Logik. Die Aussage »x existiert« im ontologischen Sinn wird gewöhnlich formalisiert als $\exists y(y = x)$. Wenn wir fragen, was existiert, geht es also um die Reichweite des Existenzquantors: darum, was in dem umfassendsten, uneingeschränkten Gegenstandsbereich enthalten ist, über den wir quantifizieren.[41] Die Frage ist, was in den Quantifikationsbereich (*domain of quantification*) fällt – nicht, was die richtige Interpretation des Quantifikationsbereichs ist. (Über die Bedeutung ist man sich – das behaupten zumindest die Befürworter des ontologischen Existenzbegriffs – einig: Wir quantifizieren über alles, was real ist. Der Disput wird darüber geführt, *was* real ist und was nicht. Er wird nicht darüber geführt, *in welchem Sinne* etwas real ist.)

Hier kann es nach Ansicht der Verfechter uneingeschränkter Quantifikation nur eine vernünftige Antwort geben: »Alles!« Alles, ohne irgendeine kontextuelle Einschränkung (wie sie in unserem Alltagssprachgebrauch gang und gäbe sind) – absolut alles.[42] Niemand, so sagen sie, würde bestreiten, dass diese Antwort richtig ist. Nur gehen die Meinungen darüber auseinander, was in diesem ›alles‹ enthalten ist. Wenn ein Eternalist »alles« sagt, dann schließt er Kleopatra mit ein: $\exists y(y = k)$. Wenn hingegen ein Präsentist »alles« sagt, dann gehört Kleopatra nicht dazu: $\neg\exists y(y = k)$. Wiederum: Die Frage ist nicht, welche Bedeutung ›alles‹ hat. Die Frage ist, was darunter fällt. Und für Präsentisten lautet die Antwort: alles und nur das, was gegenwärtig ist.

(Pr$_6$)   es ist zu t_0 der Fall, dass $\exists y(y = x) \Leftrightarrow x$ existiert-zu-t_0[43]

Für Präsentisten ist der Quantifikationsbereich also relativ zur Zeit; jedem Zeitpunkt $t, u, v, \ldots$ ist jeweils ein eigener Gegenstandsbereich $D_t, D_u, D_v, \ldots$ zugeordnet.[44] Eternalisten dagegen kennen nur den einen, universellen und unveränderlichen Gegenstandsbereich D, der das, was Präsentisten als vergangen oder zukünftig bezeichen, genauso umfasst wie das, was sie gegenwärtig nennen.

---

41 Zur Frage nach der Verständlichkeit uneingeschränkter Quantifikation cf. etwa Williamson 2003, Fine 2006 und Fine 2009 sowie Melia 1995.
42 Cf. etwa van Inwagen 2008.
43 Cf. (Pr$_5$) auf S. 118. Man könnte es auch kürzer formulieren – zu t_0 gilt: $\forall x(x$ existiert-zu-$t_0)$.
44 Cf. Fine 2005b, S. 163.

Ob man diese Erklärung des ontologischen Existenzbegriffs als befriedigend emp-findet, wird davon abhängen, ob man der uneingeschränkten Quantifikation und der Rede vom »absoluten Alles« Sinn abgewinnen kann.[45] Wer damit Schwierigkeiten hat,[46] dem wird es auch nicht nützen, wenn jemand noch so viel Betonung auf Attri-bute wie ›absolut‹ oder ›wirklich‹ für das Wort ›alles‹ legt. Und auch diejenigen, die sich etwas unter absolut uneingeschränkter Quantifikation vorstellen können, geben zu, dass der zugrunde liegende Existenzbegriff nicht weiter reduzibel oder erklärbar oder analysierbar ist.

Wir müssen uns also damit begnügen festzuhalten, dass der ontologische Exis-tenzbegriff, wenn es ihn denn gibt, sich auf die »ultimative Wirklichkeit«, auf die »fun-damentalste Ebene der Realität« bezieht und insofern »absolut« ist. Statt des Existenz-quantors können wir also auch die Qualifikation ›wirklich‹ verwenden und schreiben:

(**Pr**$_7$)   es ist zu t_0 der Fall, dass x **wirklich** existiert ⇔ x existiert-zu-t_0

Im folgenden Abschnitt werde ich untersuchen, was aus diesen beiden Existenz-begriffen jeweils für meine Fragestellung folgt: Wie kann der Überlebensbegriff im Rahmen des Eternalismus verstanden werden?

7.3 Überleben aus eternalistischer Sicht

Nachdem wir gesehen haben, dass zweierlei gemeint sein kann, wenn ein Eternalist von der Existenz materieller Gegenstände spricht, stellt sich nun die Frage, welcher dieser beiden Existenzbegriffe für unsere Analyse der Überlebensfrage einschlägig ist. Für welche der beiden folgenden Interpretationen von (Ü) sollen wir uns vor dem Hin-tergrund einer eternalistischen Ontologie entscheiden?

---

45 Hier stellen sich auch noch andere Fragen, z. B. warum ein *alles* umfassender Gegenstandsbereich nicht auch *fiktive* Gegenstände in sich aufnehmen sollte – denn auch über diese können wir sinnvolle Aussagen machen, welche in logischen Beziehungen zueinander stehen. Viele Philosophen sind der Meinung, dass man in solchen Fällen nicht eigentlich über fiktive Gegenstände quantifiziert und dass Sätze, die das *scheinbar* tun, auf andere Sätze zu *reduzieren* sind, die das erkennbar *nicht* tun. Es bleibt dann aber die Frage, auf welcher *Grundlage* man etwas in den Gegenstandsbereich »aufnimmt« oder von ihm ausschließt. (Das ist vor allem dann ein Problem, wenn die Zukunft nicht festliegt – der Gegenstandsbereich müsste in diesem Fall nämlich Possibilia enthalten – und warum sollte man dann nicht auch *gegenwärtig* bloß Mögliches einschließen? Cf. S. 121, Fn. 34.)
46 Für gute Gründe, die Verständlichkeit absolut uneingeschränkter Quantifikation in Zweifel zu zie-hen, cf. etwa Savitt 2006, S. 117 ff., und Ludlow 2004.

(Ü$_1$) p überlebt e $\equiv_{df}$ p existiert$_1$ nach e

(Ü$_2$) p überlebt e $\equiv_{df}$ p existiert$_2$ nach e

Um diese Frage beantworten zu können, ist es hilfreich, Adäquatheitsbedingungen aufzustellen: Was muss eine Analyse des Überlebensbegriffs leisten können? Was verlangen wir von einer solchen Analyse, gleich welchem ontologischen Lager wir angehören?

Meines Erachtens gibt es zwei wichtige Anforderungen. Eine von ihnen ist ähnlich schwer zu präzisieren wie der ontologische Existenzbegriff. Ein Versuch, dennoch etwas darüber zu sagen, könnte so lauten: Der Begriff muss dem »Existentiellen« der Überlebensfrage gerecht werden – hier geht es buchstäblich um Leben und Tod, um Sein oder Nichtsein, und nicht nur um irgendeine nähere Bestimmung oder Relativierung dieses Seins. Die Frage ist, ob es die betreffende Person *überhaupt* noch gibt, und die negative Antwort müsste lauten, nein, sie ist nicht mehr – Punkt. Was auf dem Spiel steht, wenn es um Überleben geht, ist nicht die eine oder andere Qualifikation einer Existenz, ist nicht, so oder anders zu existieren, sondern ob überhaupt. Hier wird über Alles oder Nichts entschieden – der relevante Existenzbegriff muss ein *absoluter* sein. Das erste Adäquatheitskriterium wäre also Absolutheit.

(AK$_1$)   Absolutheit

Die zweite Bedingung ist wesentlich einfacher und sehr präzise zu formulieren: Es muss um einen Existenzbegriff gehen, demzufolge Existenz (zumindest potentiell) *flüchtig* ist, eine Existenz also, die irgendwann *aufhören* wird, d. h. die zeitlich *begrenzt* oder *endlich* ist. Es muss prinzipiell *offen* sein, ob der jeweilige Gegenstand in der Zukunft oder zu einem späteren Zeitpunkt noch existiert – sonst ergibt es überhaupt keinen Sinn, die *Frage* nach dem Überleben zu stellen. Das Adäquatheitskriterium besteht also darin, dass es einen Zeitpunkt in der Zukunft gibt, zu dem der fragliche Gegenstand *nicht mehr* existiert.

(AK$_2$)   Temporarität: $\exists t$ (p existiert nicht zu t)[47]

---

[47] Hier quantifiziere ich »nur« über sterbliche Personen, nehme also etwaige Wesenheiten, die ewig existieren, von meinem Gegenstandsbereich aus. Cf. S. 117, Fn. 24.

Gehen wir also die beiden im letzten Kapitel gewonnenen Existenzbegriffe durch und überprüfen sie anhand der genannten Adäquatheitsbedingungen.

7.3.1 Zeitlicher Ort

Wenn der Zeitlicher-Ort-Sinn von Existenz gemeint ist, dann heißt Überleben, dass ein bestimmter Zeitpunkt (das Ende eines Ereignisses wie z. B. einer Operation oder eines Unfalls) zu jemandes B-Zeit gehört:

(Ü$_L$) p überlebt e $\equiv_{df}$ $\exists t \geq$ Ende(e) (p existiert-zu-t)[48]

Kann diese Interpretation unsere Adäquatheitskriterien erfüllen? Nun, (AK$_2$) bereitet uns keine Probleme. Für alle zeitlichen Objekte, die nicht ewig existieren, gibt es neben den Zeitpunkten, die zu ihrer B-Zeit gehören, andere (ziemlich viele), die das nicht tun: die B-Zeit ist ein begrenzter Abschnitt auf der Zeitachse. Damit ist für jeden Zeitpunkt prinzipiell möglich, dass er nicht zur B-Zeit des fraglichen Gegenstands zählt, und die Frage des Überlebens ist also tatsächlich offen.

Wie steht es aber mit (AK$_1$)? Erfüllt der Begriff von Existenz-zu-t den Anspruch auf Absolutheit? Kommt in ihm das Existentielle zum Tragen, das für den Begriff des Überlebens so wesentlich ist? Kaum. Die Frage des Überlebens würde auf die Frage nach den zeitlichen Koordinaten einer Person reduziert: Wie weit reicht der Zeitabschnitt der Person nach vorn? Das scheint nicht die Bedeutung zu sein, die wir suchen. Zeitliche »Entfernung«, die Wortwahl legt es schon nahe, wird oft mit *räumlicher* Distanz analog gesetzt: So wie räumlich Entferntes nicht weniger existiert und real ist als räumlich Nahes, so ist auch Kleopatra, deren Existenz zwei Jahrtausende »entfernt« ist, genauso wirklich wie jede Person, die heute existiert$_2$.[49] Das klingt nicht nach der Alles-oder-nichts-Existenz, um die es bei der Überlebensfrage geht.

Menschen trauern, wenn eine ihnen nahe Person aufhört zu existieren. Sie trauern nicht (oder nur in ungleich geringerem Ausmaß), wenn die Person eine Fernreise macht. Ein Begriff von Existenz, der lediglich der »Lokalisierung« dient, aber keinerlei Relevanz für die Frage der *Wirklichkeit* hat, kann nicht erklären, warum wir dem Überleben so große Bedeutung beimessen und warum die Beschäftigung mit der eigenen Sterblichkeit sich als ein roter Faden durch die Menschheitsgeschichte zieht (und nicht die Beschäftigung mit der Begrenztheit des Raumes, den wir innerhalb ei-

---

48 Ende() sei eine Funktion, die ein Ereignis nimmt und den Zeitpunkt zurückgibt, zu dem es endet.
49 Cf. etwa Sider 2001b, S. 11: »Just as distant places are no less real for being spatially distant, distant times are no less real for being temporally distant; the ontological significance of distance is thus a respect in which time is spacelike.«

nes Lebens durchmessen können). Wäre es nicht schlicht absurd, sich hinsichtlich der eigenen oder anderen Personen mit der gleichen Ernsthaftigkeit und Wichtigkeit Gedanken über den Aufenthaltsort zu machen wie über die zeitliche Ausdehnung oder das zeitliche Ende der Existenz?

7.3.2 Existenz im ontologischen Sinn

Die erste unserer Adäquatheitsbedingungen, die Forderung nach Absolutheit, spricht also dafür, dass ein Eternalist die Frage des Überlebens über den ontologischen Existenzbegriff formulieren sollte und nicht über den Zeitlicher-Ort-Begriff: Wenn wir uns fragen, ob eine Person überlebt, dann fragen wir uns, ob sie weiterhin existieren$_1$ wird, ob es sie noch geben, ob sie noch Bestandteil der Realität sein wird – die Frage des Seins. (AK_1) wäre dann erfüllt.

Aber bei der ontologischen Existenz haben wir ein Problem mit (AK_2). Ontologische Existenz ist für einen Eternalisten etwas Zeitloses. Was *jemals* existiert$_1$, das existiert$_1$ *immer*. Es ergibt gar keinen Sinn, ontologische Existenz zeitlich zu bestimmen. Und es ergibt genauso wenig Sinn, die Frage zu stellen, ob eine Person zu einem späteren Zeitpunkt noch existieren$_1$ wird. Wenn es sie gibt, dann wird sich daran niemals etwas ändern. Daraus, dass jetzt bzw. zu t_0 der Fall ist, dass p existiert$_1$, folgt notwendig, dass auch zu jedem Zeitpunkt in der Zukunft bzw. nach t_0 der Fall ist bzw. sein wird, dass p existiert – einfach weil die Quantoren des Eternalisten nicht *tensed* sind, d. h. der Quantifikationsbereich keinem Wandel unterworfen ist.

Damit sind wir in der misslichen Lage, dass der eine Existenzbegriff die eine und der andere die andere Adäquatheitsbedingung erfüllt, aber keiner beide. In einem eternalistischen Weltbild scheint für unseren gewöhnlichen Begriff von Überleben, wie er in der Debatte um personale Identität verwandt wird, kein Platz zu sein.

7.4 Vorläufiges Fazit

Wir haben gesehen, dass dem Eternalisten zwei Existenzbegriffe zur Verfügung stehen, um die Frage des Überlebens zu analysieren. Aber keiner von ihnen kann die Rolle verständlich machen, die der Begriff des Überlebens in unserem Begriffsschema spielt. Damit bleiben uns zwei Auswege: Entweder verabschieden wir uns vom Eternalismus, oder wir trennen uns von dem Überlebensbegriff, den wir kennen, und formulieren einen neuen. Bleiben wir Eternalisten und revidieren unseren Begriff von Überleben, haben wir wiederum die Wahl, an welchem der beiden Adäquatheitskriterien wir festhalten und welches wir aufgeben wollen.

Entscheiden wir uns für (AK_1), dann scheint es keinen wirklichen Grund mehr zu geben, den eigenen Tod zu fürchten oder den Tod anderer zu beklagen, denn die

Existenz$_1$ »kann uns niemand nehmen«.[50] Wählen wir stattdessen (AK$_2$), dann stellen wir die Furcht vor dem Ende der eigenen Existenz auf eine Stufe mit der Furcht, nie Neapel gesehen zu haben.[51]

Ob die Konsequenzen – seien sie nun überraschend bzw. kontraintuitiv oder nicht –, die non-präsentistische Theorien für den Überlebensbegriff und damit auch für den Begriff der personalen Identität haben, sich im Sinne des *modus tollens* als ein Argument für die Gegenposition, sprich den Präsentismus, umdeuten lassen oder ob wir unseren landläufigen Überlebensbegriff korrigieren und dementsprechend unsere Einstellung zu Überleben und Tod ändern sollten, möchte ich hier nicht weiter diskutieren. Ob man der Auffassung ist, dass nicht-präsentistische Ontologien den »Standardbegriff« von Überleben und personaler Identität verändern oder gar verzerren, hängt nicht zuletzt davon ab, welcher Zeittheorie man anhängt: Der Präsentist wird dem Eternalisten vielleicht eine inakzeptable Modifikation des Überlebensbegriffs vorwerfen, während der Eternalist darauf beharrt, dem alltäglichen Begriff von Überleben vollständig gerecht werden zu können.

Für die begrifflichen Beziehungen zwischen Zeit und personaler Identität, die das Thema dieser Arbeit sind, ist aber noch etwas anderes interessant, das aus der Untersuchung in diesem Kapitel ersichtlich geworden ist: Die nicht-präsentistischen Zeittheorien – und das sind zugleich diejenigen, die sich zumindest auf den ersten Blick in eine Spannung zum *common sense* begeben – sehen sich dort besonders großen Herausforderungen gegenüber, wo es darum geht, der *Perspektivität* personalen Weltbezugs gerecht zu werden. Für den Begriff des Überlebens, wie er im Zusammenhang mit personaler Identität immer wieder thematisiert wird, ist wesentlich, dass Personen sich *auf sich selbst in der Gegenwart* und aus dieser Perspektive heraus auch auf die *eigene Zukunft und Vergangenheit* beziehen. Die Frage des Überlebens ist die Fra-

---

50 In diese Richtung geht tatsächlich die Argumentation im Kapitel »Should the Atheist Fear Death?« in Le Poidevin 1996 (S. 135–146) – cf. auch Le Poidevin 2003, S. 245 f. In die entgegengesetzte Richtung argumentieren Silverstein 1980, Silverstein 2000, Bradley 2004 und Bradley 2010. Cf. Benn 1993. Burley 2008 kritisiert Le Poidevins Folgerungen als nicht überzeugend, da Emotionen wie die Angst vor dem Tod nur aus einer zeitlichen Perspektive heraus plausibel gemacht werden könnten.
In diesem Zusammenhang wird zuweilen auch Einsteins Äußerung aus seinem Brief vom 21. März 1955 an die Familie des verstorbenen Michele Besso genannt: »Nun ist er mir auch mit dem Abschied von dieser sonderbaren Welt ein wenig vorausgegangen. Dies bedeutet nichts. Für uns gläubige Physiker hat die Scheidung zwischen Vergangenheit, Gegenwart und Zukunft nur die Bedeutung einer wenn auch hartnäckigen Illusion.« (Einstein und Besso 1972, S. 538) Inwiefern allerdings dieses Kondolenzschreiben Einstein als *B*-Theoretiker oder Eternalisten qualifiziert, sei dahingestellt. Cf. auch Müller 2002, S. 242, und Rundle 2009, S. 81.
51 Manche finden daran nichts Seltsames: Für sie erschöpft sich die Relevanz des Todes darin, dass er die Möglichkeit unterbindet, mit einer Person in Interaktion zu treten – deshalb trauern Menschen um diejenigen, die ihnen nahestanden, und deshalb ist der Tod ein Übel (für die Hinterbliebenen). Und auch der eigene Tod ist dann nur noch insofern bedrohlich, als er einen daran hindert, bestimmte Pläne noch auszuführen, Zeit mit Freunden zu verbringen usw.

ge, ob *ich* in der *Zukunft* noch existieren werde (auch die Frage nach dem Überleben *anderer* können wir in diese Form gegenwärtiger Selbstbezüglichkeit bringen, indem wir uns »in ihre Perspektive versetzen«). Gäbe es diesen spezifisch personalen Blickwinkel auf sich selbst in der Gegenwart und damit auf sich selbst »zwischen« eigener Vergangenheit und Zukunft nicht, dann wäre der Begriff des Überlebens ein ganz anderer (so wie wir etwa vom Überleben einer Amöbe, eines Baumes oder im übertragenen Sinne auch eines Schiffes sprechen) und die Differenzierung zwischen Präsentismus und Non-Präsentismus hätte keine oder zumindest eine viel geringere Relevanz für Überlebens- und Identitätsfragen.

8 Vergangenheitsbezug und *B*-Theorie

[A] definite sense attaches to the assertion that something is real, a real such-and-such, only in the light of a specific way in which it might be, or might have been, *not* real.

John Langshaw Austin[1]

Nach den Kapiteln über den Begriff der Verantwortung in einem vierdimensionalistischen Rahmen (Kap. 6) und über den Begriff des Überlebens in einem eternalistischen Rahmen (Kap. 7) soll nun ein dritter Aspekt der philosophischen Beschäftigung mit personaler Identität in einem bestimmten zeittheoretischen Rahmen betrachtet werden, und zwar die Bezugnahme von Personen auf ihre *eigene Vergangenheit* – vor dem Hintergrund der *B*-Theorie der Zeit.[2]

Wie schon in den vorangegangenen Kapiteln geht es also auch hier nicht darum, *logische Abhängigkeiten* zwischen gewissen Zeittheorien auf der einen und Theorien personaler Identität auf der anderen Seite aufzuzeigen[3] und beispielsweise nachzuweisen, dass die *B*-Theorie der Zeit nicht mit dem Erinnerungskriterium personaler Identität kompatibel sei. Vielmehr habe ich mir auch in diesem Kapitel wieder das Ziel gesteckt, eine Antwort auf die Frage zu finden, wie sich ein Begriff, der für die Beschäftigung mit personaler Identität eine besondere Relevanz besitzt, darstellt und gegebenenfalls verändert und inwiefern dadurch auch der Begriff der personalen Identität selbst in einem anderen Licht erscheint, sobald man eine bestimmte zeitphilosophische Position zugrunde legt. In diesem Kapitel geht es darum zu untersuchen, wie sich der im Zusammenhang mit personaler Identität so wichtige Begriff der eigenen Vergangenheit und der Bezugnahme auf diese darstellt, wenn man die *B*-Theorie der Zeit voraussetzt.

Die Debatte zwischen *A*- und *B*-Theoretikern hat über lange Zeit die analytische Philosophie der Zeit beherrscht.[4] Deshalb tut eine Arbeit wie die vorliegende, die sich zum Ziel gesetzt hat, begriffliche Beziehungen zwischen Zeit und personaler Identität zu untersuchen, gut daran, diese Diskussion zu berücksichtigen und zu untersuchen, inwiefern es für das Thema der personalen Identität relevant sein könnte, ob man eine *A*- oder eine *B*-Theorie der Zeit voraussetzt.

---

1 Austin 1962, S. 70.

2 Zur Begründung der Auswahl von Zeittheorien cf. die Einleitung zum Teil II, S. 83 ff.

3 Ich denke auch nicht, dass es solche Abhängigkeiten gibt. Dieser Frage möchte ich hier aber nicht weiter nachgehen. Cf. meine methodologischen Vorbemerkungen in der Einleitung, insbes. S. 8.

4 Cf. etwa Müller 2007, S. 10.

Wenn man sich nun fragt, welcher Aspekt der Debatte um personale Identität wohl einen geeigneten Anknüpfungspunkt für die *A*- respektive *B*-Theorie abgäbe, so bietet sich der Vergangenheitsbezug in besonderer Weise an, da einerseits psychologische Phänomene wie die Erinnerung an Ereignisse aus der eigenen Biographie in der *A*-versus-*B*-Debatte einen großen Raum einnehmen und andererseits der Bezug zur eigenen Vergangenheit in jeder Theorie personaler Identität eine wichtige Rolle spielt. Das Paradigma der Bezugnahme auf die eigene Vergangenheit ist die *Erinnerung*.[5] Der Begriff der Erinnerung ist seit jeher von großer Bedeutung für die Philosophie der personalen Identität. Es ist sogar versucht worden, die Erinnerung zum *Kriterium* für personale Identität zu erheben.[6] In jedem Fall brauchen wir die Erinnerung, um einen »Sinn«, ein »Gefühl« für unsere eigene Identität zu haben und zu wissen, wer wir sind – ohne Erinnerung gäbe es keine *Autobiographie*.[7] Und genauso unstrittig ist, dass Erinnerungsbekundungen als evidentielles Kriterium für personale Identität dienen können: Wenn jemand uns glaubhaft versichert, dass er sich an ein bestimmtes Erlebnis erinnert, dann haben wir Grund anzunehmen, dass es sich beim Sprecher und bei der Person, die das fragliche Erlebnis hatte, um dieselbe Person handelt.[8]

Die *A*-Theorie hat gegenüber der *B*-Theorie den Vorzug, dass sie zumindest auf den ersten Blick dem Alltagsverständnis von Zeit viel näher ist als die *B*-Theorie: Laut der *A*-Theorie ist die zeitliche Struktur von Vergangenheit, Gegenwart und Zukunft, wie sie für unser Sprechen, Denken und Handeln essentiell ist, die tatsächliche Struktur der »Wirklichkeit«. Die *B*-Theorie hingegen bestreitet dies. Natürlich leugnet sie nicht, dass unsere Rede von Vergangenem oder Zukünftigem überhaupt Sinn ergibt. Aber sie bestreitet, dass es so etwas »in der Realität« gibt. Damit ist die *A*-Theorie aber auch unserem alltäglichen Begriff der Bezugnahme auf die eigene Vergangenheit näher: Sie muss nicht, wie die *B*-Theorie, erklären, wie man auf etwas Bezug nehmen kann, was es eigentlich gar nicht gibt. Die *B*-Theorie hat es *prima facie* schwerer, der allgemein gängigen Verwendung von Begriffen wie Zeit, Vergangenheit oder Erinnerung gerecht zu werden. Deshalb[9] soll hier von der *B*-Theorie ausgegangen und unter-

---

5 Hier ist die *Erfahrungserinnerung* gemeint, die auch als *episodisches, persönliches* oder *autobiographisches* Gedächtnis bezeichnet wird (cf. etwa Sutton 2010) und z. B. von der *Faktenerinnerung* oder dem *Faktengedächtnis* zu unterscheiden ist. Zu den verschiedenen Verwendungsweisen von ›Erinnerung‹ bzw. ›Gedächtnis‹ (engl. *memory*) cf. etwa Malcolm 1963, S. 203 ff.

6 Das geschieht häufig unter (fragwürdiger) Berufung auf Locke 2008: cf. etwa Olson 2010. Ein solches Kriterium scheint allerdings vorauszusetzen, dass es etwas wie die sogenannten *Quasi-Erinnerungen* gibt (cf. etwa Shoemaker 1970, S. 271 ff., Parfit 1984, S. 220 ff.) – was mit Wiggins 2001 (S. 212 ff.) überzeugend widerlegt ist (cf. Hacker 2008, S. 298). Cf. dazu auch Kap. 5.

7 Cf. Hacker 2008, S. 297 und 311 ff.

8 Dies wäre also ein Kriterium, das aus *drittpersonaler*, nicht aus *erstpersonaler* Perspektive angewandt wird. Cf. Hacker 2008, S. 296.

9 Warum ich gerade diejenigen Theorien auswähle, die zu den fraglichen Begriffen zumindest auf den ersten Blick in einer *Spannung* stehen, erkläre ich in der Einleitung zum Teil II: cf. S. 83.

sucht werden, ob sie Auswirkungen auf die Analyse des Vergangenheitsbezugs (und damit auch auf die Analyse personaler Identität) hat oder ob sie das Phänomen genauso gut, möglicherweise sogar auf die gleiche Weise erklären kann wie die *A*-Theorie, so dass es für den Begriff der Bezugnahme auf die eigene Vergangenheit letztlich unerheblich wäre, welche der beiden konkurrierenden Zeittheorien wir voraussetzen.

Im ersten Abschnitt stelle ich die frühe *B*-Theorie dar. Der zweite Abschnitt widmet sich dann einem Argument von Arthur Prior, mit dem dieser auf die *B*-Theorie reagiert hat. Es ist für meine Fragestellung besonders geeignet, da der Bezug einer Person auf ihre eigene Vergangenheit darin eine zentrale Rolle spielt. Danach geht es im dritten Abschnitt um die neuere *B*-Theorie, die nicht zuletzt als Antwort auf Priors eben genanntes Gegenargument entwickelt wurde. Der vierte Abschnitt schließlich enthält ein vorläufiges Fazit, das zusammenfasst, wie der personale Vergangenheitsbezug aus *B*-theoretischer Sicht zu beschreiben ist, wie sich diese Beschreibung zu einer *A*-theoretischen Analyse verhält und welche Auswirkungen es auf den Begriff der personalen Identität haben könnte, wenn man die Bezugnahme auf die eigene Vergangenheit *B*-theoretisch auffasst.

8.1 Die frühe *B*-Theorie der Zeit

Der Zeit-Diskurs der analytischen Philosophie im 20. Jahrhundert ist entscheidend von McTaggarts berühmtem Argument für die Irrealität der Zeit beeinflusst worden.[10] Es fußt auf der Erkenntnis, dass wir auf zwei ganz unterschiedliche Weisen über Zeit denken und sprechen. Zum einen setzen wir Ereignisse in die Beziehung von *früher als* bzw. *später als* zueinander, zum anderen teilen wir sie in *vergangene, gegenwärtige* und *zukünftige* ein. McTaggart spricht im ersten Fall von der *B*-Reihe, im zweiten von der *A*-Reihe. Entsprechend versteht er *B*-Aussagen als solche, die eine Relation von früher-später ausdrücken, wohingegen *A*-Aussagen eine Einordnung in Vergangenheit, Gegenwart oder Zukunft beinhalten. *B*-Aussagen unterscheiden sich von *A*-Aussagen darin, dass ihr Wahrheitswert unveränderlich ist. Wenn x früher als y ist, dann bleibt das für alle Zeit der Fall. Daran, dass die Geburt Descartes' früher ist als die Geburt Kants, wird sich nichts mehr ändern. Insofern verdienen *B*-Angaben die Bezeichnung *statisch*, während *A*-Angaben *dynamisch* genannt werden können: Was gegenwärtig ist, war zukünftig und wird vergangen sein. Dieses *zeitliche Werden*, das Übergehen von Ereignissen aus der ferneren in die nähere Zukunft, weiter in die Gegenwart und von da in die jüngere und dann entferntere Vergangenheit, wirft Fragen auf, die, in Verbindung mit der Überzeugung, dass die *A*-Reihe gegenüber der *B*-Reihe

---

10 Cf. McTaggart 1908, dazu auch Geach 1966, van Inwagen 2002, S. 64 ff., und Fine 2005c, S. 270 ff.

die elementare, basale[11] ist, McTaggart dazu gebracht haben, für die Irrealität der Zeit zu argumentieren.

Seine Vorgehensweise lässt sich als ein Argument der Form *modus tollens* rekonstruieren:

(1) Wenn Zeit real ist, dann ist die *A*-Reihe real.

(2) Die *A*-Reihe ist nicht real.

(C) Zeit ist nicht real.

Dieses Argument ist schlüssig[12] – das Ergebnis aber stark kontraintuitiv.[13] So verwundert es nicht, dass die wenigsten Philosophen McTaggarts radikale Schlussfolgerung unterschrieben und die meisten eine der beiden Prämissen abgelehnt haben: Von den sogenannten *A*-Theoretikern[14] wird (1) akzeptiert, (2) dagegen angefochten, während die *B*-Theoretiker[15] (1) attackieren, mit (2) aber übereinstimmen.

Die *B*-Theorie besagt, dass die zeitlichen Prädikate ›vergangen‹, ›gegenwärtig‹ und ›zukünftig‹ keine Entsprechung in der »Realität« haben.

(B) There is in reality no such thing as being past, present or future.[16]

---

11 Was es heißen soll, dass die *A*-Reihe *elementarer* ist als die *B*-Reihe, bedarf der Erläuterung. Auf mögliche Antworten und Interpretationen komme ich im Zusammenhang mit dem reduktionistischen Projekt der frühen *B*-Theorie noch zurück (cf. S. 135 ff.).

12 Damit ist freilich nur ein Urteil über die (aussagen-) logische *Form* des Arguments gefällt. Wie sich zeigen wird, besteht die Hauptschwierigkeit aber darin, den *Inhalt* des Arguments, d. h. seiner Prämissen und der Konklusion, zu verstehen (erst wenn man die Prämissen *verstanden* hat, kann man darüber diskutieren, ob sie *wahr* sind) – genauer: zu verstehen, was in Bezug auf Zeit und Zeitreihen mit dem Ausdruck ›real‹ gemeint sein könnte. (Nur dadurch, dass man die *A*-Reihe statt wie oben *elementar* oder *fundamental* nun *real* nennt, wird die Sache noch nicht klarer.) Cf. etwa Fine 2005c, S. 261 f. und S. 264–270, oder Rundle 2009, z. B. S. 54 f. und S. 60 ff.: »The most pressing difficulty with sceptical claims relating to time is one of seeing how we could make sense of them if they were true.« (S. 61)

13 Nach meinen Bemerkungen in der vorangegangenen Fußnote könnte man mich fragen, wie ich einen Satz als kontraintuitiv abstempeln kann, wenn noch nicht einmal klar ist, wie er eigentlich zu verstehen ist. Dieser Einwand ist durchaus gerechtfertigt. Dennoch denke ich, dass – egal, wie man ›real‹ und ›irreal‹ versteht – die These, dass Zeit *überhaupt* irreal ist (und nicht nur ein bestimmter *Aspekt* von Zeit, wie die *A*-Reihe), befremden muss.

14 Z. B. Gale 1968, Prior 2003.

15 Z. B. Russell 1915, Goodman 1951, Williams 1951, Quine 1960, Smart 1962, Mellor 1998, Sider 2001b.

16 Mellor 1998, S. 2.

Vergangen, gegenwärtig oder zukünftig zu sein – das gibt es demnach im strengen Sinne nicht. Was es gibt, und darin unterscheiden sich die *B*-Theoretiker von McTaggart, ist die *B*-Relation von Früher und Später. Die zeitliche Struktur der »Wirklichkeit« erschöpft sich in dieser *B*-Ordnung; die »*A*-Bestimmungen« (*vergangen, gegenwärtig* und *zukünftig*) haben in ihr keinen Platz.

Was ist damit gemeint? Selbstverständlich ist es nicht die Auffassung der *B*-Theoretiker, dass Vergangenheit, Gegenwart und Zukunft auf einer Stufe mit Hexen, Halluzinationen und anderen Phantasiegebilden oder Illusionen stehen, die das Prädikat ›unwirklich‹ verdienen. Natürlich wollen sie nicht in Abrede stellen, dass unsere Rede von diesen zeitlichen Kategorien einen Bezug zur Wirklichkeit hat. Was soll es dann aber heißen, dass sie »nicht real« sind?

Die Antwort der *B*-Theorie lautet: Jene Redeweise hat sich zwar (und vielleicht sogar zwangsläufig) eingebürgert, aber *streng genommen* ist sie falsch: Was wir *eigentlich* meinen oder was dieser Ausdrucksweise *zugrunde liegt*, ist etwas anderes. Und dieses »andere« lässt sich prinzipiell für jeden Satz benennen, in dem Vergangenheit, Gegenwart oder Zukunft vorkommen: Jeder Satz, der *A*-Bestimmungen enthält, ist vollständig auf einen anderen Satz *reduzierbar*, der ausschließlich mit *B*-Relationen arbeitet.[17] Für jeden Satz vom Typ *A* lässt sich ein Satz vom Typ *B* angeben, der *dasselbe aussagt* bzw. der *dieselbe Bedeutung* hat.[18]

Wir sagen, dass Deutschland die letzte Fußball-WM gewonnen *hat* und dass es nächstes Jahr zum 87. Mal die Oscar-Verleihung geben *wird*. Was soll das anderes heißen, als dass eines dieser Ereignisse in der Vergangenheit und das andere in der Zukunft liegt? Diese Frage stellt sich bei allen *A*-Sätzen. *A*-Sätze sind Sätze, deren Wahrheitswert in Abhängigkeit von der Äußerungszeit schwanken kann: Sätze also, die temporale Adverbien (›jetzt‹, ›vorhin‹) bzw. Adjektive (›gestrig‹) enthalten und/oder[19]

---

17 Cf. etwa Sider 2001b, S. 13. Ob das Projekt der *Reduktion* – einerseits ganz allgemein, andererseits für den besonderen Fall der *A*- und *B*-Reihe – überhaupt sinnvoll ist und, wenn ja, inwiefern von einer geglückten Reduktion »metaphysische« Einsichten in die »ultimative Wirklichkeit« zu erwarten sind (cf. etwa van Inwagen 2010), kann hier nicht weiter diskutiert werden. Cf. dazu etwa Beaney 2011 sowie Hacker 1996, Kap. 4–8.

18 Ob das, was mit einem Satz *ausgesagt* wird, und die *Bedeutung* des Satzes ein und dasselbe sind, ist nicht unstrittig. Das, was mit einem (Aussage-) Satz ausgedrückt wird, bezeichnet man gewöhnlich als *Proposition*, und zumindest von manchen Philosophen wird ein Unterschied gemacht zwischen Proposition und Satzbedeutung. (Cf. etwa Künne 2003, S. 368 ff., dazu allerdings auch Schnieder 2004.) Über diese Feinheiten werde ich an dieser Stelle hinwegsehen.

19 Nicht alle Sätze, die zeitliche Attribute aufweisen, stehen im »korrekten«, d. h. dem Attribut entsprechenden Tempus. Ein Beispiel: »Morgen bin ich bereits in Paris.« Das Temporaladverb ›morgen‹ verlangt eigentlich die Zeitstufe des Futur für das Prädikat des Satzes: »Morgen *werde* ich in Paris *sein*.« Dennoch ist uns auch die Verwendung im Präsens geläufig. (Das hängt freilich auch damit zusammen, dass es im Deutschen, wie in vielen anderen Sprachen, kein flektierendes Futur, also keine eigene Verbform für dieses Tempus gibt – anders als etwa im klassischen Latein. Stattdessen wird das Futur mit dem Hilfsverb ›werden‹ gebildet. Besonders in der gesprochenen Sprache wird diese die *tempora verbi* benutzen, um *A*-Bestimmungen auszudrücken.[20] Solche Sätze werden auch als zeitlich *indexikalisch* bezeichnet. Mit demselben *A*-Satz (im Sinne eines Satz-*Typs*) kann zu verschiedenen Zeiten (mithin durch verschiedene Satz-*Token*) einmal etwas Wahres und ein anderes Mal etwas Falsches ausgedrückt werden.[21] Klassische Beispiele sind Sätze wie »Es regnet«, »Morgen ist Montag« etc. Bei strahlendem Sonnenschein geäußert, drückt ersterer eine Unwahrheit aus, und mit letzterem sagt man nur an Sonntagen etwas Wahres. *B*-Sätze dagegen haben einen festen Wahrheitswert, d. h. die Token eines *B*-Satz-Typs sind entweder sämtlich wahr oder sämtlich falsch. *B*-Sätze sind beispielsweise »Arthur Priors Todesjahr ist 1969«, »Die Regierungszeit von Queen Victoria liegt vor der Regierungszeit von Queen Elizabeth I.« usw.[22]

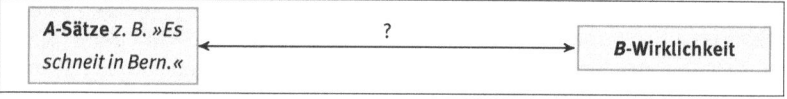

Abb. 8.1. Sprache und Welt in der *B*-Theorie

Form aber eher selten verwandt, und man behilft sich anderweitig: z. B. durch die Verbindung eines Temporalattributs wie ›morgen‹ mit der Präsensform des Verbs.)

20 Jeder vollständige Satz enthält ein (grammatisches) Prädikat, und jedes Prädikat hat ein Tempus, aber nicht immer zeigt dieses Tempus eine *A*-Bestimmung an. »Zwei plus zwei ist vier« ist grammatikalisch gesehen ein Satz im Präsens, aber am Ergebnis dieser Addition wird sich nie etwas ändern. (Zu Identitätsaussagen über abstrakte Objekte cf. Abschnitt 4.2, S. 48.) Ein solcher Satz lässt nicht offen, ob er schon in der Vergangenheit Gültigkeit gehabt hat und ob er auch zukünftig noch gelten wird. Ganz anders dagegen der folgende Satz: »Die Hamburger Generalmusikdirektorin ist Simone Young.« Aber nicht nur das Präsens weist diese Ambiguität auf. Zumindest in der Umgangssprache greifen wir gelegentlich auch auf andere Zeitstufen zurück, um zeitlose Wahrheiten zu formulieren. Jemand, der sich an seinen lange zurückliegenden Mathematikunterricht zu erinnern versucht, könnte ausrufen: »Ach ja, die Fläche eines Kreises war doch πr^2, oder?« Das dürfte aber kaum so gemeint sein, dass sich die Formel für die Kreisfläche vielleicht in der Zwischenzeit geändert hat.

21 Die Terminologie von *Typ* (engl.: *type*) und *Token* geht auf Peirce zurück: cf. Peirce 1998, § 537 (S. 423 f.).

22 Kontrovers ist, wie Äußerungen solcher Sätze zu behandeln sind, wenn sie *vor* den Ereignissen gemacht werden, von denen sie handeln. Wenn jemand im Jahre 1968 prophezeit hätte »Priors Todesjahr ist 1969«, hätte er dann etwas Wahres oder Falsches gesagt – oder weder das eine noch das andere? Diese Auseinandersetzung über den Status von Aussagen über die Zukunft – ob als *A*- oder *B*-Satz formuliert – brauche ich hier allerdings nicht weiter zu berücksichtigen, da für meine Zwecke nur relevant ist, woraus die Probleme resultieren, mit denen *B*-Theoretiker bei der Analyse des *Vergangenheitsbezugs* konfrontiert sind. (Zur Diskussion über *future contingents* cf. etwa Øhrstrøm und Hasle 2011.)

Der *B*-Theoretiker muss dem Phänomen der *A*-Sätze gerecht werden. Er muss erklären, wie wir uns mit zeitlichen Charakterisierungen, wie sie für *A*-Sätze spezifisch sind, auf eine Welt beziehen können, die nur *B*-Relationen aufweist. Und zu diesem Zwecke versucht er zu zeigen, wie man im Prinzip für jedes Vorkommnis eines *A*-Satzes einen bedeutungsgleichen *B*-Satz finden und so die *A*-Reihe auf die *B*-Reihe reduzieren kann. Die allgemeine These (B) wird also präzisiert durch die These, dass man für jede Äußerung eines *A*-Satzes[23] eine *Paraphrase* in Form eines *B*-Satzes angeben kann, mit dem dasselbe ausgedrückt wird wie mit der Äußerung des *A*-Satzes:

(B₁)   Für jedes *A*-Satz-*Token* gibt es einen bedeutungsgleichen *B*-Satz.

Die Frage ist nun natürlich, wie eine solche Reduktion aussehen könnte, d. h. was geeignete *B*-Sätze für die Paraphrasierung von *A*-Satz-*Token* wären.[24] Eine ganz allgemeine Minimalanforderung dafür, dass mit zwei Äußerungen dasselbe ausgesagt wird, scheint zu sein, dass beide dieselben *Wahrheitsbedingungen* haben: Wenn eine Situation möglich ist, in der mit der einen Äußerung etwas Wahres und mit der anderen etwas Falsches gesagt wird, dann kann mit den Äußerungen nicht dasselbe ausgedrückt sein. Im Falle der »Übersetzung« von *A*-Satz-Äußerungen scheint also das Mindeste, das man von einer *B*-Paraphrase verlangen kann, zu sein, dass die zeitlichen Verhältnisse, die im ursprünglichen Satz mithilfe von *A*-Bestimmungen ausgedrückt wurden, in irgendeiner Form erhalten bleiben – so dass klar wird, warum im Originalsatz gerade diese und keine anderen *A*-Bestimmungen Verwendung fanden. Mit anderen Worten: Die Herausforderung für die *B*-Paraphrasierung besteht darin zu erklären, warum uns Ereignisse als vergangen, gegenwärtig oder zukünftig »erscheinen«, wenn sie es in Wirklichkeit gar nicht sind, und somit die vielen Sätze, mit denen wir auf diese Zeitebenen Bezug nehmen, *B*-theoretisch zu analysieren. Im Wesentlichen sind zwei Strategien angewandt worden, um diesen Anforderungen gerecht zu wer-

---

23 Statt von einer Äußerung wird häufig auch von einem *Token* (eines *A*-Satz-*Typs*) gesprochen (s. o.), um klarzumachen, dass mit ›Äußerung‹ hier nicht ein (Sprech-) *Akt* gemeint ist, sondern ein Vorkommnis, eine Instanz, ein Exemplar eines Satztyps – cf. Künne 2003, S. 265 und 271, Fn. 66.
24 Das ist nicht die einzige Frage, die sich stellt. Selbst wenn eine solche »Übersetzung« von einer »Sprache«, die *A*-Bestimmungen kennt, in eine andere, von jeglichen *A*-Bestimmungen freie Sprache möglich ist, so bleibt die Frage offen, welche der beiden Sprachen – wenn überhaupt eine – den *Vorrang* hat, d. h. welche die *elementare* oder *grundlegende* ist und insofern die Welt so repräsentiert, wie sie »wirklich« ist. Manche sehen ein solches *Primat* der *B*-Reihe dadurch erwiesen, dass man eine »vollständige Beschreibung der Wirklichkeit« (zu diesem Begriff cf. etwa Dummett 1960, S. 501 ff., und, kritisch, Rundle 2009, S. 45) allein mit *B*-Sätzen geben könne. Aber damit wäre noch nicht gezeigt, dass eine solche vollständige Beschreibung der Wirklichkeit nicht auch unter ausschließlicher Verwendung von *A*-Sätzen möglich wäre – cf. etwa Fine 2005c, S. 264. So lange diese Frage nicht geklärt ist, bleibt die Charakterisierung einer *A*-nach-*B*-Übersetzung als *Reduktion* ein bloßes Postulat.

den.[25] Die erste bedient sich einer Datumsangabe. Die andere wird als »*token*-reflexiv« bezeichnet, weil sie auf die Äußerung selbst Bezug nimmt.[26]

Wenn jemand am Neujahrstag 2011 um drei Uhr nachmittags feststellt »Es schneit in Bern«, so könnte man das, was er mit diesem *A*-Satz gesagt hat, durch einen *B*-Satz auszudrücken versuchen, der eine Datumsangabe enthält – z. B. »Am 1. 1. 2011 (n. Chr.) um 15 Uhr (Ortszeit) schneit[27] es in Bern«. Dieser *B*-Satz ist wahr genau dann, wenn das, was zur besagten Zeit mit dem *A*-Satz »Es schneit in Bern« ausgedrückt wird, wahr ist. Die Forderung, dass die Wahrheitsbedingungen dieselben sein sollen, ist also erfüllt.

Nach der zweiten Methode, der *token*-reflexiven Paraphrasierung, könnte man den Beispielsatz überführen in einen *B*-Satz wie »Zur Zeit dieser Äußerung schneit es in Bern« (Abb. 8.2).[28]

Es lässt sich eine ganze Reihe von Einwänden dagegen vorbringen, dass man *A*-Sätze auf diese Weise paraphrasieren (und die *A*-Bestimmungen dadurch eliminieren) kann.[29] Für uns ist ein Argument von besonderem Interesse, das Arthur Prior gegen die Übersetzbarkeit von *A*-Sätzen entwickelt hat – nicht nur, weil es von großem Einfluss auf die Debatte war, sondern auch, weil es darin um eine Situation geht, für die, wie bei Erinnerungen auch, der *Vergangenheitsbezug* von zentraler Bedeutung ist. Dieses Argument soll deshalb im nächsten Abschnitt eingehend untersucht wer-

---

25 Cf. etwa Müller 2002, S. 194 ff.

26 Die Theorie der *Token*-Reflexivität wird gemeinhin mit dem Namen Reichenbach assoziiert: cf. Reichenbach 1947, § 50. In gewisser Weise hat allerdings Moore diesen Ansatz vorweggenommen – cf. Moore 1907/8, S. 135 f., und Moore 1927, S. 71. Cf. dazu auch Künne 2003, S. 274 und 279.

27 Das Wort ›schneit‹ in diesen Sätzen ist dann natürlich zeitlos zu verstehen, ungefähr vergleichbar dem Wort ›ist‹ in Sätzen wie »Zwei plus zwei ist vier«. Um Missverständnisse zu vermeiden, könnte man auch eine halbformale Schreibweise wählen, die einen Ereignistyp benennt und mit zwei Parametern für Ort und Zeit versieht: (Schneien, Bern, 1. 1. 2011 15.00 Uhr MEZ).

28 Die *token*-reflexive Methode hat mit ganz eigenen Problemen zu kämpfen, auf die hier jedoch nicht weiter eingegangen werden kann. Nur so viel sei gesagt: Diese Methode ersetzt die eine Art von Indexikalität (zeitliche Indexikalität) durch eine andere (die Indexikalität von Demonstrativa wie ›dieser‹, mit denen die Äußerung auf sich selbst »zeigt«). Dadurch behält einerseits die Paraphrase als Satz (-Typ) den veränderlichen Wahrheitswert des paraphrasierten Satzes bei – mit dem Satz »Zur Zeit dieser Äußerung schneit es in Bern« kann zu einer Zeit etwas Wahres und zu einer anderen Zeit etwas Unwahres ausgesagt werden – und taugt somit nicht als *B*-Satz, für den doch gerade der *unveränderliche* Wahrheitswert charakteristisch ist. Als Paraphrase käme also nur das *Token* des *token*-reflexiven Satzes in Frage, nicht der Satz-Typ. Wenn man andererseits den Satz »Zur Zeit dieser Äußerung ... « doch nicht als reflexiv auffasst, sondern so, dass mit etwaigen Äußerungen dieses Satz-Typs am 2., 3. und 4. Januar immer auf *dieselbe* Äußerung (nämlich die vom 1. Januar um 15 Uhr) Bezug genommen wird (statt jeweils auf sich selbst – nichts anderes heißt ja ›reflexiv‹ –, nämlich auf die vom 2., 3. bzw. 4. Januar), dann stellt sich die Frage, wie diese stabile Bezugnahme möglich ist, ohne doch wieder z. B. eine Datumsangabe zu implizieren (»die Äußerung vom 1. Januar um 15 Uhr«). Cf. etwa Rundle 2009, S. 51 f.

29 Cf. etwa Müller 2002, S. 194 ff., und Künne 2003, S. 272 ff.

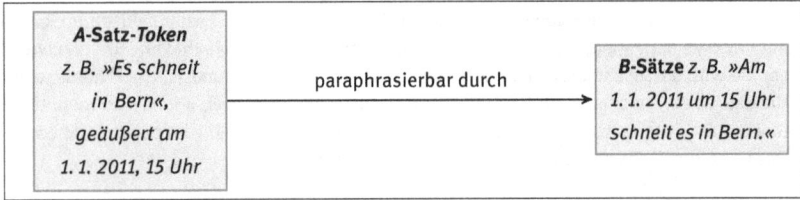

Abb. 8.2. Die frühe *B*-Theorie – Paraphrasierung

den. Bekannt geworden ist es unter dem Titel von Priors berühmtem Aufsatz »Thank Goodness That's Over«, in dem es zum ersten Mal dargestellt wird.[30]

8.2 Das *Thank-Goodness*-Argument gegen die frühe *B*-Theorie

Prior macht sich den Umstand zunutze, dass *A*-Sätze für uns von großer Bedeutung sind, wenn es darum geht, Handlungen und Emotionen zu erklären. Viele Verhaltensweisen und gefühlsmäßigen Reaktionen scheinen nur dadurch verständlich, dass Personen Überzeugungen darüber haben, ob bestimmte Ereignisse vergangen oder gegenwärtig oder zukünftig sind. Die Erleichterung eines Examenskandidaten nach Ablegen der letzten Prüfung erklärt sich daraus, dass die Prüfung *vorbei* ist (und der Prüfling darum weiß).[31] Und das plötzliche Aufspringen des Professors von seinem Stuhl verwundert nicht, wenn er unmittelbar vorher zur Uhr geschaut und festgestellt hat, dass es schon zwölf Uhr ist und somit die Besprechung beginnt.[32]

Wenn die *A*-Sätze, die wir verwenden, um unsere Handlungen zu begründen (mit dem *A*-Satz »Die Besprechung beginnt *jetzt*« wird das Aufspringen begründet) oder unsere Emotionen zu erklären (mit dem *A*-Satz »Die Prüfung ist *vorbei*« wird die Erleichterung erklärt), durch *B*-Sätze ausgetauscht werden können, die dasselbe aussagen (z. B. »Die Besprechung beginnt am 20. 3. 1978 um 12 Uhr« oder »Die Prüfung ist vor dem 15. 6. 1954«), dann, sollte man meinen, müssen diese *B*-Sätze auch dazu taugen, die fraglichen Handlungen und Emotionen zu begründen, zu rechtfertigen oder zu erklären. Aber genau daran scheitern die *B*-Paraphrasen:

---

30 Für eine ausführliche Rekonstruktion dieses Arguments sowie seine Verteidigung gegen die *B*-Theorie und insbesondere den Ansatz von Mellor cf. Müller 2002, S. 193 ff. In eine ähnliche Richtung weisen auch Wittgensteins Bemerkungen über den Unterschied zwischen der Rede über gegenwärtige und der Rede über vergangene Schmerzen – cf. Wittgenstein 1980, Bd. I, § 479, und Wittgenstein 1982a, § 899. Cf. dazu auch Cockburn 1997, S. 24 ff., Cockburn 1998, S. 82 ff., sowie Rundle 2009, S. 81.
31 Das Beispiel einer Prüfung verwendet Prior in einem späteren Text, cf. Prior 1996a.
32 Cf. Perry 1979, S. 4.

One says, e.g. 'Thank goodness that's over!', and not only is this, when said, quite clear without any date appended, but it says something which it is impossible that any use of a tenseless copula with a date should convey. It certainly doesn't mean the same as, e.g. 'Thank goodness the date of the conclusion of that thing is Friday, June 15, 1954', even if it be said then. (Nor, for that matter, does it mean 'Thank goodness the conclusion of that thing is contemporaneous with this utterance'. Why should anyone thank goodness for that?)[33]

Prior geht von alltäglichen Sätzen wie

(G)   Gott sei Dank, das ist vorbei![34]

aus und beschäftigt sich dann mit der *Bedeutung* solcher Sätze. Genauer: Er nennt zwei Bedeutungen, die der genannte Satz jedenfalls *nicht* hat: nämlich die Bedeutung von

(G$_1$)   Gott sei Dank, das Datum der Beendigung dieser Sache ist der 15. 6. 1954!

und die Bedeutung von

(G$_2$)   Gott sei Dank, die Beendigung dieser Sache ist gleichzeitig mit dieser Äußerung!

Die anschließende rhetorische Frage gibt den *Grund* dafür an, dass die zweite Bedeutung nicht in Frage kommt: Warum sollte ich über die Gleichzeitigkeit meiner Äußerung mit dem Ende des fraglichen Ereignisses erleichtert sein? Und entsprechend kann man fragen: Warum sollte ich darüber erleichtert sein, dass die Beendigung des Ereignisses auf ein bestimmtes Datum fällt?

Diese *Art der Begründung* ist in unserem Zusammenhang das eigentlich Interessante an Priors Argument. Er verwirft die beiden Paraphrasierungen, *weil* sich mit ihnen nicht mehr erklären lässt, warum jemand erleichtert ist. Betrachten wir den

---

33 Prior 1959, S. 17.

34 Einfachheitshalber habe ich die Sätze ins Deutsche übertragen. Die Wendung »Gott sei Dank« ist dabei so »säkularisiert« zu verstehen, wie sie heute zumeist gebraucht wird – gewöhnlich will man damit keine religiöse Einstellung implizieren. Genau wie beim englischen »Thank goodness« geht es hier eher um *Erleichterung* als um *Dankbarkeit*.

Satz (G) genauer: Er setzt sich zusammen aus einem Ausruf der Erleichterung (»Gott sei Dank, ...«) und einem *A*-Satz, der angibt, worauf sich diese Erleichterung bezieht:

(V)   Das ist vorbei.

Das explanatorische Potential, das der eingebettete Satz für die emotionale Reaktion der Erleichterung bietet, geht bei seinen Übertragungen

(V_1)   Das Datum der Beendigung dieser Sache ist der 15. 6. 1954.

und

(V_2)   Die Beendigung dieser Sache ist gleichzeitig mit dieser Äußerung.

verloren. Auf die Frage »Warum bist Du denn so erleichtert?« ist es ganz natürlich zu antworten »Die Prüfung ist vorbei«. Dagegen dürfte eine Antwort wie »Das Ende der Prüfung ist am ...« oder »Das Ende der Prüfung ist gleichzeitig mit dieser Äußerung« beim Fragenden wohl eher ein Stirnrunzeln hervorrufen.

8.2.1 Das Prinzip der Wahrung der Erklärungskraft

Aus Priors Argument lässt sich also gleichsam ein Adäquatheitskriterium für Bedeutungsgleichheit von Sätzen (genauer: von Satz-*Token*) – und damit für Paraphrasierung – herauslesen:

(Expl)   Wenn die Satz-*Token* s und s' dasselbe ausdrücken, dann gilt: Wenn s die Emotion x erklären kann, dann kann das auch s' (und umgekehrt).

Die Variable s steht für Sätze wie (V), x für Emotionen wie die Erleichterung, die sich in dem Ausruf »Gott sei Dank« Luft macht.[35] Mit (V) lässt sich diese Erleichterung

---

[35] Solche oder ähnliche Prinzipien sind nicht auf die Emotion der Erleichterung beschränkt, sondern dürften sich problemlos auch auf andere erstpersonale Einstellungen wie etwa Bedauern (*regret*) übertragen lassen – cf. dazu bspw. Betzler 2004.

erklären: Uns leuchtet ein, dass jemand erleichtert ist, wenn er den Grund für seine Erleichterung mit (V) angibt.

Für (V₁) und (V₂), die vorgeschlagenen *B*-Paraphrasen, trifft das aber nicht zu: Somit erfüllen sie das Kriterium (Expl) nicht. Die Erklärungskraft geht bei der Paraphrasierung verloren. Es ist uneinsichtig, warum mir die bloße Datierung eines Ereignisses einen Grund für Erleichterung liefern sollte.[36] Ebensowenig können irgendwelche Überzeugungen, die eine Person über die zeitliche Relation zwischen dem Ende dieses Ereignisses und einer bestimmten Äußerung hegen mag, ihre emotionalen Reaktionen erklären.

Indem wir das Prinzip (Expl) auf den vorliegenden Fall anwenden, ergibt sich also das folgende Argumentschema (die Form ist *modus tollens*):

(1)   Mit (V) kann Erleichterung erklärt werden.

(2)   Mit (V₁) kann Erleichterung nicht erklärt werden.

(3)   Wenn mit (V) Erleichterung erklärt werden kann und (V₁) dasselbe ausdrückt wie (V), dann kann auch mit (V₁) Erleichterung erklärt werden.

∴ **(4)**   (V₁) ist keine Paraphrase von (V).

Dasselbe lässt sich für (V₂) durchspielen. Keine der beiden *B*-Paraphrasen kann akzeptiert werden. Wenn das also die einzigen möglichen Paraphrasierungen sind, die von der *B*-Theorie angeboten werden können, dann scheint diese Theorie damit – zumindest in der Gestalt von (B₁)[37] – widerlegt.

Fassen wir den Argumentationsgang noch einmal zusammen: Wenn die *B*-Reihe real und die *A*-Reihe irreal ist, dann heißt das, so sagt die frühe *B*-Theorie, dass man für jede Äußerung eines *A*-Satzes einen *B*-Satz benennen kann, mit dem dasselbe ausgesagt wird wie mit der Äußerung des *A*-Satzes. Für eine solche Paraphrasierung gibt es zwei Möglichkeiten: entweder arbeitet man mit einer Datumsangabe oder mit *Token*-Reflexivität. Prior findet nun ein Gegenbeispiel: einen *A*-Satz, der sich nicht durch einen bedeutungsgleichen *B*-Satz austauschen lässt. Weder die Übersetzung vermittelst der Datumsangabe noch die *token*-reflexive Version liefert ein Ergebnis, das Priors Kriterium für Bedeutungsgleichheit erfüllt: die Wahrung der Erklärungskraft. Damit ist die These widerlegt, dass man jede Äußerung eines *A*-Satzes durch einen *B*-Satz paraphrasieren kann – und wenn das eine notwendige Bedingung für das Primat der *B*-Reihe vor der *A*-Reihe ist, dann ist auch dieses widerlegt.

---

36 Den Termin der Prüfung kannte der Prüfling auch schon *vor* der Prüfung, und also wusste er auch, wann die Prüfung vorbei sein würde. Vor der Prüfung war dieses Wissen aber durchaus kein Grund für Erleichterung. Cf. Mellor 1998, S. 40, Perry 1979, S. 4.

37 Cf. S. 137.

Genau an diesem Punkt, also der Möglichkeit der Paraphrasierung als Bedingung für den Vorrang der *B*-Reihe, setzen die *B*-Theoretiker nun an, um ihre Position doch noch zu retten: Sie geben die Paraphrasierungsthese als zu stark auf und buchstabieren die Irrealität der *A*-Reihe auf eine andere, zurückhaltendere Weise aus.

Dass mit unserem *Token* von (V) nicht dieselbe Proposition ausgedrückt wird wie mit (V$_1$), lässt sich auch unabhängig von Prinzipien wie (Expl) zeigen.[38] Von der Paraphrasierungsthese (B$_1$)[39] müsste sich die *B*-Theorie also ohnehin verabschieden. Aber vielleicht ist die *B*-Theorie trotzdem noch zu retten. Vielleicht kann man plausibel machen, wie es in einer Wirklichkeit, die nur *B*-Relationen aufweist, trotzdem *A*-Sätze und -Gehalte geben kann, die nicht auf *B*-Sätze reduziert werden können. Dazu wäre es wichtig, genauer zu explizieren, was es heißt, *mit einem Satz* eine emotionale Reaktion oder eine Handlung zu erklären. Dass man mit dem Satz (V) die Emotion der Erleichterung erklären kann, heißt nicht: Dass ... vorbei ist – also der bloße *Fakt* oder *Sachverhalt*, der mit (V) bezeichnet wird –, erklärt die Erleichterung, die Arthur am 15. Juni 1954 empfunden hat. Was diese Erleichterung erklärt, ist vielmehr sein *Wissen* um diesen Fakt, seine *Überzeugung*, dass ... vorbei ist. Der Satz (V) erklärt Arthurs Erleichterung also nur insofern, als sich in ihm diejenige Überzeugung ausdrückt, die diese Erleichterung begründet, verursacht oder erklärt.[40]

Diese Einsicht, dass die Erklärung für emotionale Einstellungen nicht in irgendwelchen Propositionen noch in irgendwelchen Fakten liegt, sondern in Überzeugungen (die richtig oder falsch sein können), gibt den jüngeren *B*-Theoretikern wie Hugh Mellor die Mittel an die Hand, ihre Position gegen Priors *Thank-goodness*-Argument zu verteidigen.[41] Um diese neue Ausgestaltung der *B*-Position soll es im folgenden Abschnitt gehen.

---

38 Cf. S. 138, Fn. 29.

39 Cf. S. 137.

40 Hier werden drei ganz unterschiedliche Relationen zwischen Sätzen, Propositionen oder Überzeugungen auf der einen Seite und emotionalen Reaktionen oder Handlungen auf der anderen Seite »in einen Topf geworfen«, zwischen denen aber je nach Zusammenhang sehr genau differenziert werden muss: Dass jemand zu einer bestimmten Überzeugung gelangt (deren Inhalt eine Proposition ist), kann bei ihm gewisse gefühlsmäßige Reaktionen oder auch Handlungen *verursachen*. Aus der Außenperspektive betrachtet, *erklärt* die Überzeugung dann die Reaktionen. Und schließlich kann eine wahre Proposition (manche würden vorziehen: der »entsprechende« Fakt) einen *Grund* für Handlungen oder Emotionen darstellen (unabhängig davon, ob die betreffende Person darum weiß oder nicht).

41 Zur Entwicklung der neuen *B*-Position als Reaktion auf Priors Argument cf. etwa MacBeath 1994, Mellor 1994 sowie Mellor 1998, S. xii und 41.

8.3 Die neue *B*-Theorie

Nachdem die »alte« *B*-Theorie, derzufolge sich jeder *A*-Satz prinzipiell in einen bedeutungsgleichen *B*-Satz übersetzen lässt, *ad absurdum* geführt worden war, musste eine neue Möglichkeit gefunden werden, das Verhältnis zwischen *A*-Sätzen und *B*-Wirklichkeit zu analysieren – wenn das Projekt einer *B*-Theorienicht ganz aufgegeben werden sollte (und das ist für eine *B*-Theoretikerin, die McTaggarts Argument für die Irrealität der *A*-Reihe akzeptiert, natürlich keine Option). Hugh Mellor als einer der wichtigsten *B*-Theoretiker hat das über den Begriff des *Fakts* getan. Dass die Wirklichkeit eine *B*-Wirklichkeit ist, heißt für ihn, dass die Fakten, aus denen sich die Wirklichkeit konstituiert, sämtlich *B*-Fakten sind – d. h. Fakten über *B*-Relationen (früher/später/gleichzeitig). Mit anderen Worten: *A*-Fakten (z. B. einen Fakt, dass mein 30. Geburtstag in der Vergangenheit liegt), gibt es im strengen Sinne[42] gar nicht. Die Beziehung zwischen *A*-Sätzen und *B*-Wirklichkeit wäre dann so zu beschreiben, dass alle *A*-Sätze (im Sinne von *A*-Satz-*Token*) – und damit auch alle Überzeugungen, deren Inhalte ihren Ausdruck in *A*-Sätzen finden – von *B*-Fakten *wahr gemacht* werden.[43]

> What we disagree about is whether *A*-facts or *B*-facts – in the substantial sense of 'fact' for which I now argue explicitly – make temporal beliefs true.[44]

Die neue *B*-Theorie könnte die allgemeine These (B)[45] also folgendermaßen präzisieren:

(B₂) Alle *A*-Satz-*Token* haben *B*-Fakten als Wahrmacher.[46]

---

42 Fakten müssten hier in einem spezifisch »metaphysischen Sinn« verstanden werden. In einem gewissen Sinn kann auch die *B*-Theoretikerin zugestehen, dass es *A*-Fakten gibt – z. B. den Fakt, dass die Prüfung vorbei ist. Aber sie grenzt sich darin von der *A*-Theorie ab, dass sie auf der »fundamentalen Ebene der Wirklichkeit« ausschließlich *B*-Fakten zulässt. Cf. Fine 2005c, S. 267 ff. (Mellor deutet so etwas an, wenn er an der im Folgenden zitierten Stelle von einem »substantial sense of 'fact'« spricht.)
43 Sider formuliert die Position nicht anhand von Wahrmachern, sondern anhand von *Wahrheitsbedingungen*: »The leading idea for the reduction of tense is that *tokens* of tensed sentence types, whether uttered or thought, can be given tenseless truth conditions.« (Sider 2001b, S. 13) Auf den Unterschied wird ggf. an späterer Stelle einzugehen sein.
44 Mellor 1998, S. xi.
45 Cf. S. 134.
46 Ob es überhaupt so etwas wie Wahrmacher (*Truth-Makers*) gibt und, falls ja, ob diese Wahrmacher *Fakten* sind, ist kontrovers. Mellor bejaht beides, Armstrong 1997 ebenfalls (was Mellor entgangen zu sein scheint, wohl weil Armstrong von *states of affairs* spricht, wo er Fakten meint, während Mellor diesen Ausdruck – wie die meisten von uns – für *Sachverhalte* reserviert und als *facts* nur diejenigen

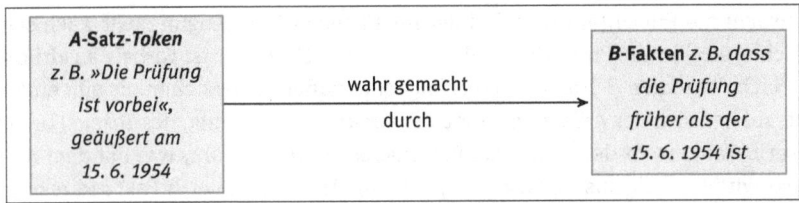

Abb. 8.3. Die neue *B*-Theorie – Wahrmacher

Damit ist dem Argument von Prior gegen die *B*-Theorie erst einmal der Boden entzogen. Es greift nur, wenn sich diese auf bedeutungsgleiche *A*- und *B*-Sätze festlegt; aber diesen Anspruch erhebt die neue *B*-Theorie gar nicht mehr. Möglicherweise kann man Priors Argument jedoch modifizieren, so dass der Grundgedanke erhalten bleibt, aber die Ausformulierung der neuen *B*-Theorie angepasst wird. Das hieße, dass man das Prinzip von der Wahrung der Erklärungskraft, das ich aus Priors Argumentation herausgelesen habe, nicht mehr nur auf die *Bedeutung* von Sätzen bezieht, sondern auf die *Fakten* ausweitet, die durch die Sätze bezeichnet werden sollen und die darüber entscheiden, ob die Sätze wahr oder falsch sind.[47]

Wenden wir also zunächst Mellors Modell von *B*-Fakten, die *A*-Satz-*Token* als Wahrmachern dienen, auf Priors Beispiel an und schauen dann, was diese Analyse für die Erklärbarkeit der emotionalen Reaktionen nach sich zieht. Arthur ist am 15. Juni 1954 erleichtert, dass seine Prüfung vorbei ist (nehmen wir an, sie hat am 14. stattgefunden). Er verleiht seiner Erleichterung Ausdruck, indem er sagt: »Gott sei Dank, das ist vorbei!« Mit dem eingebetteten *A*-Satz »Das ist vorbei« oder »Die Prüfung ist vorbei« gibt er gleichzeitig den *Grund* für seine Erleichterung an – und *erklärt* sie damit dem Außenstehenden. Seine *Überzeugung*, dass die Prüfung vorbei ist,

---

Sachverhalte bezeichnet, die *bestehen* (engl.: *obtain*). Cf. Mellor 1998, S. 26, dazu auch Künne 2003, S. 158.). Zu Wahrmachern allgemein cf. Mulligan et al. 1984, aber auch Melia 2005.

47 Man kann hier also drei Ebenen unterscheiden: erstens die Ebene der *Sätze*, zweitens die Ebene der *Bedeutungen* der Sätze (manche würden es vorziehen, hier von *Propositionen* zu sprechen) und drittens die Ebene der *Fakten*, die das, was die Sätze bedeuten, *wahr machen* (oder falsch machen). Auf der ersten Ebene, der Oberflächenebene gewissermaßen, gibt es (u. a.) *A*-Sätze – das lässt sich nicht leugnen. Auf der »fundamentalen« Ebene der Fakten gibt es laut der *B*-Theorie nur *B*-Fakten – darauf ist sowohl die frühe als auch die neue *B*-Theorie festgelegt, denn nichts anderes heißt es, eine *B*-Theorie zu vertreten: darauf zu bestehen, dass die grundlegende Ebene der »Wirklichkeit« (sprich: die Ebene der *Fakten*) lediglich eine *B*-Struktur hat. Worin sich die frühe von der neuen *B*-Theorie unterscheidet, ist die *mittlere* Ebene: Die frühe *B*-Theorie war insofern »stärker«, als sie auch auf dieser Ebene der Satzbedeutungen nur eine *B*-Struktur zugelassen hat. Die neue *B*-Theorie hingegen musste zugestehen, dass es auch *A*-Propositionen gibt, und ist in diesem Sinne »schwächer«.

verursacht die Erleichterung.[48] Und der Inhalt seiner Überzeugung (wie auch seiner Erleichterung) ist die Proposition, die er mit dem *A*-Satz »Das ist vorbei« ausdrückt.[49]

Nach der neuen *B*-Theorie ist das folgendermaßen zu verstehen: Es gibt einen *B*-Fakt, auf den sich der *A*-Satz (im Sinne der konkreten Äußerung, des *Tokens*) bezieht. Dieser *B*-Fakt macht den *A*-Satz wahr. Genauer: Er macht wahr, was mit dem *A*-Satz gesagt wird (i. e. die ausgedrückte *Proposition*). Also macht der *B*-Fakt indirekt auch den *Satz* wahr. Und schließlich macht er – wiederum indirekt – auch die *Überzeugung* wahr, die besagte Proposition zum Inhalt hat.[50]

Nun geht es darum herauszufinden, *welcher B*-Fakt dafür in Frage kommt, den *A*-Satz »Die Prüfung ist vorbei«, geäußert am 15. 6. 1954, wahr zu machen. Ist es vielleicht der Fakt, dass die Prüfung vor dem 15. 6. 1954 stattfindet? Oder der Fakt, dass die Äußerung später ist als die Prüfung? Diese Fakten sind natürlich genau die Fakten, die jene *B*-Paraphrasen, die wir im vorausgegangenen Abschnitt erwogen und verworfen haben, bezeichnen. Und – wie wir schon in diesem letzten Abschnitt gesehen haben – geben diese Fakten zugleich die *Wahrheitsbedingungen* des *A*-Satz-*Tokens* vom 15. 6. 1954 an.

Aber kann sich die *B*-Theoretikerin auf diese Weise wirklich dem Argument von Prior entziehen? Freilich – sie kann sagen: Die *Bedeutung* des *A*-Satzes, den Arthur verwendet, um seine Erleichterung zu erklären, ist eine andere als die Bedeutung der *B*-Sätze, die wir in Betracht gezogen haben und die die Wahrheitsbedingungen des *A*-Satz-*Tokens* benennen. Aber damit kann ich leben; denn ich behaupte ja lediglich, dass die Fakten, die in jenen *B*-Sätzen zum Ausdruck kommen, die *Wahrmacher* für die Äußerung des *A*-Satzes sind – nicht aber, dass die *B*-Sätze und das *A*-Satz-*Token* dasselbe bedeuten.

Diese Trennung von Satzbedeutung, Wahrheitsbedingungen und wahr machenden Fakten kann man allerdings hinterfragen. Denn natürlich meint Prior nicht, dass die Erklärung von Arthurs Erleichterung völlig unabhängig von der Faktenlage »in der

---

48 Noch einmal: Es ist *nicht* der Fakt (des Vorbeiseins), der die Erleichterung bewirkt – oder nur indirekt. Zwar führt, wenn »alles gut läuft«, die Tatsache des Vorbeiseins dazu, dass Arthur Kenntnis von ihr erhält, was wiederum die Erleichterung hervorruft. Aber der Fakt selbst ist weder notwendig noch hinreichend für die Erleichterung: Wenn der Fakt besteht, aber Arthur aus irgendwelchen Gründen nicht davon weiß oder er ihm nicht bewusst ist oder Arthur sich einfach im Irrtum über die Lage der Dinge befindet, dann wird er nicht erleichtert sein – *obwohl* der Fakt besteht. Und wenn umgekehrt der Fakt *nicht* besteht, Arthur aber einem Irrglauben aufsitzt und *meint*, er bestünde, dann wird er dennoch mit Erleichterung reagieren – obwohl der Fakt nur ein vermeintlicher ist.

49 Im Gegensatz zu anderen Philosophen, für die alle Propositionen einen unveränderlichen Wahrheitswert haben, erlaubt Mellor neben *B*- auch *A*-Propositionen, d. h. Propositionen, die zu einer Zeit wahr und zu einer anderen Zeit falsch sein können – cf. etwa Mellor 1998, S. 26.

50 Das alles ist durchaus vereinbar mit der Auffassung, dass Propositionen die primären Wahrheitsträger sind – und damit das, was primär wahr gemacht werden kann. Diese Auffassung hindert uns nicht daran, in einem abgeleiteten Sinne auch Sätze und Überzeugungen als wahr respektive falsch zu betrachten. Cf. etwa Künne 2003, S. 249 ff.

Welt« sein sollte und sich einfach nur auf eine von Arthurs Überzeugungen stützen muss, die aber in keinerlei Zusammenhang zur Wirklichkeit zu stehen braucht. Dass Fälle denkbar sind, in denen sich Arthur über seine Situation *täuscht* und deshalb erleichtert ist, wo kein Grund vorliegt, oder aber keine Erleichterung verspürt, obwohl es angemessen wäre, ändert natürlich nichts daran, dass in den wünschenswerten Fällen, in denen Arthurs Erleichterung *gerechtfertigt* ist, Übereinstimmung herrschen muss zwischen der Überzeugung von Arthur, die seine Erleichterung bewirkt, und der Realität. Das heißt aber nichts anderes, als dass es die *Fakten* sind, die eine Emotion wie Erleichterung rechtfertigen – oder eben nicht. So könnte man Priors Argument also modifizieren, indem man das Prinzip der Wahrung der Erklärungskraft (*explanatory force*) in ein Prinzip der Wahrung der Rechtfertigungskraft (*justificatory force*) umwandelt:

(Just)   Wenn die Emotion x mit dem *A*-Satz-*Token* s erklärt wird und der Fakt f der Wahrmacher von s ist, dann ist immer dann, wenn f besteht, x gerechtfertigt.

Wenn der Fakt, der Arthurs *Token* von »Die Prüfung ist vorbei« wahr macht, gleichzeitig den Grund für seine Erleichterung darstellen soll, dann muss dieser Fakt solcherart sein, dass verständlich wird, warum zu *anderen* Zeiten (oder allgemeiner, in anderen Situationen) *kein* Grund für diese Emotion besteht. Damit scheidet z. B. der Fakt, dass die Prüfung am 14. 6. 1954 (oder allgemeiner: *vor* dem 15.) stattfindet, von vornherein aus. Denn das war auch schon am Prüfungstag selbst, mitten in der Prüfung, ein Fakt. Wenn dieser Fakt also einen Grund für Erleichterung darstellt, warum dann nicht schon während der Prüfung erleichtert sein? Auch der Fakt, dass die Äußerung später ist als die Prüfung, ist ein schlechter Kandidat. Vielleicht hat sich Arthur schon vor der Prüfung fest vorgenommen, hinterher erleichtert auszurufen: »Gott sei Dank, das ist vorbei!« Dann hätte er also schon vor der Prüfung diesen Fakt gekannt. Aber warum sollte ihm dieser Fakt Anlass geben, erleichtert zu sein?

Dem *A*-Theoretiker bereitet die Erklärung keine Schwierigkeiten: Was die *A*-Äußerung »Die Prüfung ist vorbei« wahr macht, so sagt er, ist natürlich ein *A*-Fakt, nämlich der Fakt, dass die Prüfung vorbei ist. Da es sich um einen *A*-Fakt handelt, besteht dieser Fakt (zumindest potentiell) nicht immer, sondern nur zu manchen Zeiten. Vor diesem Hintergrund ist nicht verwunderlich, dass Arthur vor oder während der Prüfung keinerlei Anlass für Erleichterung sieht: zu diesen Zeiten ist es eben kein Fakt, dass die Prüfung vorbei ist.

Hier noch einmal die Argumentation in der Übersicht:

(1)   Arthurs Äußerung »Die Prüfung ist vorbei« am 15. 6. 1954 erklärt die emotionale Reaktion der Erleichterung.

(2)   Der Fakt, dass Arthurs Prüfung vor dem 15. 6. 1954 stattfindet, macht diese Äußerung wahr.

(3)   Aus (1) und (2) folgt laut (Just), dass immer dann, wenn jener Fakt besteht, die Emotion der Erleichterung gerechtfertigt ist.

(4)   Der in (2) genannte Fakt ist ein *B*-Fakt und besteht somit *immer*.

(5)   Aus (3) und (4) folgt, dass die Emotion der Erleichterung *immer* gerechtfertigt ist.

So lange wir die explanatorische Funktion, die Überzeugungen über Fakten für emotionale Reaktionen und Handlungen haben, aus dem Spiel lassen, scheinen die vorgeschlagenen Fakten einige Plausibilität als Wahrmacher zu haben: es leuchtet *prima facie* ein, dass die Wahrheit von Äußerungen der Form »*x* ist vorbei« davon abhängt, wann *x* endet, und dass solche Äußerungen genau dann wahr sind, wenn sie später sind als das Ende von *x* – dass also der Fakt, dass *x* zum Zeitpunkt *t* endet, diese Äußerungen wahr macht. Aber wenn wir uns bewusst machen, welche Rolle die Fakten bei der Erklärung und Motivierung von Emotionen und Handlungen übernehmen, wird klar, dass die genannten Fakten nicht in Frage kommen.

Wenn in der einen Situation ein Grund vorliegt und in der anderen nicht, dann, sollte man denken, müssen sich die beiden Situationen in den *Fakten* unterscheiden. Und insofern können verschiedene Überzeugungen auch verschiedene Handlungen und emotionale Reaktionen erklären: Die Überzeugungen sind gerechtfertigt, wenn es Fakten gibt, die ihre Inhalte wahr machen, und es somit einen Grund gibt für bestimmte Handlungen oder Emotionen.

Arthurs Erleichterung ist erklärbar *und* gerechtfertigt, wenn er eine Überzeugung hinsichtlich der Faktenlage hegt *und* diese Überzeugung wahr ist, d. h. die Fakten tatsächlich auch bestehen. Dass Arthur manchmal Grund hat für Erleichterung (und, wenn er darum weiß, auch wirklich Erleichterung verspürt) und manchmal nicht, scheint also vorauszusetzen, dass die Faktenlage manchmal so und manchmal anders ist.[51]

Das widerspricht aber der *B*-Theorie. Für sie gibt es im strengen Sinne nur *B*-Fakten, und damit sind die Fakten immer dieselben – *B*-Fakten ändern sich nicht. Es gibt keine Situation, in der es andere *B*-Fakten gibt als in irgendeiner anderen Situation. Der Ausweg der *B*-Theorie besteht darin, unsere Redeweise bezüglich der Rechtfertigung und Begründung von Handlungen und Emotionen zu revidieren.

Normalerweise würden wir ungefähr so sprechen:

(E$_A$)   Arthur hat zu *t* Grund zur Erleichterung, wenn ...

Noch etwas technischer könnte man auch sagen: Es ist zu *t* der Fall, dass Arthur Grund zur Erleichterung hat, wenn ... Und hier kann an der Stelle des Platzhalters, wie wir oben gezeigt haben, sinnvollerweise nur ein *A*-Fakt – z. B. »zu *t* die Prüfung vorbei ist« – und kein *B*-Fakt genannt werden, weil *B*-Fakten *immer* bestehen und deshalb nicht erklären können, warum Arthur zu *t* Grund zur Erleichterung hat und zu *t'* nicht.

Stattdessen empfiehlt der *B*-Theoretiker nun die folgende Ausdrucksweise:

(E$_B$)   Arthur hat (immer) Grund, zu *t* erleichtert zu sein, wenn ...

Auch hier könnte man der Deutlichkeit halber noch etwas technischer werden und sagen: Es ist (immer) der Fall, dass Arthur einen Grund für Erleichterung-zu-*t* hat, wenn ... Und in dieser Version könnte man die Leerstelle tatsächlich durch die Benennung eines *B*-Fakts ausfüllen (z. B.: »Arthurs Prüfung unmittelbar vor *t* ist«). Der Kniff besteht also darin, den *Zeitpunkt* der zu erklärenden oder zu rechtfertigenden Emotion in die Benennung der Emotion mit einzubeziehen.

---

51 Warum entscheiden die Fakten darüber, ob Arthur einen Grund für Erleichterung hat oder nicht? Nun, stellen wir uns vor, Arthur ist erleichtert, wir fragen ihn nach dem Grund, und er gibt an, dass er mit seinem Examen fertig ist. Was aber, wenn er sich im *Irrtum* befindet und eigentlich noch eine letzte mündliche Prüfung aussteht, die er völlig vergessen hat? Solange man diesen Irrtum nicht aufklärt, wird Arthur weiter sagen, dass er einen Grund hat erleichtert zu sein. Und dass er sich im Glauben befindet, sein Examen sei beendet, ist als *Erklärung* für seine Erleichterung auch vollkommen ausreichend. Aber hat er *wirklich* einen *Grund*, erleichtert zu sein? Nein. Deshalb sollten wir ihn eines Besseren belehren und sagen: Tut mir Leid, Arthur, aber du *denkst* nur, dass du einen Grund hast – *tatsächlich* hast du aber *keinen*, weil du dein Examen eben noch *nicht* vollständig bewältigt hast. Insofern hängt es einzig und allein von den *Fakten* ab, ob es für Arthurs Erleichterung nur eine kausale Erklärung oder auch einen Grund gibt. (Die Rede von Gründen ist mehrdeutig – manchmal sprechen wir von Gründen, wo wir eigentlich nur Ursachen meinen. Um zu verdeutlichen, was gemeint ist, könnte man hier deshalb auch von *guten* Gründen sprechen.)

8.3.1 Der Zeitpunkt emotionaler Reaktionen

Laut *B*-theoretischer Diagnose krankt die obige Analyse[52] daran, dass zwar die *Zeit der Äußerung* zur *Zeit der Prüfung* in Beziehung gesetzt wird – was aber nicht vorkommt, ist die *Zeit der Emotion*. So kann es nicht überraschen, wenn unsere Analyse krude Resultate zu Tage fördert: wie das Ergebnis, dass es *immer* Grund gibt, erleichtert zu sein. Wenn der Fakt, dass die Prüfung vor der Äußerung endet, einfach nur »ein Grund für Erleichterung« wäre (ohne weitere Spezifikation des *Zeitpunktes* der Erleichterung), dann hätte – da dieser Fakt ein *B*-Fakt ist und somit immer besteht – Arthur *immer* Grund, erleichtert zu sein. Und das ist natürlich absurd. Wir suchen keinen Grund und keine Erklärung dafür, *immer* erleichtert zu sein, sondern wir wollen den Grund für Arthurs Erleichterung *am 15. Juni* wissen. Es muss also ein Fakt sein, der Arthur Grund gibt, am 15. Juni (und vielleicht an den Tagen danach) erleichtert zu sein, aber *nicht* einen Grund gibt, schon am 14. Juni oder gar davor erleichtert zu sein.[53]

Die *B*-Theoretikerin würde also einwenden: Daraus, wie ihr *A*-Theoretiker das Prinzip (Just)[54] für eure Zwecke benutzt, lässt sich bereits ersehen, dass ihr dieses Prinzip auf eine sehr seltsame Weise versteht: Ihr bringt nämlich *Typen* und *Token* ziemlich durcheinander. Euer Argument funktioniert nur, wenn ihr (Just) so versteht:

(Just$_A$)   Wenn eine Emotion vom **Typ** *x* mit dem *A*-Satz-*Token s* erklärt wird und der Fakt *f* der Wahrmacher von *s* ist, dann ist immer dann, wenn *f* besteht, eine Emotion vom **Typ** *x* gerechtfertigt.

Aber zu sagen, dass ein Satz-*Token* einen Emotions*typ* erklärt, ist reichlich schief. Entweder kann man sagen: Dass jemand kundtut, eine unangenehme Erfahrung hinter sich zu haben, erklärt, dass er erleichtert ist. Dann setzt man einen Satz-Typ mit einem Emotions-Typ in Beziehung. Oder man sagt: Dass Arthur am 15. 6. 1954 mitgeteilt hat, er habe seine Prüfung endlich hinter sich, erklärt, warum er am 15. 6. 1954 Erleichterung verspürt hat. In diesem Fall setzt man ein Satz-*Token* und ein Emotions-*Token* zueinander in Beziehung. Beides ist sinnvoll. Aber wenn ihr *Token* und Typ *vermischt*, müsst ihr euch nicht wundern, wenn seltsame Dinge dabei herauskommen. Das Prinzip (Just) ergibt nur dann Sinn, wenn man es versteht wie folgt:

---

52 Cf. S. 147.

53 Hier kommt einmal mehr zum Tragen, dass die *A*-Theoretikerin mit *Typen* arbeiten kann und ihre *B*-theoretische Gegenspielerin mit *Token* operieren muss (nicht nur, was Sätze, sondern auch, was Emotionen und Handlungen betrifft). Erstere kann schlichtweg sagen: Wann immer es der Fall ist, dass die Prüfung vorbei ist (sprich: sich in der Vergangenheit befindet), liegt ein Grund für Erleichterung vor. Letztere muss etwas sagen wie: Dass die Prüfung früher als *t* endet, ist ein Grund, zum Zeitpunkt *t* erleichtert zu sein.

54 Cf. S. 147.

(Just_B)   Wenn das Emotions-*Token* x mit dem *A*-Satz-*Token* s erklärt wird und der Fakt f der Wahrmacher von s ist, dann ist immer dann, wenn f besteht, das Emotions-*Token* x gerechtfertigt.

Dadurch sähe das obige Argument[55] aber deutlich anders aus:

(1')   Arthurs Äußerung »Die Prüfung ist vorbei« am 15. 6. 1954 erklärt seine Erleichterung an diesem Tag.

(2')   Der Fakt, dass Arthurs Prüfung vor dem 15. 6. 1954 stattfindet, macht diese Äußerung wahr.

(3')   Aus (1') und (2') folgt laut (Just_B), dass immer dann, wenn jener Fakt besteht, Arthurs Erleichterung am 15. 6. 1954 gerechtfertigt ist.

(4')   Der in (2') genannte Fakt ist ein *B*-Fakt und besteht somit *immer*.

(5')   Aus (3') und (4') folgt, dass Arthurs Erleichterung am 15. 6. 1954 *immer* gerechtfertigt ist.

Während (5), das Ergebnis des Arguments in der urspünglichen Fassung, offensichtlich falsch ist, leuchtet (5') durchaus ein.[56] Und damit scheint erst einmal nichts mehr dagegen zu sprechen, den *B*-Fakt, dass Arthurs Prüfung vor dem 15. 6. 1954 ist, als Wahrmacher für seine Äußerung »Die Prüfung ist vorbei« an diesem Tag und als verantwortlich für seine Erleichterung an diesem Tag aufzufassen. Und damit wäre die neue *B*-Theorie schon zufrieden – mehr will sie gar nicht behaupten.

Zusammenfassend sei noch einmal dargestellt, wie Mellor als der wohl bekannteste Vertreter der neuen *B*-Theorie emotionale Reaktionen und Handlungen, wie sie in Priors Beispiel vorkommen, analysiert und welche Elemente seine Analyse aufweist:[57] Abb. 8.4.

8.4 Vorläufiges Fazit

Zum Abschluss dieses Kapitels werde ich die Ergebnisse noch einmal im Hinblick auf die zu Beginn gestellten Fragen resümieren. Wir wollten wissen, wie sich der Bezug auf die eigene Vergangenheit aus Sicht der *B*-Theorie darstellt. Als Antwort hat sich

---

55 Cf. S. 147.
56 Der Zusatz »immer« mag etwas seltsam klingen und redundant anmuten, aber das ist eher der Formulierung von (Just) geschuldet als der *B*-Theorie. Sachlich scheint es vollkommen richtig, dass *immer* der Fall ist, dass die Erleichterung, die Arthur am 15. 6. 1954 empfindet, gerechtfertigt ist.
57 Mellor 1998, S. 41 f.

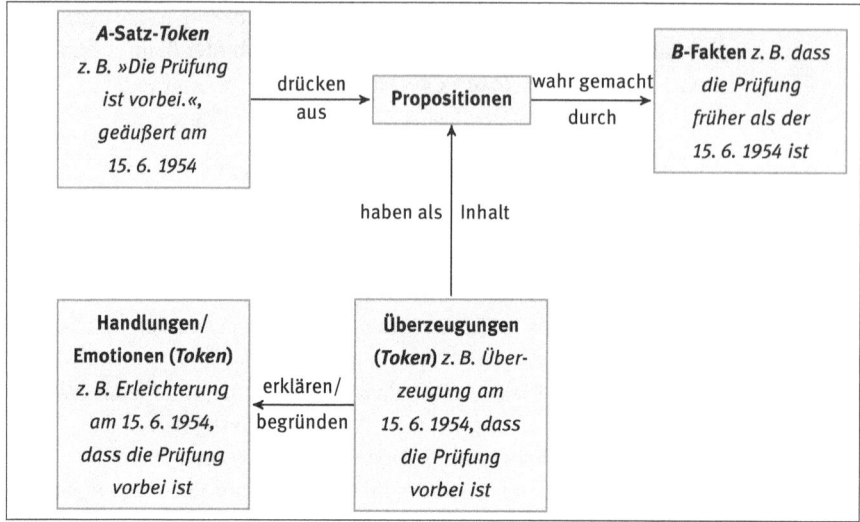

Abb. 8.4. Erklärung emotionaler Reaktionen in der *B*-Theorie

ergeben: Die *B*-Theoretikerin muss anerkennen, dass die *Gehalte*, in denen sich unsere Bezugnahme auf die eigene Vergangenheit manifestiert, *perspektivisch* oder *indexikalisch* sind. Darin stimmt sie mit der *A*-Theorie überein. Wovon ich überzeugt bin, wenn mich angesichts der überstandenen Prüfung Erleichterung befällt, ist keine *B*-Relation irgendeiner Art, sondern die *A*-Bestimmung des *Vorbeiseins* der Prüfung. Woran ich mich erinnere, wenn ich daran zurückdenke, wie ich mir am 10. Geburtstag meiner Schwester das Bein gebrochen *habe*,[58] ist kein *B*-Fakt der Art (Beinbruch, FK, 17. 10. 1989) – auch wenn es ein solcher *B*-Fakt sein mag, der den Inhalt meiner Erinnerung (einen *A*-Gehalt also oder eine *A*-Proposition) *wahr macht*. Abgesehen von diesem Zugeständnis an die *A*-Theorie, das sie hinsichtlich der Gehalte von Überzeugungen machen muss, beharrt die *B*-Theorie aber darauf, dass es in der Welt nur *B*-Fakten gibt und deshalb auch *A*-Überzeugungen von *B*-Fakten wahr gemacht werden – und darin unterscheidet sie sich von der *A*-Theorie. Ob einem diese Analyse einleuchtet oder nicht, ist eine andere Frage. Zumindest kann die *B*-Theorie erklären, warum *A*-Überzeugungen zur einen Zeit wahr und zur anderen falsch sind und warum in diesem Zusammenhang bestimmte Handlungen und gefühlsmäßige Reaktionen wie Erleichterung zur einen Zeit gerechtfertigt und zur anderen Zeit unangebracht sein können, ohne dafür auf *A*-Fakten zurückgreifen zu müssen. Die Perspektive »von außerhalb der Zeit«[59], die zu diesem Zweck bemüht werden muss (indem man etwa »es besteht –

---

58 Das Beispiel des Beinbruchs habe ich aus Hacker 2008 (S. 296) übernommen.
59 Cf. etwa Dummett 1978, S. 369, dazu auch Savitt 2006, S. 124.

zeitlos – Grund zur Erleichterung-zu-*t*« statt »es besteht zu *t* Grund, erleichtert zu sein« sagt), mag wenig mit der »innerzeitlichen« Perspektive zu tun haben, die uns Personen zu eigen ist, aber die Erklärung erfüllt dennoch ihren Zweck.

Macht es einen Unterschied für unser Denken über personale Identität, wenn wir davon ausgehen, dass Erinnerungen und ihre Gehalte und auch alle anderen Bezugnahmen auf unsere eigene Vergangenheit von *B*-Fakten statt von *A*-Fakten wahr gemacht werden? Nein. Wenn ich einem Freund von meiner Erinnerung an den Beinbruch erzähle und er das so versteht, dass meine Erinnerung, sofern sie nicht trügerisch ist, durch einen *B*-Fakt wie »FK bricht sich am 17. 10. 1989 das Bein« wahr gemacht wird, hat er deshalb nicht weniger Anlass zu glauben, dass die Person, die ihm das gerade erzählt hat, mit der Person, die sich bei besagter Geburtstagsfeier ein Bein gebrochen hat, identisch ist. In gewissem Sinn verändert sich der Begriff des Vergangenheitsbezugs, wenn man eine *B*-theoretische Haltung einnimmt. Aber diese Veränderung scheint im Hinblick auf personale Identität nicht virulent zu werden.

Neben diesem »negativen« Ergebnis unserer Untersuchung ist es aber interessant zu sehen, wo die besonderen Schwierigkeiten bei der *B*-theoretischen Analyse von Überzeugungen, in denen wir uns auf unsere Vergangenheit beziehen, auftreten – weil das wiederum Aufschluss über die begrifflichen Verbindungen zwischen Zeit und personaler Identität gibt, die das Thema dieser Arbeit sind (und weil es auffällig gut an die Ergebnisse der beiden vorausgehenden Kapitel anschließt). Wir haben im zurückliegenden Kapitel gesehen, dass die *B*-Theorie immer dort besonders in Erklärungsnot gerät, wo aus *einer* Perspektive heraus geurteilt, gehandelt und gefühlsmäßig reagiert wird: Man kann der *B*-Theoretikerin zwar zugestehen, dass Arthur *immer* Grund hat, am 15. 6. 1954 erleichtert zu sein – aber was nützt ihm das z. B. zwei Monate vorher oder nachher? Ob er am 15. Juni erleichtert ist oder nicht, entscheidet sich an diesem und keinem anderen Tag. Er kann nicht im April schon dafür sorgen, dass er am 15. Juni erleichtert ist – auch wenn er im April schon Grund hat, am 15. Juni erleichtert zu sein.⁶⁰ Was bei Arthur abläuft, ist uns deshalb so geläufig, weil wir selbstverständlich *eine* Perspektive annehmen, aus der heraus er a) sich bewusst wird, dass die Prüfung »vorbei« ist, und b) darauf mit einem Gefühl wie Erleichterung oder mit einer Handlung reagiert. Dieser perspektivische Bezug auf Vergangenheit, Gegenwart und Zukunft und insbesondere auf die *eigene* Vergangenheit, Gegenwart und Zukunft, der für Personen und ihr Denken, Fühlen und Handeln so wesentlich ist, scheint der *B*-Theorie die größten Schwierigkeiten zu bereiten.

Im dritten und letzten Teil dieser Arbeit soll nun versucht werden, die Ergebnisse der drei letzten Kapitel zusammenzuführen und herauszuarbeiten, was an den begrifflichen Verbindungen zwischen Zeit und personaler Identität für diese Ergebnisse und Schwierigkeiten verantwortlich ist und in allen drei Fällen zugrunde liegt.

---

60 Man kann, wenn man so will, »nur in der Gegenwart« handeln (und fühlen).

Teil III: **Der zeitlich perspektivische Selbstbezug von Personen**

Man fragt sich manchmal, inwiefern eine Gegenwart überhaupt erlebbar ist.

Max Frisch

9 Selbstbezug und zeitlich perspektivischer Bezug

Im zweiten Teil dieser Arbeit bin ich der Frage nachgegangen, welcherart die Probleme sind, die sich ergeben, wenn man im Zusammenhang mit personaler Identität den zugrunde liegenden Zeitbegriff problematisiert. Dazu habe ich drei der wichtigsten Debatten aus der Philosophie der Zeit herangezogen und jeweils mit einem zentralen Aspekt personaler Identität in Beziehung gesetzt, der mir besonders geeignet erschien, die gesuchten Probleme aufzuzeigen.

Dabei hat sich bereits abgezeichnet, dass die auftretenden Probleme verwandt sind, dass sie einen »gemeinsamen Nenner« haben. Diese gemeinsame Grundlage möchte ich in den folgenden Kapiteln näher beleuchten. Es handelt sich dabei, wie ich meine, um eine Fähigkeit, und zwar eine, die spezifisch an Personen gebunden ist: die Fähigkeit des »zeitlich perspektivischen Selbstbezugs«. Mit diesem terminologischen Ungetüm möchte ich nichts anderes bezeichnen als das Vermögen, sich auf *sich selbst in der Gegenwart* zu beziehen – und aus der Gegenwart heraus auf *sich selbst in der Zukunft* sowie *sich selbst in der Vergangenheit*. Personen können sich nicht nur auf sich selbst beziehen (Selbstbezug) und nicht nur auf Gegenwart, Vergangenheit und Zukunft (zeitlich perspektivischer Bezug), sondern sie können beides gleichsam verbinden und auf sich selbst *in* Gegenwart, Vergangenheit und Zukunft Bezug nehmen.[1]

Diese spezifisch persönliche Fähigkeit, die ich die Fähigkeit des zeitlich perspektivischen Selbstbezugs nenne, ist bis jetzt, d. h. im zweiten Teil der Arbeit, nur in drei ganz *speziellen* Zusammenhängen zur Sprache gekommen. Im dritten Teil der Arbeit soll nun versucht werden, dieser Fähigkeit und ihrer Rolle für die Verbindung von Fragen personaler Identität und Theorien der Zeit auf einer *allgemeineren* Ebene gerecht zu werden, indem die in den vorausgegangenen Kapiteln nur angedeuteten Ergebnisse zusammengefasst und noch einmal vertiefend dargestellt werden. Mit einer solchen Verallgemeinerung und Abstraktion wird zugleich die Frage dieses Buches beantwor-

---

1 Im Grunde handelt es sich auch beim Selbstbezug um eine Art von perspektivischem Bezug: um *persönlich* perspektivischen Bezug gewissermaßen. Neben dieser »egozentrischen« Perspektivität und der zeitlichen Perspektivität gibt es auch noch die räumliche Perspektivität. Zuweilen ist sogar von einer Mögliche-Welten-Perspektivität die Rede. (Fine thematisiert diese Arten von Perspektivität im Zusammenhang mit der *A*- und der *B*-Theorie der Zeit sowie einem Nicht-Standard-Realismus bezüglich *tense* – cf Fine 2005c.) Die Form, in der diese Arten von Perspektivität ihren sprachlichen Ausdruck finden, ist die *Indexikalität* (cf. Braun 2010). Dazu und insbesondere zur »essentiellen Indexikalität« cf. Frege 1918, Wittgenstein 1958 (S. 67), Geach 1957, Castañeda 1966, Kaplan 1978, Kaplan 1989, Perry 1977, Perry 1979, Chisholm 1976a, Lewis 1979. (In jüngerer Zeit sind die Ideen von Kaplan und anderen unter dem Stichwort *Two-dimensional semantics* weiterentwickelt worden – cf. Schroeter 2010.) Zur Rolle der essentiellen Indexikalität in der *A*-theoretischen respektive *B*-theoretischen Argumentation von Prior und Mellor cf. oben, Abschnitt 8.2, S. 139.

tet: Welches sind die begrifflichen Beziehungen zwischen Zeit und personaler Identität?

Der Teil ist folgendermaßen gegliedert. Zunächst werde ich genauer erklären, was ich mit der Fähigkeit des zeitlich perspektivischen Selbstbezugs meine. Dazu stelle ich in diesem 9. Kapitel den Selbstbezug und den zeitlich perspektivischen Bezug jeweils *einzeln* vor, um dann im Kapitel 10 die *Verbindung* aus beidem eingehender zu betrachten: den zeitlich perspektivischen Selbstbezug. Auf diesen begrifflichen Einführungen bauen die zentralen Kapitel 11 und 12 auf, in denen ich zeige, wie sich anhand der für Personen typischen Fähigkeit des zeitlich perspektivischen Selbstbezugs eine *Diagnose* für die Probleme aus Teil II stellen lässt. In Kapitel 13 schließlich sollen die Ergebnisse noch einmal zusammengefasst und ein Fazit gezogen werden.

9.1 Selbstbezug

9.1.1 Zwei Verwendungen von ›Selbstbezug‹

Beginnen wir mit dem Selbstbezug. Hier gilt es zunächst deutlich zwischen zwei wichtigen Verwendungsweisen des Ausdrucks ›Selbstbezug‹ zu unterscheiden. Wenn Philosophen von Selbstbezug (engl. *self-reference*) sprechen, dann geht es häufig um das Lügnerparadox oder verwandte Probleme, d. h. um *Ausdrücke* oder *Sätze*, die sich auf sich selbst beziehen.[2] In diesen Fällen scheint es angebracht, *reference* als Relation zwischen einem Ausdruck und dem durch ihn bezeichneten Gegenstand zu verstehen.[3] Was ich hingegen mit Selbstbezug meine, hat als Subjekt keinen sprachlichen Ausdruck, sondern eine *Person* – jemanden, der oder die sich denkend, sprechend oder schreibend auf einen Gegenstand bezieht. Der sprachliche Ausdruck ist in diesem Fall nicht das *Subjekt* des Bezugs (das, was sich bezieht), sondern das *Mittel* des Bezugs (das, was die Sprecherin gebraucht, um sich auf den jeweiligen Gegenstand

---

2 Cf. etwa den Eintrag ›Self-Reference‹ in der *Stanford Encyclopedia of Philosophy*: Bolander 2008.
3 Cf. wiederum den gleichnamigen Eintrag im erwähnten Nachschlagewerk: Reimer 2010.

zu beziehen).[4] Eine angemessene Frage wäre somit, *wer* sich auf sich selbst bezieht, und nicht, *was* sich auf sich selbst bezieht.[5]

9.1.2 Bezug(nahme) als Relation

Wenn man also Bezug als Relation verstehen will, dann sollten die Relata *Personen* und Gegenstände sein, nicht *Ausdrücke* und Gegenstände:

(B) x bezieht sich auf y

   x steht dabei für eine beliebige Person, y für irgendeinen Gegenstand. Es mag künstlich anmuten, Bezug in dieser Weise als zweistelliges Prädikat zu formalisieren, zumal wenn die erste Stelle für eine Person steht. ›... bezieht sich auf ...‹ scheint über die bloße Form hinaus nicht viel mit paradigmatischen Relationen wie ›... ist größer als ...‹ oder ›... liebt ...‹ gemein zu haben: Während es vollkommen natürlich wirkt, »Carla ist größer als Nicolas« oder »Dante liebt Beatrice« zu sagen, klingt ein Satz wie »Peter bezieht sich auf sein Auto« schief – und »Peter bezieht sich auf sich selbst« erscheint noch seltsamer. Natürlich können wir uns Zusammenhänge vorstellen, in denen solche Sätze tatsächlich vorkommen könnten: etwa die Aufklärung eines Missverständnisses hinsichtlich dessen, worauf Peter eine bestimmte Äußerung bezogen hatte. Aber ohne Kontext erscheinen die beiden Aussagen über Peter krude, wohingegen die zuerst genannten Beispielsätze auch unabhängig von möglichen Gesprächssituationen verständlich sind.

---

4 Für diese Verwendung von *self-reference* cf. etwa Shoemaker 1968, Lowe 1993 und Rovane 1993. Selbstbezug in diesem Sinne ist eng verknüpft mit Selbstbewusstsein und Selbsterkenntnis oder Selbstwissen (cf. Gertler 2011, insbes. Abschnitt 3.1 *Self-Identification*). Bezugnahme auf sich selbst scheint Selbstbewusstsein zu implizieren, und umgekehrt setzen Selbstbewusstsein und Selbstkenntnis die Fähigkeit, sich auf sich selbst zu beziehen, in gewisser Weise voraus. (Cf. Hacker 2008, S. 240.) Der Begriff des Selbstbewusstseins ist allerdings philosophisch schon reichlich besetzt. (Einen Überblick über seine Geschichte und die vielfältigen, im weitesten Sinne cartesianischen Verwirrungen, die sich an ihn knüpfen, vermittelt Hacker 2008, Kap. 8–10.) Daher ziehe ich den eher technischen Begriff der Bezugnahme auf sich selbst als eines konkreten sprachlichen oder gedanklichen Aktes vor.
5 Peter Strawson hat in seinem berühmten Aufsatz *On Referring* gezeigt, dass die Redeweise von Ausdrücken als sich auf einen Gegenstand beziehend oft irreführend ist, weil es sich gewöhnlich um keine fixe Relation zwischen Ausdruck und Referent handelt, sondern mit demselben Ausdruck von unterschiedlichen Personen in unterschiedlichen Kontexten auf verschiedene Gegenstände Bezug genommen werden kann: »Instead, we shall say in this case [›the king of France‹] that you *use* the expression to *mention* or *refer* to a particular person in the course of using the sentence to talk about him. But obviously in this case, and a great many others, the *expression* [...] cannot be said to mention, or refer to, anything, any more than the *sentence* can be said to be true or false.« (Strawson 1950, S. 326)

Das liegt darin begründet, dass Bezug, wie ich ihn verstehe, im Gegensatz zu einer Liebesbeziehung oder einem Größenverhältnis kein *Zustand* ist, in dem sich eine Person für eine gewisse Zeit befinden kann, und auch keine länger andauernde Tätigkeit, sondern ein Akt – der Akt des *Bezugnehmens*. (Daher verwende ich ›Bezug‹ und ›Bezugnahme‹ hier synonym.) Entsprechend ist meine Rede von einer Relation nicht so zu verstehen, dass ich mich damit auf einen Zustand, auf etwas Statisches festlege: Die Relation ›… bezieht sich auf …‹ gehört insofern zur selben Kategorie wie ›… schlägt …‹ oder ›… küsst …‹ – im Gegensatz zu Relationen wie ›… ist größer als …‹ oder ›… ist verheiratet mit …‹, die keine Handlungen sind, sondern gewissermaßen »Beziehungen im engeren Sinne«, in denen Gegenstände *stehen*.[6] Man kann einen Brief mit den Worten »Ich beziehe mich auf ihr Schreiben vom Soundsovielten« eröffnen, aber schwerlich wird jemand auf die Frage, wie er den gestrigen Abend verbracht hat, antworten: »Ich habe mich auf mich selbst bezogen.« (Wohl aber könnte man sich Antworten vorstellen wie »Ich habe lange *über mich selbst* nachgedacht« oder »Ich habe meinen neuen Freunden viel *von mir* erzählt« oder »Ich habe weiter an meiner *Autobiographie* geschrieben«.)

9.1.3 Das Besondere am Selbstbezug

Im letzten Abschnitt habe ich erläutert, welcher Art die Gegenstände sind, die als *Subjekt* für Bezug und Selbstbezug in Frage kommen – d. h. *wer* es ist, der oder die Bezug nehmen kann. Wenden wir uns nun dem *Objekt* von Selbstbezug zu: *Worauf* wird beim Selbstbezug Bezug genommen? Der Ausdruck ›Bezugnahme auf sich selbst‹ beinhaltet eine Spezifizierung: Es geht um eine bestimmte Klasse innerhalb der vielen Bezugnahmen, die möglich sind, nämlich die Klasse der Bezugnahmen auf sich selbst. Wir können uns auf viele Dinge beziehen – indem wir über sie reden, etwas über sie aufschreiben, über sie nachdenken. Alles, was wir sprachlich erfassen können,[7] ist ein potentieller Gegenstand unserer Bezugnahme: andere Personen, die eigene Person, Dinge aller Art, Ereignisse, Orte, Zeiten usw. Im Fall von Selbstbezug geht es um eine besondere Form dieses Sich-Beziehens.

Worin besteht also diese Besonderheit? Nun, um bei der Auffassung von Bezugnahme als *Relation* zu bleiben, könnte man das Besondere am Selbstbezug darin sehen, dass die beiden *Relata* – sozusagen Subjekt und Objekt der Bezugnahme – *identisch* sind:

---

6 In diese letztere Kategorie fällt auch der Bezug, der zwischen einem Ausdruck oder Satz und dem, was mit ihm bezeichnet wird, *besteht* – cf. Abschnitt 9.1.1, S. 158.

7 Aber nicht *nur* das, was wir sprachlich erfassen können – so können wir auf einen Gegenstand auch Bezug nehmen, indem wir auf ihn *zeigen*.

(SB$_1$) x bezieht sich auf y & $x = y$

Oder kurz:

(SB$_2$) x bezieht sich auf x

Leider reicht das nicht. Für Selbstbezug in dem von mir intendierten Sinne braucht es mehr. Ich will das an einem Beispiel verdeutlichen: Teri Bauer verliert vorübergehend ihr Gedächtnis. Sie weiß nicht, wer sie ist und wie sie heißt. In den Nachrichten hört sie, dass Teri Bauer vermisst und gesucht wird. Sie erzählt das dem Mann, der sie gefunden hat: »Die Polizei forscht nach Teri Bauer.« Indem sie das sagt, bezieht sie sich *de facto* auf sich selbst – aber ohne es zu wissen. Sie bezieht sich *nicht* auf sich selbst *als* sie selbst. Was sie meint, ist nicht »Die Polizei forscht nach *mir*« – das aber wäre die Art von Selbstbezug, um die es mir geht. Im Beispiel bezieht sich Teri Bauer auf Teri Bauer. Es handelt sich also um eine Instanz des obigen Schemas »x bezieht sich auf x«. Aber sie *weiß nicht*, dass sie von sich selbst spricht. Deshalb wäre es falsch, bei der Wiedergabe ihrer Äußerung in indirekter Rede ein Pronomen (in der Funktion des sogenannten indirekten Reflexivpronomens[8]) zu verwenden und zu sagen: »Sie hat davon berichtet, dass die Polizei *sie (selbst)* sucht.« Denn das entspräche in direkter Rede einem Satz wie »Die Polizei sucht *mich*«. Und das ist es ja, was ihr gerade nicht bewusst ist.

9.1.4 Wie bezieht man sich auf sich selbst?

Spätestens jetzt sollte klar geworden sein, was ich mit Selbstbezug meine: Es ist das Sprechen und Denken *in der ersten Person*. Die Antwort auf die Frage, wie Bezugnahme auf sich selbst »funktioniert«, lautet also: durch Gebrauch der Wörter ›ich‹, ›mir‹, ›mich‹, ›mein‹ usw. Es mag andere Weisen geben, etwa wenn jemand aus rhetorischen Gründen von sich selbst in der *dritten* Person spricht, aber die klassische Form des Selbstbezugs ist die Benutzung von Personal-, Possessiv- und Reflexivpronomen in der *ersten* Person (Singular). Wer kompetent ist, erstpersonal zu sprechen, der ist fähig, sich auf sich selbst zu beziehen.[9]

---

8 Cf. z. B. Geach 1957 und Anscombe 1981, S. 22.

9 Die entwicklungspsychologische Frage, wann genau das aufkommt, möchte ich hier ausklammern, da mich nur die philosophische Frage interessiert, wie erstpersonale Rede – bei den Personen, die sie beherrschen – funktioniert, d. h. welche Regeln es für die Verwendung von Ausdrücken wie ›ich‹ gibt.

Erstpersonalität hat eine lange philosophische Tradition, und auch in der jüngeren analytischen Literatur nimmt dieses Thema eine prominente Stellung ein.[10] Ein wichtiger Streitpunkt ist gerade die Frage, ob das Personalpronomen der ersten Person Singular überhaupt ein Ausdruck ist, der sich oder vielmehr mit dem man sich auf etwas *bezieht* – ob also ›ich‹, ›I‹, ›je‹ usw. sogenannte »referierende Ausdrücke« sind (leider gibt es keine bessere Übersetzung von *referring expressions*).[11] Damit wäre auch meine Gleichsetzung von erstpersonalem Sprachgebrauch und Selbstbezug in Frage gestellt. Aber ob man ›ich‹ in die Reihe der referierenden Ausdrücke aufnimmt, hängt natürlich davon ab, was man unter referierenden Ausdrücken versteht – und das ist durchaus nicht so eindeutig, wie viele anzunehmen scheinen.

Wer unter referierenden Ausdrücken alle Ausdrücke versteht, die man benutzen kann, um über einen bestimmten Gegenstand zu sprechen, und die man zumindest in manchen Fällen *salva veritate* durch Eigennamen oder Kennzeichnungen (als die paradigmatischen referierenden Ausdrücke) ersetzen kann,[12] der wird auch ›ich‹ als Ausdruck betrachten, mit dem man auf etwas Bezug nimmt. Wer dagegen mehr von referierenden Ausdrücken verlangt, nämlich dass man sie verwendet, um einen Gegenstand unter anderen auszusondern oder herauszugreifen, und dass dieses Herausgreifen auch scheitern und der Ausdruck somit »sein Ziel verfehlen« kann, dass also die Möglichkeit eines Fehlers oder Irrtums besteht, der wird Ausdrücke wie ›ich‹ nicht darunter fassen.

Auch wenn man also ohne Weiteres zugestehen kann, dass ›ich‹ sich von anderen Ausdrücken, die unangefochten als referierend gelten,[13] in mancherlei Hinsicht un-

---

10 Einen guten Überblick bietet Glock und Hacker 1996. Lynne Rudder Baker erhebt das Beibehalten der individuellen erstpersönlichen Perspektive gar zum (uninformativen, weil zirkulären – wie sie selbst einräumt) Kriterium für personale Identität und reagiert damit auf Mark Johnstons Behauptung, personale Identität (oder was er darunter versteht) sei eine Illusion – cf. Baker 2011b (dazu auch Baker 2011a) und Johnston 2010.

11 Wer von *referring expressions* oder »Bezug nehmenden Ausdrücken« spricht, versteht Bezug wiederum als Prädikat *sprachlicher* Entitäten. Ich ziehe es weiterhin vor, Bezug als etwas zu verstehen, das man von *Personen* prädizieren kann, und die »referierenden Ausdrücke« somit nicht als Ausdrücke, *die* Bezug nehmen, sondern als solche, *mit denen* man auf etwas Bezug nimmt. Cf. Abschnitt 9.1.1, S. 158.

12 Was Caesar mit dem Satz »Ich kam, sah und siegte« aussagt, ist genau dann wahr, wenn das, was er (oder jemand anders) mit dem Satz »Caesar kam, sah und siegte« aussagt, wahr ist (vorausgesetzt, der Zeitpunkt der Äußerung ist derselbe und mit ›Caesar‹ ist Caesar gemeint) – cf. Glock und Hacker 1996, S. 95 f. Anders verhält es sich z. B., wenn das Personalpronomen innerhalb des Skopus von Wissensbekundungen Verwendung findet: Was Teri Bauer mit dem Satz »Ich weiß, dass nach mir gefahndet wird« aussagt, kann, wie oben demonstriert (S. 161), falsch sein, obwohl das, was sie mit einer drittpersonalen Umformulierung des Nebensatzes – wie etwa »Ich weiß, dass nach Teri Bauer gefahndet wird« – sagt, durchaus der Wahrheit entspricht.

13 Dazu zählen neben den erwähnten Eigennamen und Kennzeichnungen auch die Personalpronomen der dritten Person.

terscheidet, so spricht doch nichts dagegen, erstpersonale Rede so zu verstehen, dass man sich durch sie auf sich selbst bezieht.[14]

Dies sollte genügen, um ein erstes Verständnis davon zu bekommen, was ich mit Selbstbezug meine. Im folgenden Abschnitt können wir uns nun dem zeitlich perspektivischen Bezug zuwenden.

9.2 Zeitlich perspektivischer Bezug

Nach meinen Ausführungen zum Selbstbezug wird es den Leser nicht überraschen, dass ich auch unter zeitlich perspektivischer Bezugnahme in erster Linie ein sprachliches Phänomen verstehe. Zeitlich perspektivische Bezugnahme dient mir als Oberbegriff, der Gegenwartsbezug, Vergangenheitsbezug und Zukunftsbezug abdeckt.[15] Ausdrücke wie ›ich‹ beim Selbstbezug entsprechen Ausdrücken wie ›jetzt‹ beim Gegenwartsbezug, Ausdrücken wie ›gestern‹ beim Vergangenheitsbezug und Ausdrücken wie ›morgen‹ beim Zukunftsbezug.[16] Was im einen Fall die erstpersonale Rede leistet, wird im anderen Fall über die Verwendung von A-Sätzen bewerkstelligt.[17]

(**G₁**)   Heute wird im Festspielhaus die Matthäus-Passion aufgeführt.

---

14 Hacker spricht in Anlehnung an Wittgenstein von einer Abart oder einem Grenzfall eines referierenden Ausdrucks (*degenerate referring expression*): cf. wiederum Glock und Hacker 1996 sowie Hacker 2008, S. 267.

15 Die Oberflächengrammatik des Ausdrucks ›zeitlich perspektivischer Selbstbezug‹ suggeriert einen Unterschied hinsichtlich der Weise, in der hier der Begriff des Bezugs qualifiziert wird: das vorgeschaltete ›Selbst-‹ scheint das *Objekt* des Bezugs zu bestimmen (*worauf* Bezug genommen wird), während das *Attribut* ›zeitlich perspektivisch‹ angibt, *welcherart* die Bezugnahme ist. Aber das ist irreführend – wie meine Erläuterung von zeitlich perspektivischem Bezug als Zusammenfassung von Gegenwarts- , Vergangenheits- und Zukunftsbezug zeigt: denn hier fungieren Gegenwart, Vergangenheit und Zukunft genauso als Objekt, wie es beim Selbstbezug das »Selbst« (d. h. die eigene Person) tut. Richtig ist aber, dass es einen Unterschied macht, ob ich mich auf einen konkreten Gegenstand wie eine Person oder einen abstrakten Gegenstand wie eine Zeit beziehe. Richtig ist auch, dass die zeitliche und die personale Perspektivität, die im Begriff des zeitlich perspektivischen Selbstbezugs enthalten sind, nicht auf derselben Stufe stehen: Das ›Selbst-‹ qualifiziert den Bezug, aber das ›zeitlich perspektivisch‹ qualifiziert nicht den Bezug direkt, sondern den Selbstbezug. Ich komme darauf zurück (cf. Kap. 10).

16 In einem gewissen Sinne handelt es sich auch bei Vergangenheitsbezug und Zukunftsbezug um Fälle von Gegenwartsbezug: Auch wenn man etwas über die Vergangenheit oder über die Zukunft sagt, bezieht man sich implizit auf die Gegenwart. Vergangen ist das, was gegenwärtig war oder was früher als die Gegenwart ist. Zukünftig ist das, was gegenwärtig sein wird oder was später ist als die Gegenwart. Bezugnahme auf Vergangenheit und Zukunft geschieht also immer *aus der Gegenwart heraus* und *in Abgrenzung von der Gegenwart*.

17 Zum Begriff des A-Satzes cf. S. 135.

(G$_2$)   Heute wird im Festspielhaus meine Lieblingspassion aufgeführt.
(G$_3$)   Heute höre ich mir im Festspielhaus die Matthäus-Passion an.

Alle drei Sätze sind Beispiele für Gegenwartsbezug – und damit auch Beispiele für zeitlich perspektivische Bezugnahme. Mit (G$_1$) bezieht man sich auf die Gegenwart, ohne allerdings auf sich selbst Bezug zu nehmen. (G$_2$) steht für eine Verbindung von Gegenwarts- und Selbstbezug, aber nur in (G$_3$) findet eine Bezugnahme auf *sich selbst in der Gegenwart* statt.

(V$_1$)   Vor einem Jahr fand in Eivissa eine Prozession statt.
(V$_2$)   Vor einem Jahr fand in meinem Geburtsort eine Prozession statt.
(V$_3$)   Vor einem Jahr haben wir in Eivissa die Prozession angeschaut.

Diese drei Beispiele sind zeitlich perspektivisch insofern, als man mit ihnen auf die Vergangenheit Bezug nimmt.[18] Der erste Satz ist wiederum unpersönlich (d. h. noch nicht einmal drittpersonal, geschweige denn erstpersonal).[19] In (V$_2$) wird über das Possessivpronomen der ersten Person ein Selbstbezug hergestellt (»in *meinem* Geburtsort«), aber dieser Selbstbezug ist noch frei von zeitlicher Perspektivität.[20] Mit (V$_3$) jedoch beziehe ich mich auf *mich selbst in der Vergangenheit* – und damit in zeitlich perspektivischer Weise auf mich selbst: Ich beziehe mich auf etwas, das ich *vor einem Jahr* gemacht habe, auf Eigenschaften, die ich in der Vergangenheit exemplifiziert habe, darauf, wo ich mich befunden habe und welcher Beschäftigung ich nachgegangen bin – und zwar beziehe ich mich auf diese vergangenen Erlebnisse *als* vergangen (und *als* die meinen).

Im folgenden Kapitel werde ich ausführlicher erklären, wie ein solcher gegenwärtiger Selbstbezug zu verstehen ist und wie er zu repräsentieren ist.

---

18 Dasselbe ließe sich für den Zukunftsbezug durchspielen. Probleme, die für die Zukunft spezifisch sind – etwa das Problem der offenen Zukunft – werde ich hier, wie bereits erwähnt, ausklammern (cf. S. 136, Fn. 22).

19 Natürlich ist der Satz, *grammatikalisch* gesehen, drittpersonal. Das ändert nichts daran, dass zumindest explizit auf keine Person Bezug genommen wird (auch wenn es sich bei den Teilnehmern der Prozession vermutlich um Personen handelt), sondern lediglich auf einen Zeitpunkt, einen Ort und ein Ereignis bzw. eine Veranstaltung.

20 Was mein Geburtsort ist, steht fest, seit ich das Licht der Welt erblickte, und es wird sich auch nichts mehr daran ändern.

10 Zeitlich perspektivischer Selbstbezug

Im vorigen Kapitel habe ich versucht zu erklären, was ich mit Selbstbezug und was mit zeitlich perspektivischem Bezug meine. Darauf aufbauend möchte ich nun auf die *Verbindung* dieser beiden Arten von Bezugnahme zu sprechen kommen – den zeitlich perspektivischen Selbstbezug, d. h. die Bezugnahme auf sich selbst in der Gegenwart, Vergangenheit oder Zukunft.[1] Denn diese Art von Bezugnahme ist es, um die es in meiner »Diagnose« der Probleme geht, die ich im zweiten Teil dieser Arbeit beispielhaft dargestellt habe. Laut der Diagnose besteht die Grundlage für diese Probleme nämlich genau darin, dass Personen normalerweise in der Lage sind, sich in zeitlich perspektivischer Weise auf sich selbst zu beziehen.

10.1 Was ist zeitlich perspektivischer Selbstbezug?

Was heißt es also, sich zeitlich perspektivisch auf sich selbst zu beziehen? Wie sieht eine solche Kombination von Selbstbezug und zeitlich perspektivischer Bezugnahme aus? Die Antwort liegt nahe: Wenn Selbstbezug sich im erstpersonalen Sprachgebrauch äußert und zeitlich perspektivischer Bezug die korrekte Verwendung von *A*-Sätzen meint, dann sollte sich zeitlich perspektivischer Selbstbezug in erstpersonalen *A*-Sätzen manifestieren.

Nun könnte man erstaunt nachfragen: Ist denn nicht *jeder* erstpersonale Satz ein *A*-Satz? Tatsächlich ist es so, dass die allermeisten Sätze, in denen die erste Person Singular vorkommt, *A*-Sätze sind – aber nicht alle: Mit erstpersonalen Sätzen wie den

---

1 Hier scheine ich mich des gleichen »Adverb-Pastings« schuldig zu machen, das ich oben mit van Inwagen kritisiert habe (cf. Abschnitt 4.2.3, insbes. S. 56, Fn. 37). Allein, der Eindruck täuscht. Worauf beziehe ich mich, wenn ich mich z. B. auf mich selbst in der Gegenwart beziehe? Auf einen Gegenstand, der mit dem Ausdruck ›ich selbst in der Gegenwart‹ bezeichnet wird und sich von anderen Gegenständen wie dem, der mit ›ich selbst in der Vergangenheit‹ bezeichnet wird, unterscheidet? Nein. In all diesen Fällen beziehe ich mich immer auf dieselbe Person: auf *mich*. Dann ist ›in der Gegenwart‹ also adverbial zu verstehen und gehört zum Verb ›beziehen‹, gibt also an, *wann* ich mich beziehe? Nein. Die Formulierung ›auf mich selbst in der Gegenwart‹ ist eine Verkürzung von etwas wie ›auf mich selbst, *wie ich jetzt bin*‹ oder ›auf mich selbst *als* am Computer sitzend, die Dissertationsschrift überarbeitend usw.‹.

folgenden wird nicht auf die Gegenwart Bezug genommen;[2] an dem, was mit ihnen ausgesagt wird, ändert sich nichts.[3]

(I-A$_1$)	Ich bin der Sohn des Laios.
(I-A$_2$)	Meine Blutgruppe ist A$^+$.[4]

Und natürlich gibt es viele Sätze, die zeitlich perspektivisch sind, ohne dass man mit ihnen auf sich selbst Bezug nähme:

(A-I$_1$)	Gestern wurde in der Schweiz gewählt
(A-I$_2$)	Vor zweihundert Jahren ist Kleist gestorben.

Es gibt sogar Sätze, die zeitlich perspektivisch sind *und* mit denen man auf sich selbst Bezug nimmt, ohne aber in zeitlich perspektivischer Weise auf sich selbst Bezug zu nehmen. Ein Beispiel für einen Satz, mit dem man auf sich selbst und auf die Zukunft, nicht aber auf sich selbst *in* der Zukunft Bezug nimmt, wäre etwa »Meine Mutter wird nächste Woche 50.« Mit diesem Satz wird etwas über die Zukunft ausgesagt, aber nicht über die Zukunft der Sprecherin, sondern über die Zukunft ihrer Mutter. Sie selbst kommt also nur insofern ins Spiel, als sie zu der Person, die mit diesem Satz zeitlich »lokalisiert« wird, in Beziehung steht; aber diese Beziehung – die Mutter-Tochter-Relation – ist »zeitlos«.[5] (Anders wäre es bei »Ich werde nächste Woche bei meiner Mutter ihren 50. Geburtstag feiern«.)[6]

---

2 Natürlich stehen beide Sätze grammatikalisch gesehen im Präsens, aber hier dient das Tempus nicht dazu, die Geltung des Ausgesagten zeitlich einzuschränken. Es wäre seltsam, auf solche Auskünfte mit Fragen wie »Und seit wann ist das so?« oder »Meinst Du, morgen ist das anders?« zu reagieren. Cf. Frege 1918, S. 361: »Das *Präsens* in ›ist wahr‹ deutet also nicht auf die Gegenwart des Sprechenden, sondern ist, wenn der Ausdruck erlaubt ist, ein *Tempus* der Unzeitlichkeit.«
3 Sollte es in der Zukunft möglich werden, die Blutgruppe eines Menschen zu verändern, so wäre das zweite Beispiel natürlich abzulehnen; denn in einem solchen Fall müsste man den Satz im Sinn von »Meine Blutgruppe ist *zur Zeit* A$^+$« verstehen – und die Nachfrage »War das schon immer so?« wäre damit tatsächlich sinnvoll.
4 Weitere Beispiele wären Sätze wie »Ich bin ich«, »Ich bin ein Mensch« oder »Das Datum meines 30. Geburtstags ist der ... «.
5 Zumindest besteht sie über den gesamten Zeitraum, in dem sowohl Mutter als auch Tochter existieren. Wenn man will, kann man das als Bezug auf eine Gegenwart verstehen, die sich auf diesen Zeitraum erstreckt. Das ist freilich nicht die Art von zeitlicher Perspektivität, die mir vorschwebt.
6 Wem diese Beispiele gesucht erscheinen, dem stimme ich voll und ganz zu. Es liegt mir fern zu bestreiten, dass erstens die allermeisten erstpersonalen Sätze *A*-Sätze sind und zweitens die allermeisten erstpersonalen *A*-Sätze solche sind, mit denen man sich in zeitlich perspektivischer Weise

Die überwiegende Mehrheit der erstpersonalen Sätze, mit denen wir gewöhnlich zu tun haben, besteht jedoch aus Sätzen, die einen zeitlich perspektivischen Selbstbezug manifestieren, d. h. aus Sätzen, mit denen man sich auf sich selbst in der Gegenwart, Vergangenheit oder Zukunft bezieht. Paradebeispiele für solche Sätze wären etwa:

(ZPS$_1$)   Ich erinnere mich noch gut an meinen ersten Schultag.
(ZPS$_2$)   Ich möchte den Jahrtausendwechsel noch erleben.
(ZPS$_3$)   Ich bin erleichtert, dass ich mein Rigorosum hinter mir habe.

Anhand des letzten dieser Beispiele möchte ich den Begriff des zeitlich perspektivischen Selbstbezugs nun einer genaueren Analyse unterziehen.[7]

10.2 Ein Beispiel

Marie trifft in der Mensa auf Arthur. Er ist sichtlich gut gelaunt, und sie erkundigt sich nach dem Grund. »Hab' mein Rigorosum hinter mir«, antwortet er vergnügt. »Ah, verstehe. Na dann – kein Wunder, dass Du erleichtert bist! Ich wünschte, meines wäre auch schon vorbei ...«

Warum versteht Marie? Warum ist Arthurs Antwort eine gute Erklärung? Was würde Marie sagen, wenn wir von ihr wissen wollten, warum sie sich mit dieser Auskunft zufriedengibt? Angenommen, sie sitzt später mit ihrer Freundin Anna im Café und erzählt ihr von der Begegnung mit Arthur. Und angenommen, Anna stellt genau diese Frage: Warum hast du seine Erleichterung denn verstanden? Warum findest du, sie wird dadurch erklärt, dass er sein Rigorosum hinter sich hat? Was ist das für ein Grund, erleichtert zu sein? Marie würde wahrscheinlich die Stirn runzeln und sagen: Offensichtlich weißt du nicht, was ein Rigorosum ist! Dann lass dir gesagt sein: Es gehört nicht gerade zu den Dingen, die man besonders gern über sich ergehen lässt. Deshalb ist man natürlich froh, wenn es endlich vorbei ist. So ist das halt mit unangenehmen Sachen wie Prüfungen, Bewerbungsgesprächen, Zahnarztbesuchen usw.: Wenn sie vorbei sind, ist man erleichtert. Du doch wohl auch – oder etwa nicht? Kennst du

---

auf sich selbst bezieht. Was ich stark machen möchte, ist lediglich die *prinzipielle* Unabhängigkeit von Selbstbezug, zeitlich perspektivischem Bezug und zeitlich perspektivischem Selbstbezug.

7 In den folgenden Abschnitten werde ich auf Literaturhinweise bewusst verzichten und mich ganz darauf beschränken, anhand einer Alltagssituation die Begriffe der Erleichterung, der Vergangenheit und insbesondere der *eigenen* Vergangenheit zu untersuchen. (Cf. Kap. 8.) Der Abschnitt 10.2.4 wird dann wieder die Diskussion der Forschungsliteratur aufgreifen, die zum Thema der psychologischen Einstellungen zur eigenen Vergangenheit erschienen ist.

das nicht von dir selbst? Das ist doch nun nichts Ungewöhnliches, oder? Ist das nicht jedem klar?

Marie ist zufrieden mit der Erklärung. Und wir sind es auch. Das beschriebene Verhalten ist nachvollziehbar – jeder kennt solche Situationen zur Genüge aus dem Alltag und hätte an Maries Stelle wohl ähnlich reagiert. Wenige Zeilen reichen aus, um ein Gespräch zu skizzieren, das uns unmittelbar einleuchtet. Ich habe dem Leser nicht verraten, wer mit ›Arthur‹ und ›Marie‹ gemeint ist. Auch habe ich verschwiegen, wann und wo sich das Ganze abspielt und wie die Begleitumstände aussehen. Trotzdem ist sehr gut verständlich, wie die beiden agieren.

Es scheint eine Art allgemeiner Regel zu geben, die in dieser Szene zur Anwendung kommt und die Arthurs Erleichterung damit verbindet, dass er sein Rigorosum hinter sich gebracht hat. Was Marie zunächst sieht, ist: *Arthur ist erleichtert*. Sie weiß zu diesem Zeitpunkt noch nicht, ob es einen Grund für die Erleichterung gibt und was dieser Grund sein könnte. Da es allerdings selten vorkommt, dass jemand völlig grundlos erleichtert ist, dürfte sie davon ausgehen: *Arthur hat Grund, erleichtert zu sein*. Aber welchen? Arthur nennt ihr den Grund: *Sein Rigorosum ist vorbei*. Und das ist alles, was es an Erklärung braucht. Daraus, dass Arthurs Rigorosum vorbei ist, folgt, dass er Grund hat, erleichtert zu sein. Die gesuchte Regel hat also die Form eines Konditionals: *Wenn Arthurs Rigorosum vorbei ist, dann hat er einen Grund, erleichtert zu sein*. Und da in unserem Fall das Antezedens tatsächlich gegeben ist, dürfen wir auf das Konsequens schließen:

(**E₁**) Arthurs Rigorosum ist vorbei.
Wenn Arthurs Rigorosum vorbei ist, dann hat er Grund, erleichtert zu sein.

Arthur hat Grund, erleichtert zu sein.

Dieses Konditional ist allerdings noch viel zu konkret für eine allgemeine Regel. Wir, die wir uns diese Situation vorstellen, wenden dieselbe Regel an wie Marie; aber um ihr Verhalten zu verstehen, brauchen wir Arthur nicht zu kennen. Also kann es nicht sein, dass die Regel sich nur auf ganz bestimmte Personen bezieht. Es muss eine Regel sein, die sich prinzipiell auf alle Personen anwenden lässt.

(**E₂**) Arthur hat gerade sein Rigorosum hinter sich gebracht.
Wenn jemand gerade sein Rigorosum hinter sich gebracht hat, dann hat er (oder sie) Grund, erleichtert zu sein.

Arthur hat Grund, erleichtert zu sein.

Das ist schon besser, aber noch nicht gut. Es geht um eine Regel, die man beherrscht, wenn man gelernt hat, was es bedeutet, Erleichterung zu empfinden, und in welchen Lebenslagen dieses Gefühl angemessen ist. Erleichtert ist eine Person dann, wenn eine Last von ihr abgefallen ist. Diese Last kann eine unangenehme Aufgabe sein, etwas, dem man in banger Erwartung oder mit Sorge entgegensieht, eine Erfahrung, die man nicht gerne durchlebt: Prüfungen, Bewerbungsgespräche, Zahnarztbesuche usw. Immer, wenn jemand eine solche Belastung hinter sich gebracht hat, erwarten wir von ihm, dass er erleichtert ist. Wir wissen von uns selbst, wie wir uns nach solchen Erlebnissen fühlen, und wir haben keinen Grund anzunehmen, dass es anderen nicht genauso geht. Die Regel könnte also lauten: *Wenn jemand gerade eine unangenehme Erfahrung hinter sich hat, dann besteht für ihn/sie Grund zur Erleichterung.* Und wenn wir wissen, was ein Rigorosum ist, dann können wir uns auch vorstellen, warum es in diese Kategorie von Erlebnissen fällt, denen man eher sorgenvoll entgegenblickt.

(**E**₃)   Arthur hat gerade eine unangenehme Erfahrung hinter sich.
         Wenn jemand gerade eine unangenehme Erfahrung hinter sich hat, dann besteht für ihn (sie) Grund zur Erleichterung.

         Arthur hat Grund, erleichtert zu sein.

Dieses Argument unterscheidet sich allerdings in einer wichtigen Hinsicht von so berühmten Geschwistern wie »Sokrates ist ein Mensch; alle Menschen sind sterblich; also ist Sokrates sterblich.« Der Unterschied besteht darin, dass unsere Sätze keine zeitlose Gültigkeit haben wie die kategorialen Aussagen in dem Beispiel der alten Griechen. Dass Menschen sterblich sind, daran wird sich wohl nichts ändern. Genauso wenig ist davon auszugehen, dass Sokrates irgendwann kein Mensch mehr ist.[8] Aber dass Arthurs Rigorosum vorbei ist, gilt nicht immer, sondern nur *nach* dem Rigorosum. Deshalb hat er auch nicht andauernd Grund zur Erleichterung, sondern eben nur manchmal. Wir dürfen das ›wenn‹ und ›dann‹ in unserer Regel also nicht nur in

---

8 Von Reinkarnationslehren erlaube ich mir hier zu abstrahieren. Worauf ich hinauswill, ist einzig und allein, dass man mit dem obigen Argument gewöhnlich *nicht* meint: »Sokrates ist *jetzt gerade* ein Mensch. Wer *jetzt gerade* ein Mensch ist, ist *jetzt gerade* sterblich. Also ist Sokrates *jetzt gerade* sterblich.« Im Gegensatz zu Arthurs Beispiel fehlt hier gewissermaßen die implizite Kontrastklasse. Es gibt viele Zeiten in Arthurs Leben, zu denen er *nicht* gerade eine unangenehme Erfahrung hinter sich hat. Von diesen Zeiten grenzt er sich ab, wenn er das Präsens benutzt und sagt: »Ich *habe* die Prüfung hinter mir.« Wer dagegen feststellt, dass Sokrates ein Mensch *ist*, wird damit kaum eine Abgrenzung von anderen Zeiten vornehmen wollen, zu denen Sokrates kein Mensch war oder sein wird. Anders gesagt: Mit dem Präsens ist hier keine zeitliche *Einschränkung* verbunden. Cf. Abschnitt 10.1, S. 165.

einem konditionalen Sinne verstehen, sondern müssen auch den zeitlichen Aspekt beachten. Gemeint ist nämlich: *Wann immer* jemand gerade eine unangenehme Erfahrung hinter sich hat, *dann* hat er Grund erleichtert zu sein. Damit quantifizieren wir nicht nur über Personen, sondern auch über Zeiten:

(10.1)   Für alle Personen x und Zeiten t:
x hat zu t gerade eine unangenehme Erfahrung hinter sich gebracht
$\rightarrow$ x hat zu t Grund, erleichtert zu sein

Spinnen wir unsere Geschichte noch ein wenig weiter. Marie fährt fort: »Jetzt wird mir auch klar, warum du so angespannt wirktest, als ich dich neulich gesehen habe!« Arthur nickt. »Ja, das war direkt vor dem Termin.«

Jetzt hat Arthur Grund zur Erleichterung. *Neulich* hingegen hatte er Grund, angespannt zu sein. Was ihm also den Grund für seine Erleichterung gibt, muss etwas sein, das jetzt der Fall ist, aber neulich nicht der Fall war. (Und umgekehrt muss der Grund für die Anspannung etwas gewesen sein, dass nur damals der Fall war und jetzt nicht mehr der Fall ist.) Es fällt auch nicht schwer zu sagen, was es ist, das den Grund liefert: *Es ist – jetzt – der Fall, dass* Arthur das Rigorosum hinter sich hat. Aber: *Es ist – neulich – nicht der Fall gewesen, dass* Arthur das Rigorosum hinter sich hat. (Denn wäre es schon neulich der Fall gewesen, dann hätte Arthur gemäß obiger Regel schon neulich Grund gehabt, erleichtert zu sein.)

10.2.1 Grund, Ursache und Erklärung

Was Marie sieht, ist nicht, dass Arthur irgendeinen Grund hat oder nicht hat. Was sie sieht, ist seine Erleichterung – ob begründet oder unbegründet. Wofür sie eine Erklärung sucht, ist also seine Erleichterung und nicht, dass er einen Grund für Erleichterung hat. Sie weiß ja noch nicht einmal, ob es einen solchen Grund überhaupt gibt. Aber sie weiß, dass Arthur erleichtert ist. Das ist deutlich zu sehen. Und dafür kommen verschiedene Erklärungen in Frage: die nächstliegende ist natürlich, dass es einen Grund zur Erleichterung gibt – und dass Arthur um diesen Grund *weiß*! Allein das Vorliegen eines Grundes ist noch keine Erklärung für Verhalten oder emotionale Reaktionen. Dass seine Mutter kurzfristig ins Krankenhaus musste, ist ein Grund für Arthur, sich Sorgen zu machen. Aber so lange er nichts davon weiß, wird er sich auch keine Sorgen machen. Umgekehrt wäre es eine Erklärung für seine Besorgnis, wenn er *glaubt*, dass seine Mutter im Krankenhaus ist – auch wenn sie tatsächlich zu Hause weilt und sich bester Gesundheit erfreut, Arthur also lediglich etwas missverstanden hat.

Die Frage ist dann nicht: Was sollte jemand tun, wenn er sich in der Situation X befindet? Was wäre in diesem Fall eine rationale Verhaltensweise? Wofür gäbe es gute Gründe? Sondern: Warum hat A dieses oder jenes getan? Warum hat er sich in der fraglichen Situation so und nicht anders verhalten? Was ist die Erklärung für sein Verhalten? Was hat zu diesem Verhalten geführt?

Nehmen wir an, Arthur befindet sich im Irrtum. Er glaubt, er hätte das Rigorosum hinter sich; aber tatsächlich hat er etwas missverstanden, und der zweite Teil steht ihm noch bevor. Hat er dann immer noch Grund, erleichtert zu sein? Nein. Ist zu erwarten, dass er trotzdem erleichtert ist? Natürlich. So lange man ihn nicht darüber aufklärt, dass er einem Irrglauben aufsitzt, wird sich nichts an seiner Erleichterung ändern.

(10.2) Für alle Personen x und Zeiten t:
x glaubt zu t, gerade eine unangenehme Erfahrung hinter sich gebracht zu haben
→ Es ist zu erwarten, dass x zu t erleichtert ist

Aber warum ist das so? Woher kommt das explanatorische Potential? Inwiefern kann eine Überzeugung bestimmte Verhaltensweisen bewirken? Nun, doch nur deshalb, weil es z. B. ein guter Grund für Erleichterung ist, dass ich etwas Unangenehmes endlich hinter mir habe. Und wenn ich überzeugt bin, dass genau dies der Fall ist, dass ich also tatsächlich etwas Unangenehmes hinter mich gebracht habe, dann bin ich überzeugt, dass ein Grund für Erleichterung vorliegt. Wenn jemand mich fragt, woher meine Erleichterung rührt, dann kann ich sagen: Nun, ich habe allen Grund – mein Rigorosum liegt hinter mir. Und dass ich das sagen kann, schließt natürlich nicht aus, dass die Überzeugung, die in dieser Antwort zum Ausdruck kommt, sich als falsch erweist.[9] Aber ich denke, dass X der Fall ist, und ich denke, dass X ein Grund für Y ist, und deshalb reagiere ich mit Y. Wäre ich der Ansicht, dass es durchaus kein Grund für Erleichterung ist, eine unangenehme Erfahrung hinter sich gebracht zu haben, dann würde meine Überzeugung, dass ich eine solche Erfahrung hinter mir habe, auch kein Gefühl der Erleichterung bei mir bewirken.[10]

---

9 Dann hätte ich zwar *de facto* keinen Grund mehr, würde aber dennoch *denken*, dass ich einen habe, und könnte deshalb *sagen*, dass ich einen habe. Auf diesen wichtigen Unterschied werde ich im Folgenden noch zurückkommen.

10 Das klingt übertrieben rationalistisch: Ich muss mir doch nicht erst bewusst machen, dass X einen Grund für Erleichterung darstellt, um dann, gleichsam im zweiten Schritt, tatsächlich Erleichterung zu empfinden. Handelt es sich nicht vielmehr um eine *unmittelbare* emotionale Reaktion auf meine Überzeugung, dass X vorliegt, dass also beispielsweise die unangenehme Prüfung vorbei ist? Und wenn mich jemand davon überzeugen könnte, dass X doch kein Grund für Erleichterung ist – wäre ich dann nicht trotzdem erleichtert, eben weil es eine spontane Gefühlsreaktion ist und nichts wil-

Wenn wir also davon ausgehen, dass unsere Handlungen und Emotionen zumindest im Normalfall gerechtfertigt sind, dann müssen wir annehmen, dass Überzeugung und Wirklichkeit sich normalerweise decken: Im Idealfall ist das, wovon ich überzeugt bin, auch das, was tatsächlich der Fall ist. Wir setzen also voraus, dass Arthur nicht nur *denkt*, sein Rigorosum hinter sich zu haben, sondern dass er es *tatsächlich* hinter sich hat – dass es *wirklich* der Vergangenheit angehört.

10.2.2 Bedeutung und Wahrheitsbedingungen

Spätestens an dieser Stelle muss ein *B*-TheoretikerBauchschmerzen bekommen. ›Wirklich‹ und ›Vergangenheit‹, das passt für ihn nicht zusammen. In der Wirklichkeit gibt es keine Vergangenheit. Was unserer Rede von der Vergangenheit Sinn verleiht, ist nicht etwa, dass die Realität in Vergangenheit und Zukunft strukturiert wäre. Die Grundlage für unsere Verwendung dieser Begriffe ist vielmehr eine zeitliche Struktur der Realität, die sich in einer Ordnung von Früher und Später erschöpft. Strikt gesprochen ist es also nicht der Fall, dass Arthurs Rigorosum in der Vergangenheit liegt. Wir verstehen zwar, was er meint, und wir haben keine Veranlassung zu glauben, dass er die Unwahrheit spricht. Aber was seine Äußerung wahr macht, hat ausschließlich mit der *Früher-als*-Beziehung zwischen seinem Rigorosum und seiner Äußerung zu tun. Wann immer jemand behauptet, *x* sei vergangen, so sagt er genau dann die Wahrheit, wenn *x* früher ist als seine Behauptung.

(10.3)   Es ist zu *t* der Fall, dass das Ereignis *x* vergangen ist
          ↔ *x* ist früher als *t*

Nun hat Bedeutung sicherlich etwas mit Wahrheitsbedingungen zu tun – aber ist es dasselbe? Was Arthurs Erleichterung erklärt, ist der *Inhalt* seiner Überzeugung (das, *wovon* er überzeugt ist) – und das können nicht die genannten *B*-theoretischen Wahrheitsbedingungen sein. Dass sein Rigorosum früher ist als *t*, wusste Arthur auch schon vorher: der Termin war ihm wohlbekannt. Aber vorher war dieses Wissen kein Grund für Erleichterung. Und wenn er vorher erleichtert war, dann kann dieses Wis-

---

lentlich Gesteuertes? Das ist alles richtig. Gründe für Emotionen unterscheiden sich von Gründen für Handlungen (denen tatsächlich eine Reflexion über Gründe vorausgehen kann). Eine für mich wichtige Gemeinsamkeit besteht aber darin, dass man *im Nachhinein* Rechenschaft ablegen kann, indem man auf Gründe verweist, und dass damit aus drittpersonaler Perspektive ersichtlich wird, worin der Grund besteht. Nur wenn das, wovon Arthur überzeugt ist, auch *der Fall ist*, geht seine Erleichterung als gerechtfertigt durch: Die Überzeugung, die eine Emotion bewirkt, muss *wahr* sein, damit die Emotion nicht nur erklärbar ist (auch ein Irrglaube kann die Erklärung sein), sondern darüber hinaus *angebracht*.

sen das nicht erklären (es sei denn, er irrt sich im Datum). Wir suchen also etwas, das zunächst nicht der Fall war, aber nach der Prüfung der Fall ist und dadurch einen Grund für Erleichterung bietet. Der Inhalt von Arthurs Überzeugung muss sein, dass dieses Etwas nun der Fall ist, das vorher nicht der Fall gewesen ist. Ohne die besonderen B-theoretischen Anforderungen würden wir einfach sagen: Es ist der Fall, dass das Rigorosum vergangen ist. Arthur weiß, dass dies der Fall ist. Das erklärt, warum er Erleichterung verspürt – und rechtfertigt diese Erleichterung. Als B-Theoretiker müssen wir hingegen sagen: Es ist *nicht* der Fall, dass das Rigorosum vergangen ist. Was es auch immer ist, wovon Arthur überzeugt ist: Wenn das, wovon er überzeugt ist, wahr sein soll, dann kann er nicht davon überzeugt sein, dass das Rigorosum vergangen ist. Wovon aber ist er dann überzeugt? Immerhin muss der Inhalt seiner Überzeugung erklären können, dass er erleichtert ist. Wir wollen sagen können: Seine Erleichterung erklärt sich daraus, dass er glaubt, dass p – und rechtfertigt sich daraus, dass p. Aber was ist dieses p? Dass die B-theoretischen Wahrheitsbedingungen für seine Äußerung »Mein Rigorosum ist vorbei« erfüllt sind? Dass also sein Rigorosum früher ist als irgendein t? Nein. Das scheidet als Erklärung wie gesagt aus, weil Arthur sonst auch *vor* dem Rigorosum schon Grund zur Erleichterung gehabt hätte. Wenn es eine Erklärung wäre, dann könnte man damit auch eine Erleichterung vor dem Rigorosum erklären, und das ist absurd. Was also nicht in Betracht kommt, ist: Dass Arthur zur Zeit t erleichtert ist, erklärt sich daraus, dass er weiß, dass sein Rigorosum früher ist als t. Diese Option können wir aus zwei Gründen ausschließen. Erstens: Um erleichtert zu sein, braucht er nicht zu wissen, ja noch nicht einmal zu glauben, dass sein Rigorosum früher als t ist. Vielleicht hat er keine Ahnung, wie spät es ist. Trotzdem kann er wissen, dass die Prüfung vergangen ist, und darüber erleichtert sein. Zweitens: Selbst wenn er weiß, dass sein Rigorosum früher ist als t, so erklärt das noch lange nicht seine Erleichterung. Denn das wusste er ja auch schon vorher. Und vorher war er nicht erleichtert. Noch hatte er einen Grund dazu.

10.2.3 Spielarten der Kommunikation

Wenn jemand zu uns sagt »Heute ist der 26. Mai 2011«, dann hat das eine andere Bedeutung für uns, als wenn wir ein Tagebuch finden, in dem geschrieben steht »Heute ist der 26. Mai 1911«. (Und ich meine nicht den Unterschied von 100 Jahren.) In letzterem Fall beschränkt sich der Informationsgehalt tatsächlich auf die (B-theoretischen) Wahrheitsbedingungen: Alles, was wir daraus entnehmen können, ist nämlich, dass der Eintrag am 26. Mai 1911 verfasst wurde (falls der Verfasser sich bezüglich des Datums nicht geirrt hat und seine Leser auch nicht bewusst in die Irre leiten wollte). Wir betrachten das aus der Perspektive des unbeteiligten Dritten. Es spielt keine Rolle, wann und wo wir das lesen oder wer es liest. Was sich in dieser schriftlichen Kommunikation mitteilt, ist immer dasselbe: Dieser Satz wurde am 26. Mai 1911 niedergeschrieben. Ganz anders verhält es sich, wenn jemand sich im Gespräch an uns wendet und sagt »Heute ist der 26. Mai 2011.« In diesem Fall hat der Satz eine völlig andere Signifikanz. Wir werden dadurch nicht nur informiert, dass dieser Satz am 26. Mai 2011 gesprochen wird (so er denn wahr ist). Denn jetzt kommt hinzu, dass wir ihn auch am 26. Mai 2011 hören! Unsere eigene Perspektive spielt hier eine wichtige Rolle, während sie im anderen Fall nicht von Belang war. Vielleicht haben wir den Sprecher nach dem Datum gefragt, weil wir ein Dokument unterzeichnen müssen. Dann werden wir die erhaltene Information verwenden, um das richtige Datum einzutragen. Vielleicht hat der Sprecher diesen Satz aber auch ganz bewusst an mich adressiert und will mich freundlich daran erinnern, dass heute mein Hochzeitstag ist. Dann werde ich ihm dankbar sein für den Wink mit dem Zaunpfahl und vielleicht zum nächsten Blumenladen laufen, um Rosen für meine Frau zu kaufen. Oder ich weiß, was dieses Datum für ihn bedeutet – z. B. dass es nur noch drei Tage bis zu seinem Rigorosum sind – und er weiß, dass ich es weiß. Dann werde ich wissend nicken und vielleicht etwas Mitfühlendes oder Aufmunterndes sagen oder versuchen, ihn mit etwas Erfreulicherem abzulenken.

Und wenn ich in einem Tagebuch lese »Ich bin so erleichtert – das Rigorosum ist endlich hinter mir«, dann verstehe ich es, ohne Zeit und Ort zu kennen, ohne auch nur zu wissen, wer der Verfasser dieser Zeilen ist (so wie der Leser nicht weiß, wer mein Arthur und meine Marie sind, noch wann die Szene sich abspielt). Ich weiß zwar, dass sowohl das Rigorosum als auch die Erleichterung, von der im Tagebuch zu lesen ist, Vergangenheit sind – wir können nicht in die Zukunft sehen, und was wir in Tagebüchern oder anderen Aufzeichnungen lesen, ist in der Vergangenheit geschrieben worden; sonst könnten wir es nicht lesen. Aber das ist für unser Verständnis nicht wesentlich. Angenommen, wir könnten tatsächlich in die Zukunft sehen. Angenommen, wir lesen Tagebuchaufzeichnungen, die aus der Zukunft kommen. So abstrus die Vorstellung ist – an der Verständlichkeit der beschriebenen Erleichterung ändert sich gar nichts. Spricht das nicht für die *B*-Theorie? Alles, was wir wissen, ist das Nacheinander von Rigorosum und Erleichterung. Das reicht, um zu verstehen, was da vor sich geht. Das reicht, um die Erleichterung zu erklären. Aber seien wir genau: Setzen wir nicht (wie könnte es auch anders sein) viel mehr voraus? Wir lesen diese Zeilen, und dadurch wissen wir nicht nur, dass das Rigorosum vor der Erleichterung war, sondern auch, dass der Prüfling sich dessen bewusst war, genauer: dass er deshalb erleichtert war, weil er wusste »Das Rigorosum ist vorbei«. Als er das geschrieben hat, war das Rigorosum vergangen. Als er die Erleichterung empfunden hat, von der er schreibt, war das Rigorosum vergangen – und er wusste darum. Das setzen wir automatisch voraus, wenn wir so etwas lesen. Und nur deshalb erscheint uns die beschriebene Gefühlsreaktion verständlich. Aber nicht nur das: Wir setzen außerdem voraus, dass dieses

Rigorosum *tatsächlich* vergangen war, als die Zeilen geschrieben wurden – denn nur dann war die Erleichterung auch *gerechtfertigt*.[11]

10.2.4 Eine *B*-theoretische Analyse?

Damit scheint aber auf der Hand zu liegen, wie ein *B*-Theoretiker unsere Regel modifizieren müsste, damit sie seiner Metaphysik genügt:

(10.4)   Für alle Personen x und Zeiten t:
x glaubt zu t, dass seine unangenehme Erfahrung … gerade vorbei ist
→ Es ist zu erwarten, dass x zu t erleichtert ist

Mit dieser Formulierung, so scheint es, steht die *B*-Theorie ziemlich gut da. So ganz wird sie die zeitliche Indexikalität (die sich hier in dem Ausdruck ›gerade vorbei‹ verbirgt) zwar nicht los[12], aber immerhin wird diese Indexikalität in den Skopus einer *Glaubenszuschreibung* verbannt – und dort kann sie dem *B*-theoretischen Credo zumindest *prima facie* nichts mehr anhaben. Denn von einer *A*-Bestimmung, die sich innerhalb einer Glaubenszuschreibung befindet, fühlt sich die *B*-Theoretikerin metaphysisch zu nichts verpflichtet. Sie hat nur ein Problem mit Sätzen wie

(10.5)   … ist gerade vorbei.

(sofern mit ihnen etwas über die *Realität* behauptet werden soll); Sätze wie

(10.6)   … *glaubt*, dass … gerade vorbei ist.

---

11 Cf. wiederum Kap. 8. Zur Unterscheidung von Laut- und Schriftsprache im Zusammenhang mit Indexikalität ist jüngst ein Aufsatz erschienen: Pleitz 2011b. Cf. auch Pleitz 2010 und Pleitz 2011a. Untersuchungen zum Phänomen der Indexikalität in Verbindung mit der Philosophie von Raum und Zeit bieten Wyller 1994, Wyller 1995, Wyller 2007 und Wyller 2010.
12 Das scheint nach den einflussreichen Arbeiten zur »essentiellen Indexikalität« (cf. 157, Fn. 1.) auch kaum noch jemand ernsthaft zu versuchen.

hingegen können ihr nicht gefährlich werden – so jedenfalls argumentiert die *B*-Theoretikerin[13]. Glauben kann man vieles.[14] Und auch der Glaube an etwas, das nicht *wirklich* der Fall ist, kann Handlungen erklären.

Natürlich will die *B*-Theorie nicht unterstellen, dass der Glaube an den Vergangenheitsstatus eines Ereignisses in dieselbe Kategorie gehört wie der Glaube an den Weihnachtsmann oder an Einhörner. Deshalb muss sie das, was Personen glauben, wenn sie erleichtert sind usw., auf irgendeine Weise mit der *Wirklichkeit* verbinden – sonst ließe sich kaum aufrechterhalten, dass Personen in ihren Gefühlsreaktionen, Handlungen etc. (meistens) *gerechtfertigt* sind. Ob diese Rückbindung an die Realität, wie sie auf diese oder jene Weise von *B*-Theoretikern versucht worden ist, erfolgreich ist oder nicht, soll hier nicht weiter thematisiert werden. Stattdessen werde ich in dieser Frage das *principle of charity* walten lassen und mich lieber dem zeitlich perspektivischen Selbstbezug widmen, der mich primär interessiert und der innerhalb der Glaubenszuschreibung immer noch erhalten ist (und dort – das lassen selbst die *B*-Theoretiker an dem Aufwand erkennen, den sie diesem Umstand widmen – für die genannten Probleme (ob lösbar oder nicht) sorgt).

Im Folgenden werde ich deshalb versuchen, die *logische Form* von Sätzen wie dem Antezedens in (10.4) noch genauer zu bestimmen: Welche Form ist es genau, die ein Satz haben muss, damit er eine gute Erklärung für *x*s Erleichterung zu *t* abgibt? Wir haben schon gesehen, dass ein solcher Satz etwas angeben sollte, das *x* zu *t glaubt*. Aber was ist die Form dessen, *was x* glaubt? Denn diese Form ist es doch, die darüber entscheidet, ob das, was *x* glaubt, eine Erklärung für *x*s Erleichterung zu liefern vermag oder nicht.

Das, was eine solche erleichterte Person glaubt, scheint zwei wesentliche (formale) Aspekte zu haben. Sie glaubt, dass

(E$_V$)   eine unangenehme Erfahrung (kurze Zeit) *zurückliegt* und

---

13 Cf. etwa Mellor 1998, S. 59 ff., und Sider 2001b, S. 20 f.

14 *Wissen* hingegen kann man nur, was der Fall ist. (Die gängigen Theorien von Wissen geben unterschiedliche Antworten darauf, was *hinreichend* für Wissen ist – für einen Überblick cf. etwa Steup 2012. Allgemein akzeptiert scheint aber, dass die Wahrheit von *p* eine *notwendige* Bedingung dafür darstellt, von ›Wissen, dass *p*‹ sprechen zu dürfen: »(... weiß, dass *p*) → *p*«) Hier gerät man als *B*-Theoretiker in Erklärungsnot: Wenn man nicht bestreiten will, dass ein Satz wie »Ich weiß, dass ... gerade vorbei ist« tatsächlich von einem echten Fall von Wissen handeln kann, dann muss man dieses Wissen anders benennen als durch »... weiß, dass ... gerade vorbei ist« – denn daraus würde folgen, *dass* ... gerade vorbei ist.

Auf diese zusätzlichen Schwierigkeiten im Zusammenhang mit Wissen werde ich hier nicht näher eingehen, sondern vorläufig den Schachzug der *B*-Theoretikerin mitmachen, der gerade darin besteht, Handlungen und Gefühlsreaktionen mit einer *Glaubenseinstellung* statt mit einer *Wissenseinstellung* zu erklären und besagte Probleme dadurch zu umschiffen. (Mellor führt MacBeath 1994 als Inspirationsquelle für diesen Zug an – cf. Mellor 1998, S. 41.)

(E_S)   *sie selbst* diese Erfahrung gemacht hat.[15]

Diesen beiden Aspekten werde ich mich nun der Reihe nach zuwenden und versuchen, sie provisorisch zu formalisieren.

10.2.4.1 Das »Tempus« der Erfahrung

Wie kann man formal ausdrücken, dass etwas zurückliegt, dass es vorbei ist, der Vergangenheit angehört? Nun, sicherlich handelt es sich hierbei um eine *zeitliche* Charakterisierung. Die Optionen scheinen also zunächst in einer *A*-theoretischen und einer *B*-theoretischen *Zeitlogik* zu bestehen. Und dass die *B*-Logik ausscheidet, weil die Bestimmung *vorbei* in unserem Beispiel »essentiell indexikalisch« ist, haben wir oben[16] schon gesehen: Man wird kein *t* finden, so dass eine *B*-Konstruktion wie ›früher als *t*‹ den Zweck von ›vorbei‹ in 10.4 erfüllt – es sei denn, man definiert ›*t*‹ selbst wieder indexikalisch (als ›jetzt‹) und damit *A*-theoretisch.

Es muss also eine *A*-Logik her. Um bei Prior zu bleiben, von dem unser Beispiel inspiriert ist, werde ich mich hier seiner Notation, d. h. zunächst seines Vergangenheitsoperators ›*P*‹[17] für ›es ist der Fall gewesen, dass‹ bedienen.[18]

Person *x* glaubt, dass die unangenehme Erfahrung *z* gerade vorbei ist – man könnte auch sagen: dass er oder sie diese Erfahrung *hinter sich* hat. Wenn man eine unangenehme Erfahrung »hinter sich« hat, dann befindet diese Erfahrung sich nicht *räumlich* hinter einem (wie die Sonne, die einem den Rücken wärmt), sondern *zeitlich* – der Ausdruck ›hinter‹ wird hier also bildlich verwandt. Gemeint ist, dass diese unangenehme Erfahrung der *Vergangenheit* angehört, genauer: der *jüngeren* Vergangenheit (über ei-

---

15 Diese Trennung in zwei verschiedene Überzeugungsgehalte mag artifiziell wirken. Und sie *ist* artifiziell. Was die Person glauben muss, ist, dass *ihre* unangenehme Erfahrung kurze Zeit zurückliegt, d. h. dass *sie* gerade eine unangenehme Erfahrung gemacht hat. Und das *impliziert* einerseits, dass eine unangenehme Erfahrung kurze Zeit zurückliegt, und andererseits, dass sie selbst diese Erfahrung gemacht hat. Mit dieser Aufspaltung in einen zeitlich indexikalischen und einen indexikalischen-*qua*-erstpersonalen Gehalt verfolge ich den Zweck, die *zwei* Arten von Perspektivität explizit zu machen, die sich im zeitlich perspektivischen Selbstbezug verbinden.

16 Cf. S. 175, Fn. 12, sowie Abschnitt 8.2, S. 139.

17 Das ›*P*‹ steht für ›*past*‹.

18 Priors minimale *Tense*-Logik K_t (cf. etwa Prior 1967, S. 176, dazu auch Müller 2002, S. 74, und Øhrstrøm und Hasle 1995, S. 373 f.), von der die folgenden Skizzen inspiriert sind, baut direkt auf der propositionalen Logik auf und kennt somit keine Quantoren wie etwa die in 10.4 enthaltenen – geschweige denn irgendwelche Mittel, um in Glaubenskontexte hineinquantifizieren zu können. Daher sind die halbformalen Charakterisierungen von Regeln, wie ich sie hier vornehme, lediglich als *Andeutungen* zu verstehen, in welche Richtung eine formale Ausarbeitung gehen könnte. Wenn ich z. B. ›*P*‹ schreibe, will ich lediglich signalisieren, dass eine irreduzible *A*-Bestimmung der Vergangenheit im Spiel ist.

ne Prüfung, die Jahre zurückliegt, ist man nicht erleichtert).[19] Versuchen wir also, ob uns der Vergangenheitsoperator P für ›es ist der Fall gewesen, dass‹ weiterhilft:

(10.7) $\forall x \forall t$

   (x glaubt zu t, dass P(er durchlebt eine unangenehme Erfahrung)
   → Es ist zu erwarten, dass x zu t erleichtert ist)

Ein zeitlogischer Operator wie P im Skopus von Glaubenszuschreibungen – wie auch immer man letztere versteht[20] – wäre dann relativ zum Zeitpunkt der Glaubenseinstellung und nicht relativ zum Zeitpunkt ihrer *Zuschreibung* zu evaluieren[21]

---

19 Um innerhalb von Vergangenheit und Zukunft noch weiter zu differenzieren, bemüht man häufig eine sogenannte *metrische Zeitlogik* (cf. etwa Øhrstrøm und Hasle 1995, S. 231 ff.), mit deren Hilfe sich etwa Operatoren wie ›es ist vor zwei Tagen der Fall gewesen, dass‹ formalisieren lassen. Von einer solchen Präzision ist unsere Regel allerdings weit entfernt – wer wollte entscheiden, wie lange nach dem Ende einer unangenehmen Erfahrung man noch Grund für Erleichterung hat oder nach wie vielen Tagen die Erleichterung aufhört! Ausdrücke wie ›gerade vorbei‹ oder ›hinter sich‹ sind vage, und ihre Vagheit entspricht der Vagheit unserer Gefühlsreaktionen, Handlungsmotive etc. Daher können wir uns hier guten Gewissens mit dem einfachen Vergangenheitsoperator begnügen: Worum es hier geht, ist der Vergangenheitsbezug *an sich*, nicht der Bezug auf eine jüngere oder weniger junge Vergangenheit.

20 Verbreitet ist die Auffassung, dass es sich bei Glauben, Meinen, Wissen und anderen »propositionalen Einstellungen« um *Relationen* zwischen Person und Proposition handelt – cf. etwa McKay und Nelson 2010. Prior hingegen würde ›Arthur glaubt, dass‹ als *Operator* verstehen, der wiederum zerlegbar ist in einen singulären Term und einen »Prädikat-Junktor« (cf. Prior 1963 und Prior 1976a, S. 14 ff., dazu Müller 2002, S. 162 ff.): eine Art logischen Zwitter, der sich mit einem Satz zu einem Prädikat und mit einem singulären Term zu besagtem einstelligen Satzoperator verbindet – cf. auch Rundle 1979, S. 287 ff., sowie Moltmann 2003. Ähnliche Ansätze sieht Prior übrigens schon in Ramsey 1931, S. 143, und Quine 1960, § 44 – cf. Prior 1963, S. 149. Von dieser Debatte werde ich hier abstrahieren und Glaubenszuschreibungen bis auf Weiteres unformalisiert lassen. (In meinem Zusammenhang kommt es weniger darauf an, was *Glauben* ist – ob z. B. eine Relation, und wenn ja, mit welcher Art von Relata –, sondern vielmehr darauf, *was* es ist, das jemand glaubt, wenn er oder sie erleichtert ist etc.)

21 Das liegt daran, dass die Wahrheit eines indexikalischen Satzes wie »Ich habe eine unangenehme Erfahrung hinter mir« relativ zu seinem *Kontext* ist (cf. Braun 2010), den in diesem Fall der Sprecher (Arthur) und der Äußerungszeitpunkt (sagen wir, der 15. 6. 1954, 15 Uhr GMT) bilden. (Um es technisch auszudrücken: Der Kontext geht in den *point of evaluation* ein, indem er die Wahrheitsparameter ›Sprecher‹ und ›Äußerungszeitpunkt‹ mit den Werten ›Arthur‹ und ›15. 6. 1954, 15 Uhr GMT‹ besetzt.) Und was für Äußerungen gilt, ist bei Überzeugungen nicht anders – spielen wir das einmal an unserem Beispiel durch: Für ›x‹ setzen wir ›Arthur‹ und für ›t‹ setzen wir ›15. 6. 1954, 15 Uhr GMT‹ ein. Dann können wir zweierlei tun. Zum einen können wir die Wahrheit der *Glaubenszuschreibung* beurteilen, zum anderen die Wahrheit des *Glaubensgehalts*. Für die Glaubenszuschreibung (also das Antezedens von (10.7)) ergibt sich:
Arthur glaubt am 15. 6. 1954 um 15 Uhr GMT, dass (P(er durchlebt eine unangenehme Erfahrung)).

(und analog für andere Einstellungen): »Arthur glaubte vor zwei Jahren, dass Pp«
ist wahr genau dann, wenn Arthur vor zwei Jahren glaubte, dass es (dann) der Fall
gewesen *war*, dass p – und nicht, wenn er damals glaubte, dass es (jetzt) der Fall
gewesen *ist*[22], dass p (wieso sollte er so etwas auch glauben).[23]

10.2.4.2 Das Subjekt der Erfahrung

Mit dieser Form haben wir den Ausdruck ›gerade vorbei‹ nun provisorisch eingefan-
gen – den Ausdruck ›hinter sich‹ allerdings nur zur Hälfte: in der Formalisierung noch
nicht enthalten ist das *reflexive* Moment von ›hinter *sich*‹. In (10.7) ist dieser Selbstbezug durch das Wort ›er‹ gewährleistet – ganz bewusst habe ich es nicht durch ›x‹ symbolisiert. Hier haben wir es mit dem zweiten wichtigen Aspekt der Form von Glaubens-
inhalten, die Gefühle wie Erleichterung erklären kann, zu tun: Nur wenn die fragliche
unangenehme Erfahrung *meine* Erfahrung war, kann ich sagen, dass ich sie hinter *mir*
habe. Und nur wenn es *meine* Erfahrung war, werde ich mit Erleichterung darauf reagieren, dass sie nun der Vergangenheit angehört. Damit können wir sogar noch weiter
gehen, als nur einen bloßen Selbstbezug zu konstatieren: Hier geht es um einen *zeitlich perspektivischen Selbstbezug*, in diesem Fall um den Bezug aus der Gegenwart
heraus auf die *eigene Vergangenheit* – mitsamt ihren angenehmen und weniger angenehmen Erlebnissen und Erfahrungen.

Versuchen wir also, diesen zeitlich perspektivischen Selbstbezug formal zu erfassen, indem wir den Zeitoperator P mit irgendetwas kombinieren, das Selbstbezüglichkeit wiedergeben kann. Das geht zum Beispiel, indem man eine Anleihe bei Castañeda
macht – der als erster umfangreiche Versuche unternommen hat, Selbstbezüglichkeit
systematisch zu erfassen – und seinen sogenannten »Quasi-Indikator« *er** verwendet[24]:

(Es ist wichtig, dass die indexikalischen Elemente ›P‹ und ›er‹ innerhalb des Dass-Satzes nicht ersetzt
werden. Diese Indexikale sind »essentiell« (cf. 157, Fn. 1). Arthur glaubt *nicht* (zwingend), dass Arthur
kurz vor dem 15. 6. 1954, 15 Uhr GMT, eine unangenehme Erfahrung durchlebt hat; sondern er glaubt,
dass *er* eine solche Erfahrung gemacht hat, und zwar *gerade erst*.)
Wenn wir wissen wollen, ob das, was Arthur glaubt, *wahr* ist, müssen wir die Werte der Kontextpara-
meter auf den eingeschlossenen Satz anwenden. Und dann ergibt sich tatsächlich:
Arthur durchlebt kurz vor dem 15. 6. 1954, 15 Uhr GMT, eine unangenehme Erfahrung.
22 Korrekter wäre es wohl zu sagen »dass es jetzt der Fall gewesen sein *würde*«. Aus dieser kruden
Formulierung kann man schon ersehen, dass solche Konstruktionen in der Praxis kaum vorkommen.
23 Dies entspricht natürlich genau der Weise, in der *iterierte* Zeitoperatoren zu lesen sind: mit »FPp«
ist nicht gemeint »es wird der Fall sein, dass es (jetzt) der Fall gewesen ist, dass p«, sondern »es wird
der Fall sein, dass es (*dann*) der Fall gewesen ist, dass p«.
24 Der *locus classicus* ist hier nach wie vor Castañeda 1966, aber als Einführung und Erweiterung zu
diesem nach eigenen Angaben (!) unlesbaren Aufsatz (als auch zu Castañeda 1967) empfiehlt der Autor Castañeda 1968.
Alternativen zum Instrumentarium Castañedas wären etwa die *Logic of Demonstratives (LD)* von Da-

(10.8) $\forall x \forall t$

(x glaubt zu t, dass P(er^* durchlebt eine unangenehme Erfahrung)
→ Es ist zu erwarten, dass x zu t erleichtert ist)

Was habe ich dadurch gewonnen, dass ich ein Sternchen hinzufüge und ›er^*‹ statt ›er‹ schreibe? Nun, mit ›er^*‹[25] kann man deutlich machen, dass es sich hier nicht einfach nur um ein Personalpronomen handelt, sondern dass diesem die besondere Funktion eines »indirekten Reflexivpronomens«[26] zukommt, wie es in indirekter Rede oder eben bei Glaubenszuschreibungen eingesetzt werden kann. Charakteristisch für ›er^*‹ ist, dass es mit dem Personalpronomen der ersten Person ›ich‹ in der direkten Rede korrespondiert:[27] Wenn x erklären wollte, warum er erleichtert ist, könnte er sagen »*Ich* habe z überstanden«. Das würde durch »x glaubt, dass x z überstanden hat« nicht erfasst: Wenn Arthur aus unerfindlichen Gründen seinen Namen vergisst, wird er immer noch glauben, dass *er* z überstanden hat – aber nicht, dass *Arthur* z überstanden hat.[28]

Für eine wirklich technische Notation hat die Form ›er^*‹ allerdings den Nachteil, dass sie einerseits zu spezifisch und andererseits nicht spezifisch genug ist. Sie ist zu spezifisch, weil sie das Geschlecht impliziert. Und sie ist nicht spezifisch genug, weil sie den *Grad* der anaphorischen Beziehung ignoriert und damit Mehrdeutigkeiten zulässt: So ist in dem (zugegebenermaßen reichlich exotischen) Satz »x glaubt, dass y glaubt, dass x glaubt, dass er^* z überstanden hat« nicht klar, ob ›y‹ oder das erste oder das zweite Vorkommnis von ›x‹ gemeint ist. Deshalb führt Castañeda die Schreibweise

---

vid Kaplan (cf. Kaplan 1989) oder auch die egozentrische Logik *Egocentric* von Prior (cf. Prior 1968, insbes. S. 198 ff.). Kaplans System ist allerdings weit komplexer als für meine gegenwärtigen Zwecke erforderlich, und Prior selbst stuft seinen Ansatz als für die Analyse von Personalpronomen nur bedingt geeignet ein, da er diese gerade eliminieren möchte. Insofern kann ich mich bis auf Weiteres mit Castañedas ›he^*‹ bescheiden – zumal sich Prior und vor allem Kaplan ausdrücklich auf ihn beziehen. (Wie schon bei dem Vergangenheitsoperator ›P‹ geht es mir auch bei der Verwendung von Castañedas Notation vorerst nur darum, essentielle Indexikalität – in diesem Fall der *personalen* Art – zu signalisieren, und nicht darum, systematisch von einem Kalkül Gebrauch zu machen.) Für ein erstpersonales Pendant ›I^*‹ zu Castañedas ›he^*‹ cf. Matthews 1992, Kap. 1.

25 Die relevanten Schriften Castañedas sind in Englisch verfasst, er verwendet also ›he^*‹.

26 Cf. S. 161, Fn. 8.

27 Cf. Castañeda 1968, S. 441.

28 Solche und weniger abstruse Beispiele finden sich zuhauf in den erwähnten Arbeiten über Indexikalität von Geach, Perry, Kaplan etc.

›$(x)_k$‹ ein – ›x‹ steht für das Antezedens und der Index ›k‹ für den Grad des Rückbe-zugs[29]:

(10.9) $\forall x \forall t$

(x glaubt zu t, dass $P((x)_2$ durchlebt eine unangenehme Erfahrung)

→ Es ist zu erwarten, dass x zu t erleichtert ist)

Damit möchte ich die exemplarische Darstellung einer B-theoretischen Analyse[30] des zeitlich perspektivischen Selbstbezugs abschließen. Es dürfte in diesem Kapitel hinreichend klar geworden sein, was ich unter der zeitlich perspektivischen Bezug-nahme auf sich selbst verstehe, so dass ich nun den letzten Schritt dieses Schlussteils machen kann: vermittelst des soeben eingeführten Begriffs meine *Diagnose* zu formu-lieren und zu begründen.

---

29 Cf. Castañeda 1968, S. 445 ff. In unserem Beispiel könnte man also mit »x glaubt, dass y glaubt, dass x glaubt, dass $(x)_3$ z überstanden hat« den Bezug zum *ersten* Vorkommnis von ›x‹ herstellen und mit »x glaubt, dass y glaubt, dass x glaubt, dass $(x)_1$ z überstanden hat« den Bezug zum *zweiten* Vorkommnis von ›x‹.

30 Bis hierher hätte freilich auch die A-Theoretikerin nichts gegen diese Analyse einzuwenden.

11 Die Diagnose

Nachdem ich in den vorigen Kapiteln ausführlich beleuchtet habe, was Selbstbezug, was zeitlich perspektivische Bezugnahme und was zeitlich perspektivischer Selbstbezug ist, kann ich nun auf meine *Diagnose* zurückkommen: dass nämlich letzterer – der zeitlich perspektivische Selbstbezug – verantwortlich ist für die im zweiten Teil dieser Arbeit paradigmatisch dargestellten Probleme, die an der Schnittstelle von Zeit und personaler Identität entstehen. Als Slogan formuliert, lautet meine Diagnose etwa so:

(D)   Ohne zeitlich perspektivischen Selbstbezug keine zeitspezifischen Identitätsprobleme.[1]

Das ist nun freilich, wie es sich für einen Slogan gehört, stark verkürzt und bedarf der Erläuterung. Wo ich oben noch von ganz konkreten Problemen gesprochen habe – namentlich den Problemen aus dem zweiten Teil dieser meiner Arbeit –, ist nun plötzlich nur noch die Rede von »zeitspezifischen Identitätsproblemen«. Damit habe ich von den einzelnen Problemen, die ich im zweiten Teil nacheinander behandelt habe, *abstrahiert* und den Befund, dass im jeweiligen Einzelfall dieses oder jenes Problem auftritt, *verallgemeinert*.

Eine solche Verallgemeinerung ist zwar wünschenswert, da sie eine Antwort auf die Frage dieser Arbeit gibt: Worin bestehen die begrifflichen Verbindungen zwischen Zeit und personaler Identität? In gewisser Weise hat auch der zweite Teil schon eine Antwort gegeben – aber eine Antwort im Gewand von *Beispielen*, von beispielhaften Beziehungen zwischen den Begriffen der Zeit und der personalen Identität. Mit meiner verallgemeinernden Diagnose möchte ich über die bloße Aufzählung von Beispielen hinausgehen und die *grundsätzlichen* Verbindungen zwischen jenen Begriffen benennen. Diese Verallgemeinerung wirft allerdings Fragen auf; und diesen möchte ich mich im Folgenden der Reihe nach zuwenden, bevor ich im Kapitel 13 näher ausführe, inwiefern sich meine Diagnose als Antwort auf die Frage der vorliegenden Arbeit deuten lässt. Diese Fragen sind: a) Wie genau ist die Verallgemeinerung zu verstehen (11.1), bzw. wie *nicht* (11.2)? Und dann natürlich: b) Ist diese Verallgemeinerung gerechtfertigt? (Kap. 12)

---

1 Was ich mit zeitspezifischen Identitätsproblemen meine, erläutere ich im Folgenden.

11.1 Wie die Diagnose zu verstehen ist

Oben habe ich meiner Diagnose die plakative Form »Ohne *A* kein *B*« gegeben. Damit will ich eine bestimmte *Abhängigkeit* ausdrücken: *B* setzt – in irgendeiner Weise – *A* voraus. Bevor ich nun darangehe (11.1.3), diese Abhängigkeit genauer zu erklären, bin ich es dem Leser schuldig, noch ein paar Worte über das Label »zeitspezifische Identitätsprobleme« zu verlieren, mit dem ich wie gesagt die verschiedenen Probleme, die ich im zweiten Teil durchgenommen habe, unter einen Oberbegriff bringen möchte. Was verstehe ich also unter *Identitätsproblemen* (11.1.1), und wodurch zeichnet sich die Klasse der *zeitspezifischen* Identitätsprobleme aus (11.1.2)?

11.1.1 »Identitätsprobleme«

Nun, statt von Identitätsproblemen müsste ich eigentlich von Problemen *diachroner* Identität sprechen, denn nur um solche geht es mir hier. Mich interessiert nicht die Frage, wie der Morgenstern mit dem Abendstern identisch sein kann, oder was es heißt, die Identität von $2 + 2$ und 4 zu behaupten, usw. In meiner Untersuchung liegt das Augenmerk vielmehr auf Gegenständen, die »in der Zeit« existieren, d. h. deren Existenz einen *Anfang* und ein *Ende* in der Zeit hat (und deren Existenz *kontinuierlich* ist, will sagen: zwischen ihrem Beginn und Ende keine Unterbrechung aufweist).[2]

Alle Gegenstände, die in diesem Sinne »zeitlich« sind, geben potentiell Anlass zu Fragen und Problemen hinsichtlich ihrer diachronen (oder »transtemporalen«) Identität: Welche Veränderungen können sie durchmachen, ohne dass sie aufhören zu existieren? Woher wissen wir, welcher der zum Zeitpunkt t_1 existierenden Gegenstände mit welchem der zu t_2 existierenden Gegenstände identisch ist (wenn überhaupt irgendeiner)? Was genau behaupten wir eigentlich mit diachronen Identitätsaussagen? Und wie kann es überhaupt sein, dass etwas sich verändert und doch dasselbe bleibt?

Diese Fragen kann man für *alle* zeitlichen Dinge aufwerfen. Und das Problem der Veränderung (so es überhaupt eines gibt) stellt sich für jeden zeitlichen Gegenstand. Es gibt aber Klassen von zeitlichen Entitäten, die zusätzlich zu den Problemen, mit denen sie *qua* zeitliche Entitäten konfrontiert sind, auch noch ihre ganz eigenen und spezifischen Probleme haben – beispielsweise ist das die Klasse der *Personen*.

Wie alle anderen zeitlichen Objekte beginnen Personen irgendwann zu existieren und hören irgendwann auf zu existieren. Sie sind allen möglichen Veränderungen ausgesetzt, und man kann sich fragen, was es ist, das bei aller Veränderung stabil bleibt, was eine Person erst zur Person macht und was das jeweilige Individuum auszeichnet. Oder man kann sich Gedanken darüber machen, welche möglichen Ereignisse

---

2 Zum Begriff der diachronen Identität cf. Kap. 4.

eine Person überleben würde und welche nicht, oder überlegen, woran wir die Identität von Personen *festmachen* usw. Diese Überlegungen kann man für *alle* zeitlichen Gegenstände anstellen und *ergo* auch für Personen.[3]

Was Personen von allen anderen uns bekannten Gegenständen *unterscheidet*, ist etwa, dass sie sich an Ereignisse aus ihrer Vergangenheit erinnern können, dass sie sich um ihr Fortbestehen Sorgen machen können, dass sie Verantwortung für ihre Taten zu übernehmen haben und vieles andere mehr. Diese besonderen Eigenschaften und Fähigkeiten von Personen führen entsprechend zu ganz besonderen, *personenspezifischen* Fragen und Problemen diachroner Identität.[4]

Neben der Klasse der Personen mag es auch noch andere Klassen von zeitlichen Gegenständen geben, die neben den ganz allgemeinen noch ihre je eigenen Probleme diachroner Identität haben. Wenn ich also von »Identitätsproblemen« spreche, meine ich *beides*: sowohl die Probleme, die sich aus diachroner Identität ganz allgemein ergeben, als auch diejenigen, die für die diachrone Identität von irgendwelchen *F*s spezifisch sind – z. B. eben die Probleme personaler (diachroner) Identität.[5]

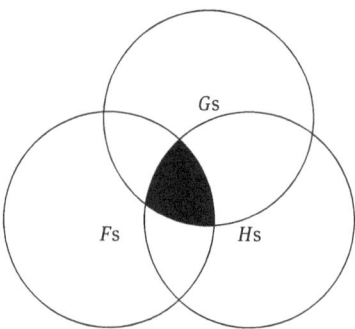

Abb. 11.1. Probleme diachroner Identität

Zur Verdeutlichung hier noch einmal meine Klassifikation von Problemen diachroner Identität (Abb. 11.1): Der schwarz eingefärbte Bereich steht für die ganz allgemeinen Probleme diachroner Identität, die für alle zeitlichen Gegenstände gelten.

---

3 Diese Fragen werden gewöhnlich als Fragen nach einem *Kriterium* für die diachrone Identität von Gegenständen der betreffenden Art betrachtet – cf. Kap. 3.
4 Zum Thema personale Identität cf. Kap. 5.
5 Inwiefern das Identitätskriterium für *x* davon abhängt, um welche Art Gegenstand es sich bei *x* handelt (d. h. um was für ein *F*), habe ich im Abschnitt 3.3.2, S. 39, erläutert.

Er bildet die Schnittmenge aller »Problemmengen«, die den einzelnen Klassen von zeitlichen Gegenständen (*Fs*, *Gs* etc.) zugeordnet sind.

11.1.2 »Zeitspezifisch«

Wenn ich nun unter Identitätsproblemen ohnehin nur diejenigen Probleme verstehe, die sich auf diachrone Identität beziehen (im Gegensatz zu synchroner oder aber nicht-zeitlicher Identität), wozu dann noch die weitere Einschränkung als *zeitspezifisch*? Diachrone Identität, so könnte man (ein wenig spitzfindig) einwenden, hat doch *immer* mit Zeit zu tun – sonst wäre es keine dia*chrone* Identität.

Dieser Einwand ist durchaus berechtigt. Und er verpflichtet mich, eine Erklärung für meine Verwendung von ›zeitspezifisch‹ zu geben, die tunlichst über ein bloßes Irgendetwas-mit-Zeit-zu-tun-Haben hinausgehen sollte. Wie kann diese Erklärung also aussehen?

Als zeitspezifisch verstehe ich diejenigen Probleme, für die zeitphilosophische Diskussionen relevant sind – für die es also z. B. einen Unterschied macht, ob man die *A*- oder die *B*-Theorie zugrunde legt oder ob man ein präsentistisches oder ein eternalistisches Weltbild voraussetzt. Zeitspezifisch in diesem Sinne ist ein Problem diachroner Identität also dann, wenn es sozusagen »sensibel« ist für die Debatten aus der Metaphysik der Zeit. Dass Debatte *D* für Problem *P* relevant ist bzw. dass umgekehrt *P* für *D* sensibel ist, äußert sich vor allem darin, dass die *Lösungen*, die für *P* vorgeschlagen werden, verschiedene sind – je nachdem, wo man in der Debatte *D* Stellung bezieht: ob man z. B. die Position D_1 vertritt oder der konkurrierenden Theorie D_2 anhängt.[6] Bin ich beispielsweise ein Verfechter von D_1, so ist, sagen wir, die Lösung L_A eine Option für mich – während die gegnerische Sichtweise D_2 mich dieser Option beraubt, dafür aber den Weg für Lösung L_B frei macht.

Für das allgemeine (d. h.: nicht personen-spezifische) Problem der *Veränderung* scheinen diese zeitphilosophischen Diskussionen unerheblich – zumindest, was die *A*/*B*- und die Präsentismus-Eternalismus-Debatte betrifft. Ob ich das Problem der Veränderung mithilfe von *A*-Bestimmungen oder über *B*-Relationen formuliere, bleibt sich gleich: Das Problem, wie es sein kann, dass ich *gestern* die Eigenschaft *E* exemplifiziert habe, *heute* aber nicht, ist kein anderes als das, wie ich zu *einem* Zeitpunkt *E* und zu einem *späteren* Zeitpunkt nicht *E* sein kann. Und entsprechend für die Präsentismus-Eternalismus-Debatte. Leibniz' Gesetz ist nicht empfänglich für solche Unterscheidungen. Es hat nichts mit der Unterscheidung von Gegenwart, Vergangenheit und Zukunft zu tun.

---

6 Es mag sogar Fälle geben, in denen diese Abhängigkeit schon bei der *Formulierung* des Problems anfängt.

Eine Einschränkung muss man allerdings machen: Es gibt eine Richtung in der Philosophie der Zeit, die durchaus relevant für das Problem der Veränderung und für Leibniz' Gesetz ist. Und zwar ist das die Auseinandersetzung zwischen Drei- und Vierdimensionalisten. Der Vierdimensionalismus hat es sich geradezu auf die Fahnen geschrieben, das Problem der Veränderung sehr elegant lösen zu können. (Man könnte freilich auch sagen, dass die Vierdimensionalisten das Problem eher umgehen als lösen: Leibniz' Gesetz bereitet ihnen deshalb keine Schwierigkeiten mehr, weil es gar nicht erst zur Anwendung kommt – Identität wird einfach durch eine andere Relation ersetzt.)

11.1.3 »Ohne *A* kein *B*«

Nehmen wir an, wir machen uns Gedanken über die diachrone Identität von *F*s und über die diachrone Identität von *G*s. Nehmen wir weiter an, *F*s sind normalerweise in der Lage, sich in zeitlich perspektivischer Weise auf sich selbst zu beziehen, während *G*s dieser Fähigkeit entbehren. (*F*s könnten also Personen sein und *G*s beispielsweise höher entwickelte Tiere.) Dann beinhaltet meine Diagnose *erstens*, dass es bestimmte Probleme hinsichtlich diachroner Identität gibt, die nur für *F*s auftreten (nennen wir sie die »*F*-spezifischen Probleme diachroner Identität«), während andere Probleme *alle* zeitlichen Gegenstände betreffen (und wieder andere vielleicht für *F*s und *G*s, nicht aber für *H*s gelten – cf. Abb. 11.2). Und *zweitens* beinhaltet meine Diagnose, dass diese »*F*-spezifischen Probleme diachroner Identität« auf eine bestimmte *Fähigkeit* zurückzuführen ist, die für *F*s typisch ist – im Fall von Personen eben die Fähigkeit des zeitlich perspektivischen Selbstbezugs.

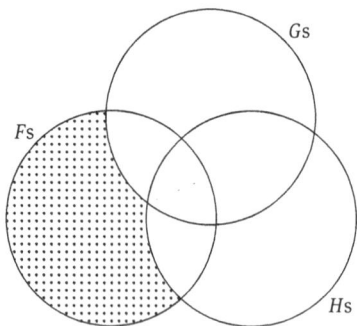

Abb. 11.2. Probleme diachroner Identität 2

Die Probleme, auf die sich meine Diagnose bezieht, sind die Probleme, die in das Feld links unten gehören. Von diesen Problemen – Überleben, Erinnerung, Verantwortung usw. – behaupte ich, dass sie sich sämtlich auf eine gemeinsame Grundlage zurückführen lassen, nämlich darauf, dass Personen sich auf sich selbst in der Gegenwart, Vergangenheit und Zukunft beziehen können.

11.2 Wie die Diagnose nicht zu verstehen ist

Nun könnte man meinen, es ginge mir um eine kontrafaktische Aussage: Könnten Personen sich nicht zeitlich perspektivisch auf sich selbst beziehen, dann gäbe es die oben genannten Probleme für ihre zeitliche Identität nicht. Aber das wäre gleich in doppelter Hinsicht irreführend.

Zum einen ist schon etwas schief daran zu sagen:»Angenommen, es wäre nicht so, dass Personen sich (normalerweise) zeitlich perspektivisch auf sich selbst beziehen können ... «[7] Der Begriff der Person wäre ein fundamental anderer, wenn es nicht die Norm gäbe, dass Personen diese Fähigkeit besitzen. Natürlich können Neugeborene sich (noch) nicht auf sich selbst beziehen. Trotzdem sind sie Personen. Auch gibt es Behinderungen und psychische Krankheiten, die diese Fähigkeit einschränken oder ganz aufheben. Das ändert nichts daran, dass es sich bei den Betroffenen um Personen handelt. Aber *normalerweise* – d. h. im Fall eines gesunden und entwickelten menschlichen Wesens – ist diese Fähigkeit gegeben.

Zum anderen ist es fraglich, ob überhaupt Wesen denkbar sind, die sich von Personen nur darin unterscheiden, dass sie sich nicht auf sich selbst in einer *A*-Zeit beziehen können. Menschen sind die einzigen uns bekannten Wesen, die sich *überhaupt* auf irgendetwas beziehen können, will sagen: die sprechen und denken können.[8] Insofern verwundert es auch wenig, dass sie die einzigen sind, die sich auf sich selbst in der Gegenwart usw. beziehen können – wenn es überhaupt Wesen gibt, die das können, dann sind das Personen, weil niemand sonst Sprache verwendet. Und an die Möglichkeit des zeitlich perspektivischen Selbstbezugs ist vieles andere gebunden, das für Personen charakteristisch ist. Nur Personen führen Handlungen aus. Und Han-

---

7 Das wäre in gewisser Weise vergleichbar mit einem Satz wie:»Angenommen, es wäre nicht so, dass Autos (normalerweise) fahren können ... « Hier liegt insofern ein innerer Widerspruch vor, als es zum *Begriff* des Autos gehört, dass sie normalerweise fahren können. Entsprechend gehört es zum Begriff der Person (und eines menschlichen Wesens), dass sie sich normalerweise auf sich selbst beziehen können.

8 Das stimmt natürlich nur, wenn man Bezugnahme so versteht, wie ich es schreibe: als Sprechen bzw. Denken. In einem abgeschwächten Sinn können wir wiederum sagen, dass auch Tiere sich beziehen oder Bezug nehmen. Cf. etwa Andrews 2011, insbes. Abschnitt 4.1.1 *Referential and Expressive Signals*.

deln ist ohne zeitlich perspektivischen Selbstbezug nicht möglich.[9] Instinktives Verhalten, Reflexe, Dispositionen – all das ist auch ohne zeitlich perspektivischen Selbstbezug möglich. Aber unter Handeln verstehen wir mehr. Und dafür braucht es diesen zeitlich perspektivischen Selbstbezug. Wenn man ihn wegnimmt, so darf man vermuten, dann bleibt nicht viel übrig von dem, was wir gemeinhin als das Besondere an Personen betrachten.

Die kontrafaktische Lesart ist also nicht gemeint. Worum es mir geht, ist ein bestimmter Aspekt von Sprache, auf dem meines Erachtens die zeitspezifischen Probleme personaler Identität basieren: der Aspekt, in dem sich zeitlich perspektivischer Selbstbezug manifestiert. Wie in den vorangegangenen Kapiteln gezeigt, handelt es sich bei diesem Aspekt um die Verbindung von Erstpersonalität und Zeitstufen. Und so ist es auch die Kombination von Ausdrücken in der ersten Person und *tempora verbi*, die ich heranziehen muss, wenn ich meine Diagnose begründen will.

---

9 Hier vereinfache ich. Ob man zeitlich perspektivischen Selbstbezug als Voraussetzung für das Handeln betrachtet, hängt natürlich davon ab, was für einen Handlungsbegriff man verwendet. Handlungen in einem schwachen Sinne können wir auch Tieren unterstellen, obwohl sie nicht in der Lage sind, sich zeitlich perspektivisch auf sich selbst zu beziehen. (Cf. etwa Malcolm 1968 und Frankfurt 1978 sowie für einen Überblick Wilson und Shpall 2012.) Mir kommt es lediglich darauf an, dass Handeln in dem stärkeren Sinne, wie er etwa im Zusammenhang mit Fragen der Verantwortung einschlägig ist, einen rationalen Akteur voraussetzt, der sich seiner selbst, seines Tuns und Lassens, seiner vergangenen und möglichen zukünftigen Taten bewusst ist.

12 Begründung der Diagnose

Meine Diagnose besagt, dass Personen des zeitlich perspektivischen Selbstbezugs fähig sind und dass diese Fähigkeit schuld daran ist, dass der Begriff der personalen Identität und benachbarte Begriffe in direkter Weise davon beeinflusst werden, wie man sich zeitphilosophisch positioniert. Mit dieser Diagnose liefere ich eine Interpretation der Probleme, die im Teil II dieser Arbeit aufgezeigt wurden: Dort habe ich für drei Begriffe, die im Zusammenhang mit personaler Identität von besonderer Bedeutung sind, untersucht, ob und ggf. welche Auswirkungen es auf sie hat, wenn man in den drei prominentesten Zeitdebatten jeweils die revisionistische oder kontraintuitive Position bezieht. In jedem der drei Fälle waren solche Auswirkungen nachweisbar: Je nachdem, welche zeittheoretische Position man vertritt, verändert sich der entsprechende identitätstheoretische Begriff (Verantwortung, Überleben etc.) oder entstehen ganz eigene Schwierigkeiten und Herausforderungen bei der Analyse des Begriffs. Die Probleme und Begriffsverschiebungen, die aus den untersuchten Zeittheorien resultieren, sind aber meines Erachtens nicht unabhängig voneinander, sondern lassen sich auf einen gemeinsamen Ursprung zurückführen: auf ein Spezifikum von Personen, welches dafür verantwortlich ist, dass der Begriff der *personalen diachronen Identität* für zeitphilosophische Unterscheidungen sensibel ist, während es für den Begriff der *allgemeinen diachronen Identität* weitgehend irrelevant ist, welche Zeittheorie man zugrunde legt. Und dieses Spezifikum besteht, wie ich nachweisen werde, darin, dass Personen normalerweise fähig sind, sich auf sich selbst in der Gegenwart zu beziehen – und aus der Gegenwart heraus auf sich selbst in der Vergangenheit und Zukunft.

Zeit hat also etwas mit personaler Identität zu tun, das sie mit nicht-personaler Identität bzw. diachroner Identität im Allgemeinen *nicht* zu tun hat: Es gibt begriffliche Zusammenhänge zwischen Zeit und *personaler diachroner Identität*, die es zwischen Zeit und *allgemeiner diachroner Identität* nicht gibt. Das liegt in der Besonderheit von Personen begründet, dass sie sich in zeitlicher Perspektivität auf sich selbst beziehen können. Dadurch, dass die personenspezifischen Zusammenhänge zwischen dem Begriff der personalen Identität und den Zeitbegriffen auf der spezifisch personalen Fähigkeit des zeitlich perspektivischen Selbstbezugs basieren, erwachsen für ebendiesen Begriff der personalen Identität und andere Begriffe in seinem direkten Umfeld bestimmte Probleme – diejenigen nämlich, die im II. Teil der vorliegenden Arbeit ausführlich behandelt worden sind.

Personen sind die einzigen uns bekannten Wesen, die fähig sind, sich zeitlich perspektivisch auf sich selbst zu beziehen. Aber wenn es noch andere Wesen mit dieser Fähigkeit gäbe, dann hätte die Beschäftigung mit deren diachroner Identität dieselben Probleme zur Folge, die wir hier im Hinblick auf Personen angetroffen haben. Der Grund dafür, dass diese Probleme auftreten, liegt nur indirekt darin, dass es um Personen geht. Der eigentliche Grund ist, dass wir Gegenstände betrachten, die des zeitlich perspektivischen Selbstbezugs fähig sind.

Die Bedeutung einer Aussage über personale diachrone Identität, die logische oder inferentielle Rolle solcher Urteile, die Regeln für entsprechende Sätze, die Weise, auf die der Begriff und die Sätze oder Propositionen, in denen er vorkommt, mit anderen Begriffen und anderen Sätzen vernetzt sind – all das hat ganz wesentlich mit dieser zeitlich perspektivischen Selbstbezüglichkeit zu tun, die Personen eigen ist, und setzt sie in gewisser Weise voraus. Und all das beträfe auch alle anderen Wesen mit dieser Fähigkeit, wenn es denn welche gäbe.

Im Folgenden werde ich versuchen, diese meine Diagnose zu begründen, indem ich die drei Kapitel des II. Teils noch einmal daraufhin untersuche, an welchen Stellen bzw. bei welchen begrifflichen Aspekten die besagten Probleme aufgetreten sind, und dann zeige, dass sich diese Aspekte direkt auf den zeitlich perspektivischen Selbstbezug zurückführen lassen.

Die Kapitel des II. Teils paaren jeweils einen *Begriff* mit einer *Theorie*: einen Begriff, der eine zentrale Rolle für das Thema der personalen Identität spielt, mit einer Theorie aus der Philosophie der Zeit. Der erste Schritt meiner Rekonstruktion der Untersuchungen des II. Teils besteht darin zu zeigen, dass sich die personenspezifische Relevanz diachroner Identität, wie sie sich in den Begriffen der Verantwortung, des Überlebens und der Erinnerung bzw. des Vergangenheitsbezugs im Allgemeinen äußert, nur im Rekurs auf zeitlich perspektivischen Selbstbezug analysieren lässt. Im zweiten Schritt demonstriere ich jeweils, wie der zeitlich perspektivische Selbstbezug gleichsam eine Angriffsfläche schafft für die zeitphilosophischen Probleme. Dadurch erkläre ich die Sensibilität des Begriffs der personalen Identität für zeittheoretische Fragestellungen und Positionierungen über den zeitlich perspektivischen Selbstbezug als die gemeinsame Verbindung oder den gemeinsamen Nenner der drei untersuchten Begriffe.

Das Schema ist dabei immer dasselbe: Ich zeige, wie ich in jedem der drei Kapitel zunächst eine unproblematische Analyse des behandelten Begriffs vorschlage, die noch keinen zeitlich perspektivischen Selbstbezug beinhaltet und sich deshalb als unabhängig von zeittheoretischen Voraussetzungen erweist – und wie ich dann durch Berücksichtigung der Rolle, die der Begriff (Verantwortung, Überleben und Vergangenheitsbezug bzw. Erinnerung) für die personale Identität spielt, zu einer anspruchsvolleren Analyse des Begriffs übergehe, die nun zeitlich perspektivischen Selbstbezug involviert und dadurch zu ganz neuen und spezifischen Problemen und Herausforderungen führt, wenn man bestimmte Zeittheorien in Anschlag bringt.

12.1 Verantwortung und Vierdimensionalismus

12.1.1 Begriffsanalyse 1 – simpel/ohne ZPS[1]

In Kapitel 6 habe ich begonnen mit einer minimalen Analyse des Verantwortungsbegriffs:

(V₁)   Verantwortlich ist man für eine Handlung genau dann, wenn man sie *begangen* hat (und keine entschuldigenden Umstände vorlagen[2]).

Eine Relation zwischen Person und Handlung

(R_V)   ... ist verantwortlich für ...

wird vermittelst einer anderen Relation zwischen Person und Handlung

(R_B)   ... hat ... begangen

analysiert. Die Relation im Analysans, also das Begangen-Haben, beinhaltet zumindest *prima facie* weder Selbstbezug noch zeitlich perspektivische Bezugnahme der betreffenden Person, geschweige denn zeitlich perspektivischen Bezug auf sich selbst. Die Relation des Begangen-Habens lässt sich, wenn man keinen aufgeladenen Handlungsbegriff voraussetzt, auch auf Tiere (»dieser Wolf hat das Lamm gerissen«) oder sogar auf Maschinen (»dieser Computer hat den Alarm ausgelöst«) anwenden, die beide weder des Selbst- noch des zeitlich perspektivischen Bezugs fähig sind.

12.1.2 Keine zeitspezifischen Probleme

Diese simple Analyse ist noch unproblematisch: Die diachrone Identität, die im Analysans gefordert ist, d. h. die Identität von x, der verantwortlich für die Handlung y ist, mit z, der die Handlung begangen hat, stellt uns vor keine anderen Probleme als Theseus' Schiff oder das Prinzip der Veränderung an sich[3] – und damit ist es auch

---

1 ›ZPS‹ steht für ›zeitlich perspektivischer Selbstbezug‹.
2 Diesen Zusatz werde ich künftig voraussetzen und nicht jedesmal extra erwähnen.
3 Cf. den Abschnitt 4.3, S. 57, über die klassischen Probleme der diachronen Identität im Allgemeinen.

irrelevant, welche Zeittheorie man voraussetzt: ob man z. B. Dreidimensionalist oder Vierdimensionalist ist.[4] Es macht keinen Unterschied, ob ich diachrone Identität als Genidentität und damit als eine Relation zwischen zeitlichen Teilen analysiere oder »klassisch« als strikte Identität von Gegenständen, die zu verschiedenen Zeiten als Ganzes existieren. Das Konstatieren von Genidentität geschieht auf derselben Grundlage wie das Konstatieren von Identität (z. B. auf der Grundlage eines kontinuierlichen raumzeitlichen Pfades, den der fragliche Gegenstand beschreibt, oder was immer man als Kriterium für die diachrone Identität von Gegenständen der jeweiligen Art ansieht), und somit kommen in beiden Fällen dieselben Identitätsurteile und dadurch auch dieselben Zuschreibungen von Verantwortung zustande – ohne dass irgendwelche besonderen Probleme aufträten.

12.1.3 Warum die simple Analyse nicht reicht

Dass wir von Tieren oder gar Maschinen nicht sagen würden, sie seien für ihre »Taten« verantwortlich, und zwar weil sie nicht zu der Art von Gegenständen gehören, für die das Prädikat ›verantwortlich‹ in Frage kommt, hat damit zu tun, dass Tiere und Maschinen keine im starken Sinne *Handelnden* sind, keine *Akteure* in einem Sinn, der *Rationalität* voraussetzt. Und die Rationalität eines Akteurs involviert ganz wesentlich ein *Bewusstsein* vom eigenen Tun und Lassen – im Moment des Handelns, aber auch *vor* der Handlung (wenn der Akteur den *Entschluss* fasst, und *danach* (wenn er sich an seine Taten *erinnert*). Diese Rationalität des Akteurs, die eine Bezugnahme auf sich selbst (sowohl zum Zeitpunkt der Handlung als auch rückblickend) einschließt, ist ein wichtiges Element der Zuschreibung von Verantwortung – so wichtig, dass Locke die *Erinnerung* der Person *x*, die Handlung *y* begangen zu haben, zum alleinigen Kriterium dafür erhebt, dass *x* für *y* verantwortlich ist, und die *Identität* von *x* mit der Person, die *y* begangen hat, nur insofern für ein Kriterium hält, als die personale Identität von *x* und *z* darin *besteht*, dass *x* sich daran erinnern kann, die Erfahrungen gemacht zu haben, die *z* gemacht hat.[5]

---

4 Der Vierdimensionalismus schreibt sich bekanntlich auf die Fahnen, das »Problem« der Veränderung besonders elegant gelöst zu haben und auch andere klassische Probleme diachroner Identität angemessener behandeln zu können als der Dreidimensionalismus (cf. S. 185). Damit wäre die Entscheidung zwischen Drei- und Vierdimensionalismus also durchaus relevant für die diachrone Identität als Bedingung für Verantwortung. Aber selbst wenn man anerkennt, dass es einen substantiellen Unterschied zwischen Endurantismus und Perdurantismus gibt (was alles andere als unumstritten ist – cf. S. 94, Fn. 24), führen die verschiedenen Beschreibungsweisen hier noch nicht zu *Problemen* – beide Theorien kommen zu demselben Ergebnis, wenn Identität festgestellt und daraus Verantwortlichkeit abgeleitet werden soll.

5 Cf. Locke 1694, Buch II, Kap. XVII, § 26: »This personality extends it self beyond present Existence, to what is past, only by consciousness, whereby it becomes concerned and accountable, owns and

12.1.4 Begriffsanalyse 2 – komplex/mit ZPS

Was wir für die Analyse des Verantwortungsbegriffs brauchen, ist also mehr als bloße Täterschaft in dem schwachen und quasi-kausalen Sinne, der auch auf Tiere etc. anwendbar ist. Das hat sich insbesondere an den vierdimensionalistisch beschriebenen Fusionsfällen gezeigt (Abschnitt 6.3). Die Handlungen, für die wir die Verantwortung tragen, sind Handlungen, an die wir uns normalerweise *erinnern* können. Zwar schützt Vergesslichkeit nicht vor Verantwortung, aber wenn wir uns nicht im Normalfall erinnern könnten, die Tat begangen zu haben, für die wir verantwortlich sind, dann wäre unser Begriff der Verantwortung wohl ein anderer.

(V₂)　　Wenn man für eine Handlung verantwortlich ist, dann kann man sich im Normalfall daran *erinnern*, sie *begangen* zu haben.[6]

Dass ich mich für etwas verantworten muss, impliziert gewöhnlich, dass ich weiß, wovon jemand redet, wenn er mir vorhält, mich eines Vergehens schuldig gemacht zu haben. Ich weiß, dass ich die fragliche Handlung begangen habe. Ich kann es zugeben oder abstreiten, aber wenn ich es nicht vergessen habe, dann weiß ich, dass ich der Täter war, und kann mich vor Gericht oder vor Freunden dazu äußern oder meinem eigenen Gewissen gegenübertreten, kann die Tat bereuen oder auch nicht und ggf. eine Strafe empfangen – im Bewusstsein dieser Tat und vielleicht mit der Aussicht oder Hoffnung auf Besserung.

---

imputes to it self past Actions, just upon the same ground, and for the same reason, that it does the present.« Cf. S. 69.
6 Reicht das für Verantwortung? Kann ich mich nicht auch erinnern, zu etwas gezwungen worden zu sein? Gewiss – deshalb habe ich Erinnerung auch nur als *notwendige* Bedingung (»wenn, dann«) und nicht als notwendige und *hinreichende* Bedingung (»genau dann, wenn«) angegeben. Darüber hinaus habe ich die Einschränkung »im Normalfall« gemacht. Locke dagegen wäre, zumindest nach gängigen Auslegungen, weiter gegangen: Für ihn ist die Erinnerung an die fragliche Handlung tatsächlich notwendig und hinreichend für Verantwortung – und für Identität. (Zum Erinnerungskriterium bei Locke cf. S. 69.)
Wenn man wirklich eine hinreichende Bedingung für Verantwortung aufstellen wollte, dann müsste man die obige Bedingung zumindest mit einer Klausel über die Abwesenheit von entschuldigenden Umständen anreichern – cf. S. 191, Fn. 2. Aber diese Details kann ich hier ignorieren, da ich nicht um eine vollständige und in jeder Hinsicht tragfähige Analyse des Verantwortungsbegriffs bemüht bin, sondern um das Herausarbeiten eines wichtigen *Aspekts* von Verantwortung (nämlich die Erinnerung an die Handlung), der seine spezifische Bindung an Personen und ihren zeitlich perspektivischen Selbstbezug erkennen lässt und dadurch die zeitphilosophischen Probleme erklärt, die sich aus ihm ergeben.

12.1.5 Zeitspezifische Probleme

Diese neue und anspruchsvollere Analyse macht den Verantwortungsbegriff aber zugleich »verwundbar« für zeitphilosophische Fragen und Kontroversen – wie etwa die Debatte zwischen Drei- und Vierdimensionalismus. Wenn man den Begriff der Verantwortung auf Szenarien anwenden will, in denen sich die potentiell Verantwortlichen *spalten* oder *vereinigen*, dann ergibt sich, so lange man bei der simplen Verantwortungsanalyse[7] bleibt, keinerlei Schwierigkeit. Wir können uns darauf einigen, die Fortpflanzung von Amöben so beschreiben zu wollen, dass aus einer Amöbe zwei werden (statt zu sagen, dass eine in dem Moment aufhört zu existieren, da ihre zwei Kinder zu existieren beginnen). Dann müssen wir einen Begriff von Identität bemühen, der auf Transitivität[8] verzichtet, und können dann erklären, warum zwei Amöben für dieselbe Tat verantwortlich sind – weil sie die Tat begangen haben, als sie noch *eins* waren. Für Amöben mag es angehen, dass wir uns auf eine solche Sprechweise einigen und Identität durch eine nicht-transitive Relation ersetzen.[9] Aber sobald wir die anspruchsvollere Analyse bemühen, die der Anwendung des Verantwortungsbegriffs auf Personen gemäß ist und die einen zeitlich perspektivischen Selbstbezug beinhaltet, entstehen Probleme: Wie kann es sein, dass *ich* in New York jemanden umgebracht und zur selben Zeit auf Hawaii in der Sonne gelegen habe? Der Vierdimensionalist hat mit solchen Fusionsfällen keine Schwierigkeiten: Er versteht das Prädikat ›... hat ... begangen‹ einfach als ›... hat einen zeitlichen Teil als Gegenstück, der ... begangen hat/begeht‹[10]; und schon wird es möglich, derselben Person für dieselbe Zeit zwei Handlungen zuzuschreiben, die einander eigentlich ausschließen, und eine Person

---

7 Cf. oben, S. 192.
8 Zur Transitivität von Identität cf. Kap. 2, zu diesbezüglichen Problemen personaler Identität cf. die Abschnitte 5.1, S. 69, und 5.3, S. 76, und zu den vierdimensionalistischen Lösungsansätzen cf. Abschnitt 6.3, S. 101.
9 Stellen wir uns zwei Amöben vor, $A1$ und $A2$, von denen sich die erste gerade im Thunersee befindet, während die andere in der Aare schwimmt. Nehmen wir weiter an, vor zwei Tagen wurde das Bakterium $B5$ von einer Amöbe erbeutet, getötet und verdaut. Wie kann es sein, dass es richtig ist zu sagen, $A1$ habe $B5$ getötet, wenn es gleichzeitig stimmt, dass $A2$ es war, die $B5$ getötet hat? Die Erklärung besteht darin, dass wir hier nicht wirklich die numerische und also transitive Identität meinen, sondern eigentlich ausdrücken wollen, dass ein gemeinsamer Vorfahr von $A1$ und $A2$ die Tötung von $B5$ begangen hat. Aber im Fall der Amöben *können* wir, und darauf kommt es hier an, so sprechen und statt des strikten einen aufgelockerten Identitätsbegriff verwenden. (Wir können die Situation freilich auch anders beschreiben – cf. S. 195, Fn. 12.) Diese Lesart ist aber nur deshalb möglich, weil sich Amöben nicht an ihre Taten *erinnern* (und sich damit auf sich selbst in der Vergangenheit beziehen). Der Identitätsbegriff, der im Begriff der Erinnerung enthalten ist, scheint (*pace* Parfit) Transitivität zu implizieren. (Cf. Kap. 5.)
10 Das ist die Analyse des Stadientheoretikers. Der Wurmtheoretiker hat es nicht nötig, demselben Subjekt Prädikate zuzuschreiben, die normalerweise als inkompatibel gelten. Er hat dafür das Problem, dass er bei überlappenden Personen mit der einen immer auch die andere Person beschuldigt und bestraft.

für eine Tat verantwortlich zu machen, obwohl sie ein Alibi hat, d. h. zur Tatzeit etwas anderes gemacht hat und sich z. B. an einem völlig anderen Ort aufgehalten hat. Was auf den ersten Blick nach einem Vorteil dieser Theorie aussieht, erweist sich in den Augen vieler Philosophen als Nachteil, weil es tief sitzende begriffliche Beziehungen in Frage stellt oder aufhebt: Ich kann nicht gleichzeitig eine Handlung begangen und sie nicht begangen haben. Ich kann nicht für eine Handlung verantwortlich sein, die ich nicht begangen habe. Was für Amöben, für Pflanzen, für Artefakte möglich sein mag – dass wir Sätze, mit denen strikte Identität behauptet zu werden scheint, dahingehend analysieren, dass es in ihnen eigentlich nur um eine nicht-transitive Relation wie Genidentität geht –, scheint für Personen, die sich auf sich selbst beziehen, undenkbar. Dass die Relation, die erstpersonalen nicht-präsentischen Sätzen implizit ist,[11] nicht strikte numerische Identität ist, sondern eine nicht-transitive Spielart von »Identität«, scheint viel weniger plausibel, als in Bezug auf Schiffe, Statuen oder Amöben anzunehmen, dass manche Aussagen über sie, die oberflächlich gesehen strikte Identität involvieren, auch anders verstanden werden könnten.

Was folgt nun daraus? Heißt das, der Vierdimensionalismus ist als Theorie weniger plausibel, weil sich seine Beschreibung von Spaltungs- und Fusionsfällen nicht mit unserem Verantwortungsbegriff verträgt? Ja und nein: Es wäre unfair, dem Vierdimensionalismus vorzuwerfen, dass er solche Fälle nicht auf eine weniger bizarre Weise beschreiben kann. Die Rede von sich spaltenden oder fusionierenden Personen *ist* bizarr – unabhängig davon, ob man dafür den drei- oder den vierdimensionalistischen Jargon anwendet.[12] Was ich den Vierdimensionalisten hingegen vorhalte,

---

11 Dass ich gestern in New York gewesen bin, impliziert, dass eine der Personen, die gestern in New York waren (und *nur* diese eine Person), mit mir, der ich dies jetzt behaupte, identisch ist.

12 Bis jetzt ist nur zwischen den Zeilen angeklungen, wie eine »dreidimensionalistische« oder konventionelle Analyse von Fissions- und Fusionsszenarien aussehen könnte (cf. Kap. 6). Es gibt hier verschiedene Möglichkeiten. Und meines Erachtens sollte man auch nicht versuchen, eine pauschale Antwort zu geben. Die Unsicherheit darüber, wie wir solche Fälle beschreiben sollen, resultiert meist daraus, dass sie entweder unterspezifiziert oder pure *science fiction* sind. In realen Situationen, in denen wir den Kontext kennen, dürfte es uns keine Probleme bereiten, eine angemessene Beschreibung zu finden. Um einige Beispiele zu nennen: Bezüglich der Amöben meint die Spaltung, dass eine Amöbe aufhört zu existieren und zwei neue beginnen zu existieren. (Spaltung ist die Art, in der Amöben sich *fortpflanzen*. Kinder sind mit ihren Eltern nicht identisch.) Hinsichtlich Theseus' Schiff und ähnlich gelagerter Fälle ist unser Begriffsschema flexibel genug, je nach *praktischen Bedürfnissen* unterschiedliche Beschreibungen zu wählen. (Cf. Hacker 2008, S. 43: »[I]t is clear which way the marine insurance company should decide if the question of which ship is the one insured should arise.«) Die Spaltung oder Fusion von Personen schließlich sollten wir dort belassen, wo sie hingehört: im Reich der *science fiction*. Falls jemals Situationen möglich werden, wie sie etwa Parfit oder Sider andeuten (das ist eine *empirische* Frage), dann werden wir sie sicherlich nicht in unserer heutigen Begrifflichkeit von Person, Erinnerung und Verantwortung erfassen können (das ist keine empirische, sondern eine philosophische, d. h. *begriffliche* Frage).

ist ihre *grundsätzliche* Auffassung von Persistenz oder diachroner Identität als *nicht-transitiv*, mit der sie gleichsam den Boden für Spaltungs- und Fusionierungsphänomene aller Art bereiten.[13]

Es mag sein, dass der Vierdimensionalismus von einigem theoretischen *Nutzen* ist, insofern er Grenzfälle unserer Begriffsanwendung (wie den Fall von Theseus' Schiff) besonders elegant beschreiben kann, und es mag sein, dass dies die *Kosten* aufwiegt, die darin bestehen, dass er unser Begriffsschema zu diesem Zweck revidieren und diachrone Identität *per se* anders beschreiben muss, als es unserer begrifflichen Praxis entspricht. Aber diese Frage brauche ich hier nicht zu entscheiden. Mit meiner Arbeit möchte ich einen Ausschnitt unseres Begriffsschemas *beschreiben* – und nicht *revidieren*.[14] Insbesondere geht es mir darum, bestimmte begriffliche Beziehungen zwischen Zeit und personaler Identität aufzudecken, die in Teil II virulent geworden sind. In diesem Abschnitt habe ich gezeigt, dass der Übergang von einer simplen (d. h. hier: ohne zeitlich perspektivischen Selbstbezug auskommenden) zu einer anspruchsvollen (d. h. zeitlich perspektivischen Selbstbezug involvierenden) Analyse im Fall des Verantwortungsbegriffs dazu führt, dass zeittheoretische Unterscheidungen, die zunächst irrelevant erschienen, plötzlich eine Relevanz bekommen und für ganz neue, spezifische Probleme sorgen. Im folgenden Abschnitt wird sich zeigen, dass es sich mit dem Begriff des Überlebens genauso verhält.

12.2 Überleben und Eternalismus

12.2.1 Begriffsanalyse 1 – simpel/ohne ZPS

Auch das Kapitel 7 hat seinen Ausgang genommen von einer minimalistischen Analyse des Überlebensbegriffs:

(Ü₁)   Jemand überlebt ein Ereignis genau dann, wenn er danach noch existiert.

---

13 Das soll freilich nicht darüber hinwegtäuschen, dass sich auch manch ein Dreidimensionalist damit behilft, diachrone Identität auf eine nicht-transitive Relation (etwa psychologische Kontinuität im Sinne Parfits) zu reduzieren, um erklären zu können, inwiefern Situationen vorstellbar und beschreibbar sind, in denen zwei Personen jeweils mit einem gemeinsamen »Vorgänger«, aber nicht miteinander identisch sind (wie im Teleportationsbeispiel, cf. S. 77, Fn. 46). Die Beschreibungen, die ich in der vorausgehenden Fußnote für bestimmte Spaltungs- und Fusionsszenarien vorgeschlagen habe, sind also nicht die einzigen, die den Dreidimensionalisten offenstehen.
14 Cf. meine Ausführungen zur Methodologie in der Einleitung, S. 4 ff.

Genau wie beim Verantwortungsbegriff ist das Ergebnis der Analyse wiederum die Äquivalenz zweier Relationen. In diesem Fall sind das Relationen zwischen Person und Ereignis. Die Relation des Analysandums ist:

($R_{\ddot{U}}$)   … überlebt …

Und die des Analysans:

(R_E)   … existiert noch nach …

Und natürlich beinhaltet die Relation, nach einem bestimmten Ereignis noch zu existieren, genauso wenig (oder noch viel weniger) einen zeitlich perspektivischen Selbstbezug wie die Relation, eine bestimmte Handlung begangen zu haben, im Fall des Verantwortungsbegriffs. Wie das 7. Kapitel gezeigt hat, schmilzt diese Relation zusammen auf etwas wie Existenz-zu-einem-Zeitpunkt – und dass sie zu einem Zeitpunkt t existieren, gilt nicht nur für Personen mit ihrem zeitlich perspektivischen Selbstbezug, sondern für alle belebten und unbelebten Gegenstände, die unsere konkrete Welt bevölkern. Wenn ich also sagen kann, dass ein bestimmtes Mosaik in Pompeji nach jenem verhängnisvollen Ausbruch des Vesuv immer noch existiert hat, dann sollte ich nach der obigen Analyse auch sagen können, dass dieses Kunstwerk den Vulkanausbruch *überlebt* hat. Und tatsächlich verwenden wir den Ausdruck ›überleben‹ unter anderem in diesem übertragenen Sinne – übertragen, weil Kunstwerke nicht im eigentlichen Sinne *leben*. Und erst recht ist es zulässig zu sagen, dass genau diejenigen Tiere den Brand im Karlsruher Zoo überlebt haben, die nach dem Brand noch existiert haben.

12.2.2 Keine zeitspezifischen Probleme

Deshalb ist diese simple Analyse des Überlebensbegriffs bezüglich zeitphilosophischer Differenzen ebenfalls unproblematisch. Das Analysans fordert, dass unter den Gegenständen, die nach dem jeweiligen Ereignis existieren, einer ist, der mit dem bewussten vorher existierenden Gegenstand identisch ist. Hier geht es wieder nur um diachrone Identität in ihrer allgemeinsten Form; und wenn wir verstehen, was es heißt, dass der fragliche Gegenstand zu verschiedenen Zeiten existiert, und die Bedingungen dafür kennen, dann verstehen wir auch, dass er das betreffende Ereignis überlebt hat oder eben nicht überlebt hat.

Zeittheoretische Unterscheidungen wie die zwischen Präsentismus und Eternalismus sind zwar prinzipiell auch auf Elefanten und Mosaike anwendbar, die zwischen

Gegenwart, Vergangenheit und Zukunft nicht unterscheiden können. Aber lediglich aus *unserer* menschlichen Perspektive heraus können wir zwischen der präsentistischen Lesart (nach der z. B. der Elefant Dumbo im ontologischen Sinne nicht mehr existiert, insofern er den Brand nicht überlebt hat) und der eternalistischen Lesart (derzufolge Dumbo im ontologischen Sinne »immer noch« existiert, aber nicht zum-gegenwärtigen-Zeitpunkt-existiert, d. h. keinen zeitlichen Ort in der Gegenwart hat) differenzieren[15] – für Dumbo selbst ist es salopp gesagt egal, wie wir sein Überleben beschreiben.

12.2.3 Warum die simple Analyse nicht reicht

Aber der Überlebensbegriff, wie er im Zusammenhang mit personaler Identität so wichtig ist, geht darüber hinaus. Das Überleben von Personen ist etwas, das für sie von größter Wichtigkeit ist, etwas, worum sie sich sorgen wie um wenig anderes – es ist das Objekt des *concern to survive*. Der Begriff des Überlebens bezieht seine besondere Relevanz innerhalb der Debatte um personale Identität nicht zuletzt daraus, dass es unser *eigenes* Überleben ist, das uns beschäftigt und umtreibt: mein ganz persönliches Überleben und die damit verbundenen Fragen. Werde ich die Krankheit oder die Operation überleben? Werde ich das nächste Jahr überleben? Werde ich meinen körperlichen Tod überleben? Und auch das Überleben anderer, insbesondere der uns nahestehenden Personen, hat eine große Signifikanz für uns – nicht nur, insofern wir uns in sie hineinversetzen können, sondern auch, weil ihr Überleben für uns selbst einen hohen Wert bedeutet und umgekehrt ihr Nicht-Überleben ein großer Verlust ist.[16]

---

15 Cf. die Ausführungen zu den beiden Existenzbegriffen des Eternalisten im Abschnitt 7.2.2, S. 114.
16 Es gibt freilich Revisionisten, die das anders sehen und die dafürhalten, unsere Praxis des Trauerns und Bedauerns zu ändern bzw. aufzugeben – cf. etwa Bittner 1992 (dagegen aber Betzler 2004). Weitere Autoren, die solche Maßnahmen zumindest erwägen, nenne ich auf S. 129, Fn. 50. Auf diese revisionistischen Bestrebungen werde ich hier nicht eingehen. Mich beschäftigt nicht die Frage, ob der Stellenwert, den wir dem Überleben gewöhnlich beimessen, gerechtfertigt ist, sondern die Frage, welche Rolle der Überlebensbegriff in dem Begriffsschema spielt, das wir *haben*, welche Bedeutung er für den Begriff der personalen Identität hat und welche Verbindungen zwischen ihm und anderen Begriffen aus dem Bereich der Zeit bestehen. Mit anderen Worten: Ich betreibe keine revisionistische, sondern deskriptive Metaphysik – cf. meine methodologischen Bemerkungen in der Einleitung, S. 4 ff.

12.2.4 Begriffsanalyse 2 – komplex/mit ZPS

Wenn wir der Rolle gerecht werden wollen, die der Begriff des Überlebens innerhalb der Debatte um personale Identität spielt, müssen wir also »mehr« in das Analysans hineinstecken und den Begriff »dicker« analysieren.

($\ddot{U}_2$)   Dass eine Person ein Ereignis überlebt, impliziert (u. a.), dass sie nach dem Ereignis noch existiert und dass sie ein *Interesse* daran hat, nach dem Ereignis noch zu existieren.[17]

So lange wir nicht berücksichtigen, dass der Begriff des Überlebens deshalb so wichtig für personale Identität ist, weil gewissermaßen die Standardanwendung des Begriffs die erstpersonale (sprich: selbstbezügliche) und zeitlich perspektivische ist, so lange kann unsere Analyse im Kontext personaler Identität nicht befriedigen. Überleben ist insofern wichtig, als jede Person sich auf ihr eigenes Überleben bezieht, auf ihre eigene Zukunft, darauf, wie lang diese Zukunft sein wird, wie lang die eigene Existenz andauern wird usw. Wir sind vielleicht auch traurig, wenn unser Meerschweinchen stirbt, und wir trauern in einer viel gravierenderen Weise, wenn wir Angehörige verlieren – aber im Zentrum des Überlebensbegriffs steht die Beziehung zum *eigenen* Überleben, zur eigenen Zukunft, und zu der Frage: Werde *ich* in einer (mehr oder weniger genau bestimmten) *Zukunft* noch existieren? Mit anderen Worten: Für den (erstpersonal und zeitlich perspektivisch) aufgeladenen Überlebensbegriff, den wir in Verbindung mit personaler Identität benötigen, ist der zeitlich perspektivische Selbstbezug, d. h. der Bezug auf sich selbst aus der Gegenwart heraus auf die eigene Gegenwart, Zukunft und Vergangenheit, essentiell.

12.2.5 Zeitspezifische Probleme

Und wiederum ist es dieser zeitlich perspektivische Selbstbezug, der dazu führt, dass die anspruchsvollere Analyse den Begriff des Überlebens sensibel macht für zeitphilosophische Fragestellungen. Solange wir von einem zeitlich neutralen Standpunkt auf das Leben einer Person und insbesondere auf unser eigenes Leben blicken, hat der Eternalismus eine gewisse Plausibilität: Dass eine Person existiert, heißt dann, dass sich »irgendwo« im Zeitspektrum ihre Lebensspanne findet – Kleopatra können wir dann z. B. im 1. Jahrhundert v. Chr. »lokalisieren«. Wo auf der Zeitachse sich die Lebensdaten einer Person befinden, ist für die Existenzfrage nicht weiter relevant; entscheidend ist, *dass* sie in Raum und Zeit verortet werden können, und nicht, *wo* sie

---

17 Cf. die erste Adäquatheitsbedingung im Abschnitt 7.3, S. 125.

liegen. Für unseren imaginierten Standpunkt »außerhalb« der Zeit, von dem aus kein Zeitpunkt vor den anderen privilegiert ist, scheint der Eternalismus die angemessene Ontologie zu sein. Aber ein solcher Standpunkt ist nur erreichbar, indem man von der unleugbaren zeitlichen Perspektivität unseres Selbstbezugs *abstrahiert*. Der konkrete Standpunkt befindet sich für Personen grundsätzlich »innerhalb« der Zeit: Wir blicken aus der Gegenwart heraus auf Vergangenheit und Zukunft und insbesondere auf unsere eigene Vergangenheit und Zukunft. Und wenn wir aus diesem Blickwinkel auf das Leben einer Person und auf unser eigenes Leben schauen, dann macht es – entgegen der eternalistischen Auffassung – einen erheblichen Unterschied, ob sich die Grenzen der Lebenszeit beispielsweise um 30 Jahre verschieben. Wenn es mir gelingt, davon zu abstrahieren, dass wir das Jahr 2014 schreiben, dann bin ich vielleicht geneigt, dem Eternalisten zuzustimmen, dass es für die Frage der Existenz keine Rolle spielt, ob meine Lebenszeit 2015 oder 2045 endet. Aber angesichts meiner konkreten Situation, dass ich aus der Gegenwart des Jahres 2014 auf meine Vergangenheit und meine Zukunft blicke, hat eine solche Differenz von drei Jahrzehnten die allergrößte Bedeutung für mich: denn sie entscheidet darüber, ob ich *jetzt* noch ein Jahr oder noch dreißig Jahre zu leben habe.

Sobald der zeitlich perspektivische Selbstbezug ins Spiel kommt, spielt es also plötzlich durchaus eine Rolle, ob wir Eternalisten oder Präsentisten sind. Der Eternalist hat ganz andere Schwierigkeiten, die Bedeutung zu erklären, die das Überleben für uns hat, als der Präsentist. Dadurch, dass der Überlebensbegriff einen perspektivischen Aspekt bekommt (*meine* Existenz in der *Zukunft*), steht der Eternalist, für den die Frage, was existiert, perspektivenunabhängig zu beantworten ist, vor der Herausforderung, die praktische Bedeutung, die der Begriff des Überlebens für uns hat, zu erklären – oder zu revidieren.

12.3 Vergangenheitsbezug und *B*-Theorie

12.3.1 Begriffsanalyse 1 – simpel/ohne ZPS

Vergangenheitsbezug im Allgemeinen (im Unterschied zum Bezug auf die *eigene* Vergangenheit) ist das, was eine bestimmte Art von *A*-Sätzen auszeichnet, und findet sich deshalb schon in den frühesten *B*-theoretischen Arbeiten. Neben »Heute schneit es in Bern« als Beispiel für Gegenwartsbezug und »Morgen hat Simon Geburtstag« als Beispiel für Zukunftsbezug ist »Gestern war Frühlingsanfang« ein ganz einfaches Beispiel für Vergangenheitsbezug. Der Begriff der Vergangenheit, wie er bei einem solchen minimalen Vergangenheitsbezug im Spiel ist, lässt sich über die Angabe von Wahrheitsbedingungen analysieren:

(**VG₁**)   Eine Äußerung der Form »in der Vergangenheit p« zum Zeitpunkt t_0 ist wahr genau dann, wenn es einen Zeitpunkt $t < t_0$ gibt, so dass gilt: p zu t.

Wir begeben uns also in die metasprachliche Perspektive und legen fest, wie sich der Äußerungszeitpunkt zur Zeit des Ereignisses verhalten muss, auf das in dem jeweiligen Satz der besagten Form Bezug genommen wird.

12.3.2 Keine zeitspezifischen Probleme

Die simple Analyse des Vergangenheitsbezugs ist ähnlich unproblematisch wie die gleichermaßen simplen Analysen von Verantwortungs- und Überlebensbegriff. Zwar unterscheidet sich die Analyse des *A*-Theoretikersvon der Analyse des *B*-Theoretikers, wenn es um Sätze geht, mit denen auf die Vergangenheit Bezug genommen wird – denn für den *B*-Theoretiker gibt es im strengen Sinne keine Vergangenheit, und deshalb fällt die naheliegende Analyse[18], wie sie der *A*-Theoretiker vornehmen kann, für ihn weg. Aber diese unterschiedlichen Beschreibungsweisen führen noch nicht zu *Problemen*: Beide sind möglich, und eine ist in die andere übertragbar.

12.3.3 Warum die simple Analyse nicht reicht

Die Art von Vergangenheitsbezug, die im Zusammenhang mit personaler Identität am prominentesten ist, betrifft nun freilich nicht eine »unpersönliche« Vergangenheit (Wetter, Datum, externe Ereignisse), sondern die *eigene* Vergangenheit, Erfahrungen, die man gemacht hat, frühere Erlebnisse, an die man sich *erinnert* – eine Vergangenheit also, in der man selbst vorkommt, und auf die man sich *als* eigene Vergangenheit bezieht.

12.3.4 Begriffsanalyse 2 – komplex/mit ZPS

Auch hier muss also eine Analyse her, die den zeitlich perspektivischen Selbstbezug mit einschließt. Andernfalls wird sie dem spezifischen Vergangenheitsbezug, der für personale Identität relevant ist und dessen Paradigma die *Erinnerung* ist, nicht gerecht.

---

18 »p ist vergangen« zu t_0 ist wahr genau dann, wenn p zu t_0 vergangen ist.

(VG$_2$)   Eine Person erinnert sich, die Erfahrung E gemacht zu haben, genau
dann, wenn sie mit der Person identisch ist, die E erlebt hat, und es
nicht vergessen hat.

Ohne Erinnerung hier als notwendige oder hinreichende Bedingung für personale
Identität behandeln zu müssen, können wir mit dieser Analyse trotzdem der wichtigen
Komponente des Erinnerungsbegriffs entsprechen, dass wir uns im Normalfall daran
erinnern können, was wir erlebt und erfahren haben, und dass wir uns in erster Linie
dadurch auf unsere eigene Vergangenheit – unsere Autobiographie – beziehen, dass
wir uns erinnern, d. h. nicht vergessen haben und also noch wissen, was wir erlebt
haben.

12.3.5 Zeitspezifische Probleme

Durch das Implementieren des zeitlich perspektivischen Selbstbezugs in unsere Analyse von Vergangenheitsbezug und Erinnerung handeln wir uns aber auch diesmal
wieder spezifische Probleme ein, die in Abhängigkeit von der vorausgesetzten Zeittheorie auftreten und virulent werden. So hat die B-Theorie notorisch Schwierigkeiten,
Gehalte zu erklären, die den Bezug auf die eigene Vergangenheit *als* Vergangenheit
manifestieren und die z. B. bestimmte Handlungen und Gefühlsreaktionen erklären,
die anscheinend nur dann gerechtfertigt sind, wenn die besagten Erlebnisse und Erfahrungen *tatsächlich* vergangen sind.

 Wie der Eternalismus verkörpert auch die B-Theorie eine Perspektive, die nicht
die Perspektive von Personen ist. Aus der zeitlich neutralen »Außenperspektive« der
B-Theorie können theoretische Beschreibungen über die Früher-Später-Ordnung zeitlicher Entitäten danach bewertet werden, ob sie wahr oder falsch sind. Aber das ist
nicht die Perspektive, aus der heraus Personen fühlen und handeln, Erleichterung
oder Besorgnis empfinden, agieren, reagieren und über ihre eigene Vergangenheit,
Gegenwart und Zukunft reflektieren. Die zeitliche Perspektive personalen Selbstbezugs ist keine theoretische, sondern eine praktische Perspektive.

13 Fazit

Zum Schluss dieses dritten und letzten Teils meiner Arbeit möchte ich versuchen, die gewonnenen Ergebnisse noch einmal auf eine abstraktere Ebene zu heben, und sie dann daran messen, was ich mir in der Einleitung als Ziel gesteckt habe. Blicken wir also zurück. Im zweiten Teil habe ich mich einer Frage gewidmet, die in der einschlägigen Literatur so noch nicht oder nur ansatzweise behandelt worden ist: Welche Implikationen haben zeittheoretische Kontroversen für die wichtigsten Begriffe aus dem Umfeld der personalen Identität? Diese Implikationen habe ich in der Gestalt einer »Diagnose« zusammengefasst und interpretiert. Die Einsicht, die den Kern meiner Diagnose bildet, hat mehrere Dimensionen.

Zunächst lässt sie sich als ein *metatheoretisches* Resultat werten: Um Begriffe wie Verantwortung, Überleben und Erinnerung ausdrücken zu können, bedarf es einer formalen Sprache, die dem Phänomen der Indexikalität Rechnung trägt – sowohl in ihrer zeitlichen als auch in ihrer personalen Ausprägung. (Jedenfalls gilt das für die »aufgeladenen« Versionen der genannten Begriffe, wie sie im Kontext der personalen Identität zum Tragen kommen.) Ein solcher Kalkül muss also etwas in der Art von Castañedas ›he*‹ und Priors Zeitoperatoren ›P‹ und ›F‹ aufweisen.[1] Dadurch wiederum wird eine »Verwundbarkeit« gegenüber den Zeittheorien geschaffen:[2] Die essentielle Indexikalität, wie sie in den Begriffen von Verantwortung, Überleben und Erinnerung enthalten ist, bricht die Symmetrie der Zeittheorien auf und macht diese Begriffe anfällig für Positionierungen etwa im Rahmen der *A*-vs.-*B*- oder der Präsentismus-vs.-Eternalismus-Debatte.[3]

Eine weitere Dimension meiner Diagnose eröffnet sich aus dem Potential, diese »zeittheoretische Sensibilität« der genannten Begriffe aus dem Umfeld der personalen Identität im Rahmen einer Kosten-Nutzen-Rechnung fruchtbar zu machen und anhand der Probleme, die aus dieser Sensibilität erwachsen, eine Bewertung der jeweili-

---

1 Ferner müssen diese Elemente auf eine Weise integriert werden, die über ein bloß »additives« Kombinieren der beiden Arten von Indexikalität hinausgeht und die *Verbindung* der personalen mit der zeitlichen Perspektivität darstellen kann – also nicht nur, dass ich mich auf mich selbst und *außerdem* z. B. auf die Vergangenheit beziehe, sondern auch und vor allem, dass ich mich auf mich selbst *in* der Vergangenheit beziehe. (Cf. Abschnitt 10.1, S. 165.) Wie eine solche Verbindung aussehen könnte, deute ich im Abschnitt 10.2.4, S. 175, an.
2 Für die Theorien von Drei- und Vierdimensionalismus gilt das nur in eingeschränktem Maße, da die Begriffe von Gegenwart, Vergangenheit und Zukunft hinsichtlich dieser Debatte nicht oder nur indirekt relevant sind. Cf. Abschnitt 12.1, S. 191.
3 Es ist also kein Zufall, dass die Argumente für die essentielle Indexikalität der Zeit immer erstpersonaler Natur sind. (Dazu gehören natürlich Priors *Thank-goodness*-Argument und Perrys Beispiel des Professors auf dem Weg zu seiner Besprechung, aber auch Überlegungen wie etwa die von Wittgenstein zu gegenwärtigen und vergangenen Schmerzen – cf. Prior 1959, Perry 1979, S. 4, Wittgenstein 1980, Bd. I, § 479, und Wittgenstein 1982a, § 899.)

gen Zeittheorie abzugeben. Ein solches Vorgehen ist nicht unüblich – man denke nur an die *Thank-goodness*-Diskussion.[4] Und ich möchte dieser Art von Argumentation auch nicht die Berechtigung absprechen: Dass der Eternalismus nicht in vollem Umfang die existentielle Bedeutung erklären kann, die der Überlebensbegriff für uns hat, spricht gegen den Eternalismus. Dass die *B*-Theorie nicht in vollem Umfang erklären kann, warum wir beispielsweise mit Erleichterung auf das Ende einer Prüfung reagieren (und warum diese Erleichterung *gerechtfertigt* ist), spricht gegen die *B*-Theorie.[5] Und dass der Vierdimensionalismus transtemporale Identität im strikt numerischen Sinn durch eine nicht-transitive Relation ersetzt und damit *prinzipiell* Beschreibungen ermöglicht, nach denen ich etwa für eine Tat verantwortlich bin, obwohl ich mich zur Tatzeit an einem ganz anderen Ort aufgehalten habe, spricht gegen den Vierdimensionalismus.

Aber ich möchte noch weitergehen. Das Problem, das die revisionistischen Zeittheorien haben, liegt für mich nicht einfach nur darin, dass sie mit irgendwelchen »starken Intuitionen«[6] kollidieren und dadurch Kosten mit sich bringen, die ihren theoretischen Nutzen überwiegen. Ihr Problem sehe ich vielmehr darin, dass sie die Grenzen des Sinns (*bounds of sense*) überschreiten.[7] (Das *B*-theoretische Mantra »In der Realität gibt es keine Vergangenheit, Gegenwart oder Zukunft« ist eine Wortfolge, die keinen Sinn ergibt, weil sie die für die Anwendung der enthaltenen Begriffe herrschenden Regeln bricht.) Aus diesem Grund war die Stoßrichtung meiner Untersuchung nicht die Evaluation von Theorien, sondern die Analyse von Begriffen und begrifflichen Beziehungen *anhand* verschiedener Theorien.[8]

Diese begrifflichen Beziehungen machen die dritte und in meinen Augen wichtigste Dimension der Diagnose aus. Es sind diese Beziehungen, die dem oben erwähnten metatheoretischen Resultat *zugrunde liegen*: Die formale Darstellung der für personale Identität relevanten Begriffe erfordert nur *deshalb* einen Kalkül, der Indexikalität erlaubt, weil Personen sich durch ihre Fähigkeit des zeitlich perspektivischen Selbstbezugs auszeichnen. Sie sind die einzigen uns bekannten Wesen, die diese Fähigkeit besitzen; aber wenn es noch andere gäbe, wären sie damit ebenfalls »anfällig« für zeittheoretische Unterscheidungen. Um es schematisch auszudrücken:

---

4 Cf. Abschnitt 8.2, S. 139.

5 Natürlich kann man die *B*-Theorie auch als eine *error theory* und damit als eine radikal *revisionistische* Theorie auffassen. Auf das Problem einer revisionistischen Philosophie komme ich im Folgenden zu sprechen.

6 Zu meiner Einschätzung der Bedeutung von Intuitionen für die Philosophie cf. S. 6.

7 Cf. Strawson 1966 sowie Wittgenstein 1953, bspw. § 499.

8 Zur Opposition von deskriptiver und revisionistischer Metaphysik sowie der Rolle von Thesen und Theorien in der Philosophie cf. meine methodologischen Vorbemerkungen, S. 4 ff.

(13.1) Für alle Arten *F* von konkreten Gegenständen:
Gegenstände der Art *F* sind geeignete Subjekte für Prädikate, die zeitlich perspektivischen Selbstbezug involvieren[9]
→ Fragen der diachronen Identität von *F*s sind sensibel für zeittheoretische Positionierungen

Zeitlich perspektivischer Selbstbezug macht eine bestimmte Art von Gehalten möglich: So kann der Gehalt einer Einstellung eine Referenz auf das Subjekt der Einstellung (*als* Subjekt der Einstellung) enthalten und das Subjekt zugleich in der Gegenwart »verorten« bzw. aus der Gegenwart heraus auf das Subjekt, wie es zu einer gewissen Zeit der Vergangenheit oder der Zukunft war oder sein wird, Bezug nehmen. Solche Gehalte haben sowohl eine zeitliche »*A*-Struktur« als auch einen »Subjektanteil« innerhalb dieser Struktur. Und dass uns diese Gehalte möglich sind, dass also Personen sich im Normalfall auf sich selbst in der Gegenwart, Vergangenheit und Zukunft beziehen können, das erklärt – zum Teil – die besondere Wichtigkeit, die wir der Identität von Personen im Gegensatz zur Identität von Tischen, Stühen usw. beimessen.

In der Einleitung habe ich mir vorgenommen, die begrifflichen Beziehungen zwischen Zeit und personaler Identität zu untersuchen und zu diesem Zweck einen Ausschnitt unseres Begriffsschemas daraufhin zu betrachten, wie in ihm die Begriffe Person, Identität, Erinnerung, Überleben, Verantwortung mit Begriffen wie Zeit, Gegenwart, Vergangenheit, Zukunft, Früher und Später vernetzt sind. Fassen wir vor diesem Hintergrund noch einmal die Ergebnisse zusammen: Der Begriff der Person enthält als Norm die Fähigkeit des zeitlich perspektivischen Bezugs für alle Gegenstände, die unter ihn fallen. Darin besteht eine Verbindung zwischen den Begriffen der Person und der Zeit. Personale Identität bezieht sich also auf die Identität von Gegenständen, die sich zeitlich perspektivisch auf sich selbst beziehen können – d. h. die sich ihrer diachronen Identität *bewusst* sind. Wenn wir von der Identität einer Person über die Zeit sprechen, dann erschöpft sich Zeit somit nicht in einer Unterscheidung von Früher und Später, sondern meint in erster Instanz eine Selbsteinordnung innerhalb von Gegenwart, Vergangenheit und Zukunft. Diese begriffliche Beziehung zwischen Person bzw. personaler Identität und Zeit im Sinne von *A*-Bestimmungen wirkt sich wiederum auf andere Begriffe aus, die in enger Beziehung zum Begriff der personalen Identität stehen: Erinnerung, Überleben, Verantwortung usw. In diesem Komplex von Begriffen und Begriffsverbindungen gibt es also nicht *die eine* begriffliche Bezie-

---

[9] Hier ist also mehr gefordert als nur »psychologische Prädikate« im Allgemeinen (was Strawson als *P-predicates* bezeichnet – cf. Strawson 1959, S. 104 ff., dazu auch Hacker 2008, S. 312 f.), denn darunter fallen z. B. *alle* epistemischen Prädikate wie ›... weiß ...‹, ›... glaubt ...‹ usw. Was wir brauchen, sind aber ganz *bestimmte* Prädikate wie ›... weiß, dass (*P*(*sie** ...))‹ oder ›... glaubt, dass (*P*(*sie** ...))‹ – cf. Abschnitt 10.2.4, S. 175.

hung zwischen Zeit und personaler Identität, sondern gleichsam ein Geflecht von verschiedenen Verbindungen. Wenn man dennoch darauf besteht, diese Beziehungen mit einem einzigen Satz benannt zu haben, so lautet meine Antwort: Die wesentliche begriffliche Beziehung zwischen Zeit und personaler Identität besteht darin, dass Personen normalerweise fähig sind, sich in zeitlich perspektivischer Weise auf sich selbst zu beziehen.

Zuletzt möchte ich, ohne an dieser Stelle detaillierter darauf eingehen oder dafür argumentieren zu können, eine tiefere Deutung dieses Befundes zumindest andeuten: Personen sind nicht nur die passiven Subjekte von Einstellungen, Überzeugungen und Emotionen bezüglich ihrer Vergangenheit, Gegenwart und Zukunft. Personen sind wesentlich *Handelnde*. Als solche beziehen sie sich in der Erinnerung auf ihre früheren Taten, empfinden Stolz oder werden von Schuldgefühlen geplagt. Als solche hegen sie Absichten und fassen Vorsätze bezüglich der Zeit, die vor ihnen liegt. Und als solche nutzen sie die Gegenwart, um Handlungsalternativen abzuwägen, zwischen Möglichkeiten auszuwählen, Entscheidungen zu treffen und in die Tat umzusetzen. Dass Personen *Akteure* sind, steht bei allen Beispielen, die ich beleuchtet habe, im Hintergrund: Erinnerung ist insofern relevant für Verantwortung, weil ich mich nicht nur an Erlebnisse und Erfahrungen erinnere, die mir gleichsam zugestoßen sind, sondern auch und besonders daran, wie ich mich als Handlungssubjekt dazu verhalten und welche Handlungen ich begangen oder unterlassen habe. Überleben hat für uns eine andere Bedeutung als für Tiere, weil wir uns unserer Endlichkeit bewusst sind und uns aktiv auf sie beziehen können.[10] Und das Wissen um unsere jüngste Vergangenheit lässt uns nicht nur emotional reagieren, sondert bildet eine Folie für unsere Akteursrationalität und motiviert uns zu neuen Handlungen.[11] Der zeitlich perspektivische Selbstbezug von Personen ist auch und vor allem diejenige Art des Selbstbezugs, die uns als Handelnden zu eigen ist.

---

10 Um es noch einmal mit Wittgenstein zu sagen: »Das Krokodil hofft nicht, der Mensch hofft.« (Wittgenstein 1980, Bd. II, § 16; cf. Wittgenstein 1953, Teil II, i; dazu auch Schmitz 2012.)
11 Das *Thank-goodness*-Argument funktioniert genauso, wenn die Reaktion auf die unangenehme Erfahrung nicht in einer Emotion wie Erleichterung besteht, sondern in einer Handlung: z. B. angesichts der überstandenen Prüfung die Sektkorken knallen zu lassen.
Überhaupt ist das Phänomen der essentiellen Indexikalität vornehmlich *praktisch* konnotiert – der Mann im Supermarkt ändert sein Verhalten, sobald er realisiert, dass es *sein* Einkaufswagen ist, der eine Zuckerspur hinter sich herzieht; und der Professor springt auf, als ihm bewusst wird, dass *jetzt* die Sitzung beginnt (cf. Perry 1979).

Schluss

Zusammenfassung

In dieser Arbeit habe ich die begrifflichen Verbindungen zwischen Zeit und personaler Identität erforscht. Dabei bin ich in Teil I von den formalen Eigenschaften des Begriffs der personalen Identität und seiner verschiedenen Aspekte ausgegangen. Was ich unter personaler Identität verstehe und was üblicherweise in der Literatur darunter verstanden wird, ist, so habe ich ausgeführt, die Relation der diachronen numerischen Identität von Personen. Wichtig an numerischer Identität sind ihre logischen Eigenschaften der Reflexivität, Symmetrie und Transitivität. Als charakteristisch für diachrone Identitätsaussagen habe ich das Einbeziehen verschiedener Zeiten in die Bezugnahme auf den fraglichen Gegenstand herausgestellt. Der eigentlichen Einführung in die Diskussion um personale Identität habe ich sodann einen Exkurs zum Begriff des Identitätskriterium vorausgeschickt, der im Zentrum der philosophischen Beschäftigung mit der Identität von Personen steht.

Nach diesen Propädeutika war der Teil II drei Beispielen für begriffliche Beziehungen zwischen Zeit und personaler Identität gewidmet. Zum Ersten habe ich den Begriff der Verantwortung vor dem Hintergrund des Vierdimensionalismus untersucht. Dabei hat sich gezeigt, dass diese Lehre der »zeitlichen Teile« gerade dort zu besonders unplausiblen Resultaten führt, wo sie eigentlich ihre größten Stärken offenbaren soll – in der Beschreibung von Spaltungs- und Fusionsfällen. Sobald wir diese Szenarien auf Personen und insbesondere auf den Verantwortungsbegriff anwenden, ergeben sich Probleme: Wie kann es sein, dass ich für eine Tat verantwortlich bin, wenn ich mich erinnere, zum Tatzeitpunkt in weiter Entfernung vom Tatort einer anderen Beschäftigung nachgegangen zu sein?

Als zweites Beispiel diente mir der Überlebensbegriff auf der Grundlage einer eternalistischen Zeitontologie. Hier erwuchsen die Schwierigkeiten aus dem Unvermögen des Eternalismus, unserer spezifisch persönlichen Perspektive auf die eigene Zukunft, aber auch auf die jüngere Vergangenheit mit etwaigen Verlusten uns nahestehender Personen, in befriedigender Weise gerecht zu werden.

Drittens wurde der Begriff der Erinnerung bzw. der allgemeinere Begriff des Vergangenheitsbezugs unter der Prämisse einer B-Theorie der Zeit ausgearbeitet. Dabei hat sich die Erklärung und Rechtfertigung von Emotionen, die auf dem Bewusstsein der eigenen Vergangenheit gründen, als außerordentlich problematisch erwiesen.

Ohne aus den geschilderten Schwierigkeiten Schlüsse auf die Tragfähigkeit der jeweiligen Zeittheorie zu ziehen, habe ich mich stattdessen im Teil III wieder der allgemeineren Frage nach den begrifflichen Beziehungen zwischen Zeit und personaler Identität – und damit der eigentlichen Aufgabe dieser Arbeit – zugewandt. Dazu wurden die im zweiten Teil aufgetretenen Probleme interpretiert und auf einen gemeinsamen Ursprung hin geprüft. Als diese gemeinsame Grundlage hat sich das spezifisch an Personen, d. h. an Menschen gebundene Vermögen des zeitlich perspektivischen Selbstbezugs abgezeichnet: Dass sich Personen normalerweise auf sich selbst in der Gegenwart und aus der Gegenwart heraus auf sich selbst in Vergangenheit und Zukunft beziehen können, wurde einerseits als ein wesentlicher Aspekt der Begriffe von Erinnerung, Überleben und Verantwortung herausgearbeitet, andererseits als »Angriffspunkt« für zeittheoretische Unterscheidungen nachgewiesen.

Um diese Diagnose der Probleme des zweiten Teils im Einzelnen auszuführen, habe ich zunächst erklärt, was ich mit Selbstbezug und was mit zeitlich perspektivischem Bezug meine, um im zweiten Schritt aufzuzeigen, worin zeitlich perspektivischer Selbstbezug als eine bestimmte Verbindung dieser beiden Arten von Perspektivität besteht. Auf dieser Basis habe ich die Diagnose im Detail erläutert und anschließend noch einmal Schritt für Schritt auf die Probleme aus dem zweiten Teil angewandt. Mit dem Fazit wurden die Ergebnisse des dritten Teils ein letztes Mal auf den Punkt gebracht und weitergehend gedeutet. Damit habe ich versucht, die in der Einleitung formulierten Ansprüche einzulösen und die Frage nach den begrifflichen Beziehungen zwischen Zeit und personaler Identität durch den Verweis auf die spezifisch persönliche Fähigkeit des zeitlich perspektivischen Selbstbezugs zu beantworten.

Ausblick

Die Ergebnisse dieser Arbeit bieten in mehrfacher Hinsicht Anknüpfungspunkte für eine weitergehende Auseinandersetzung mit dem Phänomen des zeitlich perspektivischen Selbstbezugs vor dem größeren Zusammenhang von Fragen der personalen Identität und Fragen der Zeitphilosophie. Von diesen Anschlussstellen seien drei hier genannt.

Den ersten Aspekt habe ich bereits im Fazit angedeutet: Es ist zu vermuten, dass sich die volle Bedeutung des zeitlich perspektivischen Selbstbezugs erst erschließt, wenn man das Subjekt als *Handlungssubjekt* in den Blick nimmt und die Implikationen berücksichtigt, die sich daraus ergeben, dass Personen wesentlich *Akteure* sind und die Perspektive auf sich selbst in der Gegenwart eine Perspektive des Handelns ist. Dieser Ansatz wäre zu konkretisieren und in seinen Einzelheiten weiterzuverfolgen, um einen tieferen Einblick in die vielfältigen Beziehungen zwischen den Begriffen der Person und der personalen Identität, des Handelns und der dafür erforderlichen Perspektive auf sich selbst in der Gegenwart zu erhalten.

Ein zweiter Punkt betrifft die Möglichkeit einer subjekttheoretischen Fortführung meiner Analyse des zeitlich perspektivischen Selbstbezugs. Die Darstellung im Teil III bildet eine klare Schnittstelle zu solchen Diskussionen der Ermöglichungsbedingungen von Selbstbezug im Allgemeinen und in seiner zeitlich perspektivischen Ausprägung. Diese Arbeit ist nicht der Ort, derlei Fragen weiter nachzugehen; aber es erscheint mir lohnenswert, dies in anderem Zusammenhang nachzuholen.

Das dritte »offene Ende«, das sich aufdrängt, ist die Verbindung zweier Arten von Reflexivität. Neben der Selbstbezüglichkeit, die z. B. in den Erinnerungen einer Person zum Ausdruck kommt, zieht sich, wenn auch unausgesprochen, noch eine andere Reflexivität durch diese Arbeit: Indem wir uns als Philosophen Gedanken über personale Identität machen, sprechen wir über *uns selbst* – über rationale Wesen, die denken, fühlen und handeln, die sich ihrer Identität bewusst sind, die sich ihrer Vergangenheit erinnern, die Verantwortung tragen und die ihr eigenes Überleben reflektieren. Forscher und Forschungsgegenstand sind in diesem Fall von ein und derselben Art. Der Autor der vorliegenden Arbeit, ihre faktischen und potentiellen Leser, an die sie sich wendet, die Gemeinschaft aller Subjekte, die denkend und sprechend Untersuchungen anstellen, sind in diesem Fall gleichzeitig das Objekt ihrer eigenen Untersuchung. Das kann man als Vorteil oder als Nachteil begreifen. Einerseits ist uns der »Blick von nirgendwo« auf den Begriff der Person verwehrt. Andererseits kommt uns damit eine einzigartige Kompetenz zu – uns als Personen, die über Personen reden.

Anhang

A Beweise

Wenn Genidentität transitiv wäre ...

(1) $\forall x \forall y \forall z((x$ ist Teil derselben Person wie y & y ist Teil derselben Person wie   Trans.
$z) \rightarrow x$ ist Teil derselben Person wie $z)$

(2) $\forall x \forall y(x$ ist Teil derselben Person wie $y \rightarrow y$ ist Teil derselben Person wie $x)$ Symm.

(3) $\text{Anne}_{t2} = \text{Marie}_{t2}$ A

(4) Anne_{t1} ist Teil derselben Person wie Anne_{t2}.   A

(5) Marie_{t1} ist Teil derselben Person wie Marie_{t2}.   A

(6) $\neg$ (Anne_{t1} ist Teil derselben Person wie Marie_{t1}.)   A

(7) Anne_{t1} ist Teil derselben Person wie Marie_{t2}.   3,4,=E

(8) Marie_{t1} ist Teil derselben Person wie Marie_{t2}. $\rightarrow$ Marie_{t2} ist Teil derselben   2,$\forall$E
Person wie Marie_{t1}.

(9) Marie_{t2} ist Teil derselben Person wie Marie_{t1}.   5,8,MP

(10)   (Anne_{t1} ist Teil derselben Person wie Marie_{t2}. & Marie_{t2} ist Teil derselben   1,$\forall$E
Person wie Marie_{t1}.) $\rightarrow$ Anne_{t1} ist Teil derselben Person wie Marie_{t1}.

(11) Anne_{t1} ist Teil derselben Person wie Marie_{t2}. & Marie_{t2} ist Teil derselben   7,9,&I
Person wie Marie_{t1}.

(12) Anne_{t1} ist Teil derselben Person wie Marie_{t1}.   10,11,MP

Abbildungsverzeichnis

Literatur

Andrews 2011

ANDREWS, Kristin: Animal Cognition. In: ZALTA, Edward N. (Hrsg.): *The Stanford Encyclopedia of Philosophy*. Summer 2011. URL http://plato.stanford.edu/archives/sum2011/entries/cognition-animal/, 2011

Anscombe 1981

ANSCOMBE, Gertrude Elizabeth Margaret: The First Person. In: *Collected Philosophical Papers* Bd. II. Metaphysics and the Philosophy of Mind. Oxford : Blackwell, 1981, S. 21–36

Armstrong 1980

ARMSTRONG, David Malet: Identity through Time: Essays Presented to Richard Taylor. In: VAN INWAGEN, Peter (Hrsg.): *Time and Cause*. Dordrecht : D. Reidel, 1980, S. 67–78

Austin 1962

AUSTIN, John Langshaw: *Sense and Sensibilia*. London : Oxford University Press, 1962. – zitiert nach der Paperback-Ausgabe 1964

Baker und Hacker 2005

BAKER, Gordon P. ; HACKER, Peter Michael Stephan: *An Analytical Commentary on the Philosophical Investigations*. Bd. 1: *Wittgenstein: Understand and Meaning; Part I: Essays*. 2., überarbeitete Auflage. Oxford : Blackwell, 2005

Baker und Hacker 2009

BAKER, Gordon P. ; HACKER, Peter Michael Stephan: *An Analytical Commentary on the Philosophical Investigations*. Bd. 2: *Wittgenstein: Rules, Grammar and Necessity*. 2., überarbeitete Auflage. Chichester : Wiley-Blackwell, 2009

Baker 2011a

BAKER, Lynne Rudder: How to Have Self-Directed Attitudes. In: ZIV, Anita Konzelmann (Hrsg.) ; LEHRER, Keith (Hrsg.) ; SCHMID, Hans Bernhard (Hrsg.): *Self-Evaluation: Affective and Social Grounds of Intentionality* Bd. 116. Dordrecht : Springer, 2011, S. 33–43

Baker 2011b

BAKER, Lynne Rudder: *Is my Identity over Time an Illusion?* 2011. – Vortrag auf der Konferenz ›Time and Agency‹, 18.–19. 11. 2011, The George Washington University, Washington

Balashov 2000

BALASHOV, Yuri: Persistence and Space-Time: Philosophical Lessons of the Pole and the Barn. In: *The Monist* 83 (2000), Nr. 3, S. 321–340

Barcan Marcus 1947

BARCAN MARCUS, Ruth: The Identity of Individuals in a Strict Functional Calculus of Second Order. In: *The Journal of Symbolic Logic* 12 (1947), Nr. 1, S. 12–15. – (unter dem Namen Ruth C. Barcan)

Barcan Marcus 1976

BARCAN MARCUS, Ruth: Dispensing with Possibilia. In: *Proceedings and Addresses of the American Philosophical Association* 49 (1976), S. 39–51

Bardon 2012

BARDON, Adrian (Hrsg.): *The Future of the Philosophy of Time*. New York : Routledge, 2012

Beaney 2011

BEANEY, Michael: Analysis. In: ZALTA, Edward N. (Hrsg.): *The Stanford Encyclopedia of Philosophy*. Summer 2011. URL http://plato.stanford.edu/archives/sum2011/entries/analysis/, 2011

Belnap 2007
    BELNAP, Nuel: An Indeterminist View of the Parameters of Truth. In: (Müller 2007), S. 87–111

Belzer 2005
    BELZER, Marvin: Self-Conception and Personal Identity: Revisiting Parfit and Lewis with an Eye on the Grip of the Unity Reaction. In: *Social Philosophy & Policy* 22 (2005), Nr. 2, S. 126–164

Ben-Yami 2004
    BEN-YAMI, Hanoch: *Logic and Natural Language: On Plural Reference and its Semantic and Logical Significance*. Aldershot : Ashgate, 2004

Ben-Yami 2006
    BEN-YAMI, Hanoch: A Critique of Frege on Common Nouns. In: *Ratio* 19 (2006), Nr. 2, S. 148–155

Benn 1993
    BENN, Piers: My Own Death. In: *The Monist* 76 (1993), Nr. 2, S. 235–251

Bennett und Hacker 2006
    BENNETT, Maxwell R. ; HACKER, Peter Michael Stephan: *Philosophical Foundations of Neuroscience*. Malden, MA : Blackwell, 2006

Bergmann 1964
    BERGMANN, Gustav: *Logic and Reality*. Madison : University of Wisconsin Press, 1964

Betzler 2004
    BETZLER, Monika: Sources of Practical Conflicts and Reasons for Regret. In: BAUMANN, Peter (Hrsg.) ; BETZLER, Monika (Hrsg.): *Practical Conflicts: New Philosophical Essays*. Cambridge : Cambridge University Press, 2004, S. 197–222

Bieri 1972
    BIERI, Peter: *Zeit und Zeiterfahrung. Exposition eines Problembereichs*. Frankfurt am Main : Suhrkamp, 1972

Bieri 1986
    BIERI, Peter: Zeiterfahrung und Personalität. In: BURGER, Heinz (Hrsg.): *Zeit, Natur und Mensch*. Berlin : Arno Spitz Verlag, 1986, S. 261–281

Bigelow 1996
    BIGELOW, John: Presentism and Properties. In: TOMBERLIN, James E. (Hrsg.): *Philosophical Perspectives, 10: Metaphysics*. Oxford : Blackwell, 1996, S. 35–52

Bittner 1992
    BITTNER, Rüdiger: Is It Reasonable to Regret Things One Did? In: *The Journal of Philosophy* 89 (1992), Nr. 5, S. 262–273

Black 1952
    BLACK, Max: The Identity of Indiscernibles. In: *Mind* 61 (1952), Nr. 242, S. 153–164

Bolander 2008
    BOLANDER, Thomas: Self-Reference. In: ZALTA, Edward N. (Hrsg.): *The Stanford Encyclopedia of Philosophy*. Winter 2009. URL http://plato.stanford.edu/archives/win2009/entries/self-reference/, 2008

Boolos und Jeffrey 1974
    BOOLOS, George Stephen ; JEFFREY, Richard Carl: *Computability and Logic*. Cambridge : Cambridge University Press, 1974. – zitiert nach der 3. Auflage, 1989

Borges 1947
    BORGES, Jorge Luis: *Nueva refutación del tiempo*. Buenos Aires : Oportet & Haereses, 1947

Bradley 2004
    BRADLEY, Ben: When Is Death Bad for the One Who Dies? In: *Noûs* 38 (2004), Nr. 1, S. 1–28

Bradley 2010

BRADLEY, Ben: Eternalism and Death's Badness. In: (Campbell et al. 2010), S. 271–281

Braun 2010

BRAUN, David: Indexicals. In: ZALTA, Edward N. (Hrsg.): *The Stanford Encyclopedia of Philosophy*. Summer 2010. URL http://plato.stanford.edu/archives/sum2010/entries/indexicals/, 2010

Brennan 2011

BRENNAN, Andrew: Necessary and Sufficient Conditions. In: ZALTA, Edward N. (Hrsg.): *The Stanford Encyclopedia of Philosophy*. Winter 2011. URL http://plato.stanford.edu/archives/win2011/entries/necessary-sufficient/, 2011

Brink 2011

BRINK, David Owen: Prospects for Temporal Neutrality. In: (Callender 2011), S. 353–381

Broad 1993

BROAD, Charlie Dunbar: *Scientific Thought*. Bristol : Thoemmes Press, 1993

Budnik 2013

BUDNIK, Christian: *Das eigene Leben verstehen*. Berlin : De Gruyter, 2013

Burley 2008

BURLEY, Mikel: The B-Theory of Time and the Fear of Death. In: *Polish Journal of Philosophy* 2 (2008), Nr. 2, S. 21–38

Butler 1736

BUTLER, Joseph: *The Analogy of Religion, Natural and Revealed, to the Constitution and Course of Nature*. London : James, John and Paul Knapton, 1736

Callender 2011

CALLENDER, Craig (Hrsg.): *The Oxford Handbook of Philosophy of Time*. Oxford : Oxford University Press, 2011

Campbell et al. 2010

CAMPBELL, Joseph Keim (Hrsg.) ; O'ROURKE, Michael (Hrsg.) ; SILVERSTEIN, Harry S. (Hrsg.): *Time and Identity*. Cambridge, MA : The MIT Press, 2010

Carnap 1928

CARNAP, Rudolf: *Der logische Aufbau der Welt*. Berlin-Schlachtensee : Weltkreis Verlag, 1928

Carnap 1931

CARNAP, Rudolf: Überwindung der Metaphysik durch logische Analyse der Sprache. In: *Erkenntnis* 2 (1931), S. 219–241

Carnap 1947

CARNAP, Rudolf: *Meaning and Necessity: A Study in Semantics and Modal Logic*. Chicago : University of Chicago Press, 1947

Carnap 1950

CARNAP, Rudolf: *Logical Foundations of Probability*. Chicago : University of Chicago Press, 1950

Carnap 1958

CARNAP, Rudolf: *Introduction to Symbolic Logic*. New York : Dover, 1958

Carruthers 1986

CARRUTHERS, Peter: *Introducing Persons: Theories and Arguments in the Philosophy of Mind*. London : Croom Helm, 1986

Castañeda 1966

CASTAÑEDA, Hector-Neri: ›He‹: A Study in the Logic of Self-Consciousness. In: *Ratio* 8 (1966), S. 130–157

Castañeda 1967
> CASTAÑEDA, Hector-Neri: Indicators and Quasi-Indicators. In: *American Philosophical Quarterly* 4 (1967), S. 85–100

Castañeda 1968
> CASTAÑEDA, Hector-Neri: On the Logic of Attributions of Self-Knowledge to Others. In: *The Journal of Philosophy* 65 (1968), August, Nr. 15, S. 439–456

Chisholm 1976a
> CHISHOLM, Roderick Milton: Knowledge and Belief: ›De Dicto‹ and ›De Re‹. In: *Philosophical Studies* 29 (1976), Nr. 1, S. 1–20

Chisholm 1976b
> CHISHOLM, Roderick Milton: *Person and Object: A Metaphysical Study*. London : Allen and Unwin, 1976

Cockburn 1997
> COCKBURN, David: *Other Times: Philosophical Perspectives on Past, Present and Future*. Cambridge : Cambridge University Press, 1997

Cockburn 1998
> COCKBURN, David: Tense and Emotion. In: POIDEVIN, Robin Le (Hrsg.): *Questions of Time and Tense*. Oxford : Clarendon Press, 1998, S. 77–91

Copeland 1996
> COPELAND, Brian Jack (Hrsg.): *Logic and Reality*. Oxford : Clarendon Press, 1996

Copi 1954
> COPI, Irving Marmer: Essence and Accident. In: *The Journal of Philosophy* 51 (1954), Nr. 23, S. 706–719

Davidson 2001
> DAVIDSON, Donald: The Individuation of Events. In: *Essays on Actions and Events*. 2. Auflage. Oxford : Oxford University Press, 2001, S. 163–180

De Clercq 2013
> DE CLERCQ, Rafael: Locke's Principle is an Applicable Criterion of Identity. In: *Noûs* 47 (2013), Nr. 4, S. 697–705

Dedekind 1888
> DEDEKIND, Julius Wilhelm Richard: *Was sind und was sollen die Zahlen?* Vieweg, 1888

Divers 2002
> DIVERS, John: *Possible Worlds*. London : Routledge, 2002

Dorato 2006
> DORATO, Mauro: The Irrelevance of the Presentist/Eternalist Debate for the Ontology of Minkowski Spacetime. In: DIEKS, Dennis Geert Bernardus Johan (Hrsg.): *The Ontology of Spacetime* Bd. 1. Amsterdam : Elsevier, 2006, S. 93–109

Dummett 1960
> DUMMETT, Michael: A Defense of McTaggart's Proof of the Unreality of Time. In: *The Philosophical Review* 69 (1960), Nr. 4, S. 497–504

Dummett 1973
> DUMMETT, Michael: *Frege: Philosophy of Language*. 2. Auflage. London : Duckworth, 1973. – zitiert nach der 2. Auflage, 3rd printing, Cambridge, MA : Harvard University Press, 1995

Dummett 1978
> DUMMETT, Michael: The Reality of the Past. In: *Truth and Other Enigmas*. London : Duckworth, 1978, S. 358–374

Dupré 1993
> DUPRÉ, John: *The Disorder of Things: Metaphysical Foundations of the Disunity of Science*. Cambridge, MA : Harvard University Press, 1993

Einstein und Besso 1972

EINSTEIN, Albert ; BESSO, Michele ; SPEZIALI, Pierre (Hrsg.): *Correspondance 1903–1955*. Paris : Hermann, 1972

Eshleman 2009

ESHLEMAN, Andrew: Moral Responsibility. In: ZALTA, Edward N. (Hrsg.): *The Stanford Encyclopedia of Philosophy*. Winter 2009. URL http://plato.stanford.edu/archives/win2009/entries/moral-responsibility/, 2009

Fichte 1799

FICHTE, Johann Gottlieb: *Appellation an das Publikum über die durch ein Kurf. Sächs. Confiscationsrescript ihm beigemessenen atheistischen Aeusserungen. Eine Schrift, die man erst zu lesen bittet, ehe man sie confiscirt*. Jena : Gabler, 1799

Fine 2003

FINE, Kit: The Problem of Possibilia. In: (Loux und Zimmerman 2003), S. 161–179

Fine 2005a

FINE, Kit: Necessity and Non-Existence. In: *Modality and Tense*. Oxford : Oxford University Press, 2005, S. 321–354

Fine 2005b

FINE, Kit: Prior on the Construction of Possible Worlds and Instants. In: *Modality and Tense*. Oxford : Oxford University Press, 2005, S. 133–175

Fine 2005c

FINE, Kit: Tense and Reality. In: *Modality and Tense*. Oxford : Oxford University Press, 2005, S. 261–320

Fine 2006

FINE, Kit: Relatively Unrestricted Quantification. In: RAYO, Agustín (Hrsg.) ; UZQUIANO, Gabriel (Hrsg.): *Absolute Generality*. Oxford : Oxford University Press, 2006, S. 20–44

Fine 2009

FINE, Kit: The Question of Ontology. In: CHALMERS, David John (Hrsg.) ; MANLEY, David (Hrsg.) ; WASSERMAN, Ryan (Hrsg.): *Metametaphysics: New Essays on the Foundations of Ontology*. Oxford : Oxford University Press, 2009, S. 157–177

Forrest 2011

FORREST, Peter: The Identity of Indiscernibles. In: ZALTA, Edward N. (Hrsg.): *The Stanford Encyclopedia of Philosophy*. Spring 2011. URL http://plato.stanford.edu/archives/spr2011/entries/identity-indiscernible/, 2011

Frankfurt 1978

FRANKFURT, Harry Gordon: The Problem of Action. In: *American Philosophical Quarterly* 15 (1978), Nr. 2, S. 157–162

Frege 1893/1903

FREGE, Gottlob: *Grundgesetze der Arithmetik: Begriffsschriftlich abgeleitet*. Jena : Pohle, 1893/1903. – zitiert nach dem Nachdruck Hildesheim : Olms, 1998

Frege 1918

FREGE, Gottlob: Der Gedanke. Eine logische Untersuchung. In: *Beiträge zur Philosophie des deutschen Idealismus* 1 (1918), Nr. 2, S. 58–77. – zitiert nach Frege 1990

Frege 1953

FREGE, Gottlob ; AUSTIN, John Langshaw (Hrsg.): *The Foundations of Arithmetic*. 2. Auflage. Oxford : Blackwell, 1953

Frege 1988

FREGE, Gottlob: *Die Grundlagen der Arithmetik*. Hamburg : Meiner, 1988

Frege 1990
    FREGE, Gottlob ; ANGELELLI, Ignacio (Hrsg.): *Kleine Schriften*. 2. Auflage. Hildesheim : Olms, 1990
Frege 2007
    FREGE, Gottlob ; JACQUETTE, Dale (Hrsg.): *The Foundations of Arithmetic*. New York : Pearson, 2007
French 2011
    FRENCH, Steven: Identity and Individuality in Quantum Theory. In: ZALTA, Edward N. (Hrsg.): *The Stanford Encyclopedia of Philosophy*. Summer 2011. URL http://plato.stanford.edu/archives/sum2011/entries/qt-idind/, 2011
Friebe 2012
    FRIEBE, Cord: *Zeit, Wirklichkeit und Persistenz. Ein präsentistischer Blick auf die Raum-Zeit.* 2012. – in Vorbereitung
Frisch 1950
    FRISCH, Max: *Tagebuch: 1949–1949*. Frankfurt am Main : Suhrkamp, 1950
Gale 1968
    GALE, Richard M.: *The Language of Time*. London : Routledge & Kegan Paul, 1968
Gallois 2011
    GALLOIS, André: Identity Over Time. In: ZALTA, Edward N. (Hrsg.): *The Stanford Encyclopedia of Philosophy*. Spring 2011. URL http://plato.stanford.edu/archives/spr2011/entries/identity-time/, 2011
Geach 1957
    GEACH, Peter Thomas: On Beliefs About Oneself. In: *Analysis* 18 (1957), Nr. 1, S. 23–24
Geach 1962
    GEACH, Peter Thomas: *Reference and Generality: An Examination of Some Medieval and Modern Theories*. Ithaca, NY : Cornell University Press, 1962. – zitiert nach der 3. Auflage, 1980
Geach 1966
    GEACH, Peter Thomas: Some Problems about Time. In: *Proceedings of the British Academy* 51 (1966), S. 321–336
Geach 1967
    GEACH, Peter Thomas: Identity. In: *The Review of Metaphysics* 21 (1967), Nr. 1, S. 3–12
Geach 1968
    GEACH, Peter Thomas: What Actually Exists. In: *Proceedings of the Aristotelian Society* Supplementary Volume 42 (1968), S. 7–16. – zitiert nach dem Wiederabdruck in Geach 1969a, S. 65–74
Geach 1969a
    GEACH, Peter Thomas (Hrsg.): *God and the Soul*. London : Routledge & Kegan Paul, 1969
Geach 1969b
    GEACH, Peter Thomas: God's Relation to the World. In: *Sophia* 8 (1969), Nr. 2, S. 1–9. – zitiert nach dem Wiederabdruck in Geach 1972, S. 318–327
Geach 1969c
    GEACH, Peter Thomas: Praying for Things to Happen. Siehe (Geach 1969a), S. 86–99
Geach 1972
    GEACH, Peter Thomas: *Logic Matters*. Oxford : Blackwell, 1972. – zitiert nach dem Reprint 1981
Geach 1973
    GEACH, Peter Thomas: Ontological Relativity and Relative Identity. In: MUNITZ, Milton Karl (Hrsg.): *Logic and Ontology*. New York : New York University Press, 1973, S. 287–302

Gertler 2011

GERTLER, Brie: Self-Knowledge. In: ZALTA, Edward N. (Hrsg.): *The Stanford Encyclopedia of Philosophy.* Spring 2011. URL http://plato.stanford.edu/archives/spr2011/entries/self-knowledge/, 2011

Glock und Hacker 1996

GLOCK, Hans-Johann ; HACKER, Peter Michael Stephan: Reference and the First Person Pronoun. In: *Language & Communication* 16 (1996), Nr. 2, S. 95–105

Goodman 1951

GOODMAN, Nelson: *The Structure of Appearance.* Cambridge, MA : Harvard University Press, 1951

Grice und Strawson 1956

GRICE, Herbert Paul ; STRAWSON, Peter Frederick: In Defense of a Dogma. In: *The Philosophical Review* 65 (1956), Nr. 2, S. 141–158

Gupta 1980

GUPTA, Anil: *The Logic of Common Nouns: An Investigation in Quantified Modal Logic.* New Haven : Yale University Press, 1980

Hacker 1982

HACKER, Peter Michael Stephan: Events and Objects in Space and Time. In: *Mind* 91 (1982), Nr. 361, S. 1–19

Hacker 1996

HACKER, Peter Michael Stephan: *Wittgenstein's Place in Twentieth-Century Analytic Philosophy.* Oxford : Blackwell, 1996

Hacker 1997

HACKER, Peter Michael Stephan: *Insight and Illusion.* 2. Auflage. Bristol : Thoemmes Press, 1997

Hacker 2001

HACKER, Peter Michael Stephan: On Strawson's Rehabilitation of Metaphysics. In: *Wittgenstein: Connections and Controversies.* Oxford : Clarendon Press, 2001, S. 345–370

Hacker 2004

HACKER, Peter Michael Stephan: Substance: Things and Stuffs. In: *Proceedings of the Aristotelian Society* Supplementary Volume 78 (2004), Nr. 1, S. 41–63

Hacker 2007

HACKER, Peter Michael Stephan: Analytic Philosophy: Beyond the Linguistic Turn and Back Again. In: BEANEY, Michael (Hrsg.): *The Analytic Turn: Analysis in Early Analytic Philosophy and Phenomenology.* New York : Routledge, 2007, S. 125–141

Hacker 2008

HACKER, Peter Michael Stephan: *Human Nature: The Categorial Framework.* Malden, MA : Blackwell, 2008

Hacker 2009

HACKER, Peter Michael Stephan: Philosophy: A Contribution, not to Human Knowledge, but to Human Understanding. In: O'HEAR, Anthony (Hrsg.): *Conceptions of Philosophy* Bd. 65. Cambridge : Cambridge University Press, 2009, S. 129–153

Haslanger 2003

HASLANGER, Sally: Persistence through Time. In: (Loux und Zimmerman 2003), S. 315–354

Hawley 2010

HAWLEY, Katherine: Temporal Parts. In: ZALTA, Edward N. (Hrsg.): *The Stanford Encyclopedia of Philosophy.* Winter 2010. URL http://plato.stanford.edu/archives/win2010/entries/temporal-parts/, 2010

Hinchliff 1996
 HINCHLIFF, Mark: The Puzzle of Change. In: TOMBERLIN, James E. (Hrsg.): *Philosophical Perspectives, 10: Metaphysics.* Oxford : Blackwell, 1996, S. 119–136
Horsten 2012
 HORSTEN, Leon: Philosophy of Mathematics. In: ZALTA, Edward N. (Hrsg.): *The Stanford Encyclopedia of Philosophy.* Summer 2012. URL http://plato.stanford.edu/archives/sum2012/entries/philosophy-mathematics/, 2012
Irvine 2009
 IRVINE, Andrew D.: Russell's Paradox. In: ZALTA, Edward N. (Hrsg.): *The Stanford Encyclopedia of Philosophy.* Summer 2009. URL http://plato.stanford.edu/archives/sum2009/entries/russell-paradox/, 2009
Ishiguro 1972
 ISHIGURO, Hidé: *Leibniz's Philosophy of Logic and Language.* Ithaca, NY : Cornell University Press, 1972. – zitiert nach der 2. Auflage, Cambridge : Cambridge University Press, 1990
Johnson 1921
 JOHNSON, William Ernest: *Logic.* Bd. 1. Cambridge : Cambridge University Press, 1921
Johnston 1984
 JOHNSTON, Mark: *Particulars and Persistence,* Princeton University, Dissertation, 1984
Johnston 1987
 JOHNSTON, Mark: Is there a Problem about Persistence? In: *Proceedings of the Aristotelian Society* Supplementary Volume 61 (1987), S. 107–135
Johnston 2010
 JOHNSTON, Mark: *Surviving Death.* Princeton : Princeton University Press, 2010
Kaplan 1978
 KAPLAN, David: On the Logic of Demonstratives. In: *Journal of Philosophical Logic* 8 (1978), Nr. 1, S. 81–98
Kaplan 1989
 KAPLAN, David: Demonstratives. In: ALMOG, Joseph (Hrsg.) ; PERRY, John (Hrsg.) ; WETTSTEIN, Howard (Hrsg.): *Themes from Kaplan.* New York : Oxford University Press, 1989, S. 481–563
Kierkegaard 1844
 KIERKEGAARD, Søren Aabye: *Begrebet Angest.* København, 1844. – Übersetzung von Emanuel Hirsch zitiert nach Gesammelte Werke, Abteilung 11/12, Düsseldorf : Diederichs, 1952
Kneale und Kneale 1968
 KNEALE, William Calvert ; KNEALE, Martha: *The Development of Logic.* Oxford : Clarendon Press, 1968
Korsgaard 1989
 KORSGAARD, Christine Marion: Personal Identity and the Unity of Agency: A Kantian Response to Parfit. In: *Philosophy & Public Affairs* 18 (1989), Nr. 2, S. 101–132
Kripke 1971
 KRIPKE, Saul: Identity and Necessity. In: MUNITZ, Milton Karl (Hrsg.): *Identity and Individuation.* New York : New York University Press, 1971, S. 135–164
Kripke 1980
 KRIPKE, Saul: *Naming and Necessity.* Oxford : Blackwell, 1980
Künne 1984
 KÜNNE, Wolfgang: Peter F. Strawson: Deskriptive Metaphysik. In: SPECK, Josef (Hrsg.): *Grundprobleme der großen Philosophen. Philosophie der Gegenwart III.* 2., durchgesehene Auflage. Göttingen : Vandenhoeck & Ruprecht, 1984, S. 168–207

Künne 1988

 KÜNNE, Wolfgang: Abstrakte Gegenstände via Abstraktion? Fragen zu einem Grundgedanken der Erlanger Schule. In: PRÄTOR, Klaus (Hrsg.): *Aspekte der Abstraktionstheorie*. Aachen : Rader, 1988, S. 19–24

Künne 2003

 KÜNNE, Wolfgang: *Conceptions of Truth*. Oxford : Clarendon Press, 2003. – zitiert nach der Paperback-Ausgabe 2005

Künne 2007

 KÜNNE, Wolfgang: *Abstrakte Gegenstände. Semantik und Ontologie*. 2., um einen Anhang erweiterte Auflage. Frankfurt am Main : Klostermann, 2007

Ladyman et al. 2012

 LADYMAN, James ; LINNEBO, Øystein ; PETTIGREW, Richard: Identity and Discernibility in Philosophy and Logic. In: *The Review of Symbolic Logic* 5 (2012), Nr. 1, S. 162–186

Langton und Lewis 1998

 LANGTON, Rae ; LEWIS, David Kellogg: Defining ›Intrinsic‹. In: *Philosophy and Phenomenological Research* 58 (1998), Nr. 2, S. 333–345

Le Poidevin 1996

 LE POIDEVIN, Robin: *Arguing for Atheism: An Introduction to the Philosophy of Religion*. London : Routledge, 1996

Le Poidevin 2003

 LE POIDEVIN, Robin: *Travels in Four Dimensions: The Enigmas of Space and Time*. Oxford : Oxford University Press, 2003

Lewin 1923

 LEWIN, Kurt: Die zeitliche Geneseordnung. In: *Zeitschrift für Physik* 13 (1923), S. 62–81

Lewis 1971

 LEWIS, David Kellogg: Counterparts of Persons and Their Bodies. In: *The Journal of Philosophy* 68 (1971), S. 203–211

Lewis 1976a

 LEWIS, David Kellogg: The Paradoxes of Time Travel. In: *American Philosophical Quarterly* 13 (1976), Nr. 2, S. 145–152

Lewis 1976b

 LEWIS, David Kellogg: Survival and Identity. In: (Rorty 1976), S. 17–40

Lewis 1979

 LEWIS, David Kellogg: Attitudes de dicto and de se. In: *The Philosophical Review* 88 (1979), Nr. 4, S. 513–543

Lewis 1983

 LEWIS, David Kellogg: Survival and Identity (plus postscripts). In: *Philosophical Papers* Bd. 1. Oxford : Oxford University Press, 1983, S. 55–77

Lewis 1986

 LEWIS, David Kellogg: *On the Plurality of Worlds*. Oxford : Blackwell, 1986

Linnebo 2005

 LINNEBO, Øystein: To Be Is to Be an F. In: *Dialectica* 59 (2005), Nr. 2, S. 201–222

Linsky 2011

 LINSKY, Bernard: The Notation in Principia Mathematica. In: ZALTA, Edward N. (Hrsg.): *The Stanford Encyclopedia of Philosophy*. Fall 2011. URL http://plato.stanford.edu/archives/fall2011/entries/pm-notation/, 2011

Locke 1694

 LOCKE, John: *An Essay Concerning Humane Understanding*. 2., erweiterte Auflage. London : Thomas Dring/Samuel Manship, 1694

Locke 2008

Locke, John: Of Identity and Diversity. In: Perry, John (Hrsg.): *Personal Identity*. 2. Auflage. Berkeley : University of California Press, 2008, S. 33–52

Lombard 1986

Lombard, Lawrence Brian: *Events: A Metaphysical Study*. Routledge & Kegan Paul, 1986

Loux und Zimmerman 2003

Loux, Michael J. (Hrsg.) ; Zimmerman, Dean W. (Hrsg.): *The Oxford Handbook of Metaphysics*. Oxford : Oxford University Press, 2003

Lowe 1989

Lowe, E. Jonathan: What Is a Criterion of Identity? In: *The Philosophical Quarterly* 39 (1989), Nr. 154

Lowe 1993

Lowe, E. Jonathan: Self, Reference and Self-Reference. In: *Philosophy* 68 (1993), Nr. 263, S. 15–33

Lowe 1999

Lowe, E. Jonathan: Objects and Criteria of Identity. In: Hale, Bob (Hrsg.) ; Wright, Crispin (Hrsg.): *A Companion to the Philosophy of Language*. Oxford : Blackwell, 1999, S. 613–633

Ludlow 2004

Ludlow, Peter: Presentism, Triviality, and the Varieties of Tensism. In: *Oxford Studies in Metaphysics* Bd. 1. Oxford : Oxford University Press, 2004, S. 21–36

MacBeath 1994

MacBeath, Murray: Mellor's Emeritus Headache. In: Oaklander, L. Nathan (Hrsg.) ; Smith, Quentin (Hrsg.): *The New Theory of Time*. New Haven : Yale University Press, 1994, S. 305–311

Machut 2008

Machut, Christèle: *Inference, Extended Agency, Episodic Memory: Three Challenges for Four Dimensionalism*. London, King's College, Dissertation, 2008

Mackie 2006

Mackie, Penelope: Transworld Identity. In: Zalta, Edward N. (Hrsg.): *The Stanford Encyclopedia of Philosophy*. Fall 2008. URL http://plato.stanford.edu/archives/fall2008/entries/identity-transworld/, 2006

Malcolm 1963

Malcolm, Norman: *Knowledge and Certainty*. Englewood Cliffs, NJ : Prentice-Hall, 1963

Malcolm 1968

Malcolm, Norman: The Conceivability of Mechanism. In: *The Philosophical Review* 77 (1968), Nr. 1, S. 45–72

Markosian 2004

Markosian, Ned: A Defense of Presentism. In: *Oxford Studies in Metaphysics* Bd. 1. Oxford : Oxford University Press, 2004, S. 47–82

Markosian 2010

Markosian, Ned: Time. In: Zalta, Edward N. (Hrsg.): *The Stanford Encyclopedia of Philosophy*. Winter 2010. URL http://plato.stanford.edu/archives/win2010/entries/time/, 2010

Matthews 1992

Matthews, Gareth B.: *Thought's Ego in Augustine and Descartes*. Ithaca, NY : Cornell University Press, 1992

McCall 1976

McCall, Storrs: Objective Time Flow. In: *Philosophy of Science* 43 (1976), Nr. 3, S. 337–362

McCall 1994

McCall, Storrs: *A Model of the Universe: Space-Time, Probability, and Decision*. Oxford : Clarendon Press, 1994

McCall und Lowe 2003

McCall, Storrs ; Lowe, E. Jonathan: 3D/4D Equivalence, the Twins Paradox and Absolute Time. In: *Analysis* 63 (2003), Nr. 2, S. 114–123

McCall und Lowe 2006

McCall, Storrs ; Lowe, E. Jonathan: The 3D/4D Controversy: A Storm in a Teacup. In: *Noûs* 40 (2006), Nr. 3, S. 570–578

McCall und Lowe 2009

McCall, Storrs ; Lowe, E. Jonathan: The Definition of Endurance. In: *Analysis* 69 (2009), Nr. 2, S. 277–280

McDowell 1997

McDowell, John: Reductionism and the First Person. In: Dancy, Jonathan (Hrsg.): *Reading Parfit*. Oxford : Blackwell, 1997, S. 230–250. – zitiert nach dem Reprint 2010

McKay und Nelson 2010

McKay, Thomas ; Nelson, Michael: Propositional Attitude Reports. In: Zalta, Edward N. (Hrsg.): *The Stanford Encyclopedia of Philosophy*. Winter 2010. URL http://plato.stanford.edu/archives/win2010/entries/prop-attitude-reports/, 2010

McTaggart 1908

McTaggart, John McTaggart Ellis: The Unreality of Time. In: *Mind* 17 (1908), S. 457–474

Melia 1995

Melia, Joseph: On What There's Not. In: *Analysis* 55 (1995), Nr. 4, S. 223–229

Melia 2000

Melia, Joseph: Continuants and Occurrents. In: *Proceedings of the Aristotelian Society* Supplementary Volume 74 (2000), S. 77–92

Melia 2005

Melia, Joseph: Truthmaking without Truthmakers. In: Beebee, Helen (Hrsg.) ; Dodd, Julian (Hrsg.): *Truthmakers: The Contemporary Debate*. Oxford : Oxford University Press, 2005, S. 67–84

Mellor 1994

Mellor, David Hugh: MacBeath's Soluble Aspirin. In: Oaklander, L. Nathan (Hrsg.) ; Smith, Quentin (Hrsg.): *The New Theory of Time*. New Haven : Yale University Press, 1994, S. 312–315

Mellor 1998

Mellor, David Hugh: *Real Time II*. London : Routledge, 1998

Merricks 1998

Merricks, Trenton: There Are No Criteria of Identity Over Time. In: *Noûs* 32 (1998), Nr. 1, S. 106–124

Meyer 2005

Meyer, Ulrich: The Presentist's Dilemma. In: *Philosophical Studies* 122 (2005), Nr. 3, S. 213–255

Moltmann 2003

Moltmann, Friederike: Propositional Attitudes without Propositions. In: *Synthese* (2003), S. 77–118

Moore 1907/8

Moore, George Edward: Professor James' ›Pragmatism‹. In: *Proceedings of the Aristotelian Society* 8 (1907/8), S. 33–77. – zitiert nach dem Wiederabdruck in Moore 1958, S. 97–146

Moore 1927

Moore, George Edward: Facts and Propositions. In: *Proceedings of the Aristotelian Society* Supplementary Volume 7 (1927), S. 171–206. – zitiert nach dem Wiederabdruck in Moore 1977, S. 60–88

Moore 1958
> MOORE, George Edward: *Philosophical Studies*. London : Routledge & Kegan Paul, 1958

Moore 1977
> MOORE, George Edward: *Philosophical Papers*. London : Allen & Unwin, 1977

Moore 1993
> MOORE, George Edward: Is Existence a Predicate? In: BALDWIN, Thomas (Hrsg.): *Selected Writings*. London : Routledge, 1993, S. 134–146

Müller 2002
> MÜLLER, Thomas: *Arthur Priors Zeitlogik*. Paderborn : mentis, 2002

Müller 2007
> MÜLLER, Thomas (Hrsg.): *Philosophie der Zeit: Neue analytische Ansätze*. Frankfurt am Main : Klostermann, 2007

Mulligan und Correia 2008
> MULLIGAN, Kevin ; CORREIA, Fabrice: Facts. In: ZALTA, Edward N. (Hrsg.): *The Stanford Encyclopedia of Philosophy*. Winter 2008. URL http://plato.stanford.edu/archives/win2008/entries/facts/, 2008

Mulligan et al. 1984
> MULLIGAN, Kevin ; SIMONS, Peter M. ; SMITH, Barry: Truth-Makers. In: *Philosophy and Phenomenological Research* 44 (1984), S. 287–321

Nagel 1971
> NAGEL, Thomas: Brain Bisection and the Unity of Consciousness. In: *Synthese* 22 (1971), Nr. 3/4, S. 396–413

Nida-Rümelin 2001
> NIDA-RÜMELIN, Martine: Realismus bezüglich transtemporaler Identität von Personen. In: STURMA, Dieter (Hrsg.): *Person*. Paderborn : mentis, 2001, S. 197–221

Ninan 2009
> NINAN, Dilip: Persistence and the First-Person Perspective. In: *Philosophical Review* 118 (2009), Nr. 4, S. 425–464

Noonan 1985
> NOONAN, Harold W.: The Only X and Y Principle. In: *Analysis* 45 (1985), Nr. 2, S. 79–83

Noonan 2003
> NOONAN, Harold W.: *Personal Identity*. 2. Auflage. London : Routledge, 2003

Noonan 2009
> NOONAN, Harold W.: Identity. In: ZALTA, Edward N. (Hrsg.): *The Stanford Encyclopedia of Philosophy*. Winter 2011. URL http://plato.stanford.edu/archives/win2011/entries/identity/, 2009

Nozick 1981
> NOZICK, Robert: *Philosophical Explanations*. Oxford : Clarendon Press, 1981

Øhrstrøm und Hasle 1995
> ØHRSTRØM, Peter ; HASLE, Per F. V.: *Temporal Logic: From Ancient Ideas to Artificial Intelligence*. Dordrecht : Kluwer, 1995

Øhrstrøm und Hasle 2011
> ØHRSTRØM, Peter ; HASLE, Per F. V.: Future Contingents. In: ZALTA, Edward N. (Hrsg.): *The Stanford Encyclopedia of Philosophy*. Summer 2011. URL http://plato.stanford.edu/archives/sum2011/entries/future-contingents/, 2011

Olson 1997
> OLSON, Eric Todd: *The Human Animal*. Oxford : Oxford University Press, 1997

Olson 2010

OLSON, Eric Todd: Personal Identity. In: ZALTA, Edward N. (Hrsg.): *The Stanford Encyclopedia of Philosophy*. Winter 2010. URL http://plato.stanford.edu/archives/win2010/entries/identity-personal/, 2010

Parfit 1971

PARFIT, Derek: Personal Identity. In: *Philosophical Review* 80 (1971), S. 3–27

Parfit 1976

PARFIT, Derek: Lewis, Perry, and What Matters. In: (Rorty 1976), S. 91–107

Parfit 1984

PARFIT, Derek: *Reasons and Persons*. Oxford : Oxford University Press, 1984. – zitiert nach dem Reprint 1986

Pedersen 2009

PEDERSEN, Nikolaj Jang: Solving the Caesar Problem Without Categorical Sortals. In: *Erkenntnis* 71 (2009), Nr. 2, S. 141–155

Peirce 1998

PEIRCE, Charles Sanders ; HARTSHORNE, Charles (Hrsg.) ; WEISS, Paul (Hrsg.): *Collected Papers*. Bd. 4. Bristol : Thoemmes Press, 1998

Penelhum 1970

PENELHUM, Terence: *Survival and Disembodied Existence*. London : Routledge & Kegan Paul, 1970. – zitiert nach der Paperback-Ausgabe 1980

Perry 1972

PERRY, John: Can the Self Divide? In: *Journal of Philosophy* 69 (1972), Nr. 16, S. 463–488

Perry 1976

PERRY, John: The Importance of Being Identical. In: (Rorty 1976), S. 67–90

Perry 1977

PERRY, John: Frege on Demonstratives. In: *The Philosophical Review* 86 (1977), October, Nr. 4, S. 474–497

Perry 1979

PERRY, John: The Problem of the Essential Indexical. In: *Noûs* 13 (1979), Nr. 1, S. 3–21

Perry 2008

PERRY, John (Hrsg.): *Personal Identity*. 2. Auflage. Berkeley : University of California Press, 2008

Pleitz 2010

PLEITZ, Martin: »This Sentence« is Indexical. The Indexical Variant of the Liar Paradox and McTaggart's Paradox. In: PELIŠ, Michael (Hrsg.): *The Logica Yearbook 2009*. London : College Publications, 2010, S. 195–208

Pleitz 2011a

PLEITZ, Martin: Revenge of the Indexical Liar. In: PELIŠ, Michael (Hrsg.): *The Logica Yearbook 2010*. London : College Publications, 2011, S. 181–198

Pleitz 2011b

PLEITZ, Martin: Zeitphilosophische Implikationen der Laut- und Schriftsprache. In: SCHMECHTIG, Pedro (Hrsg.) ; SCHÖNRICH, Gerhard (Hrsg.): *Persistenz – Indexikalität – Zeiterfahrung*. Frankfurt : Ontos, 2011, S. 203–240

Prior 1957a

PRIOR, Arthur Norman: Is It Possible That One and the Same Individual Object Should Cease to Exist and Later On Start to Exist Again? In: *Analysis* 16 (1957), Nr. 6, S. 121–123

Prior 1957b

PRIOR, Arthur Norman: *Time and Modality*. Oxford : Clarendon Press, 1957

Prior 1957/58
> PRIOR, Arthur Norman: Opposite Number. In: *Review of Metaphysics* 11 (1957/58), S. 196–

Prior 1959
> PRIOR, Arthur Norman: Thank Goodness That's Over. In: *Philosophy* 34 (1959), Nr. 128, S. 12–17

Prior 1963
> PRIOR, Arthur Norman: Oratio Obliqua. In: *Proceedings of the Aristotelian Society* Supplementary Volume 37 (1963), S. 115–126. – zitiert nach Prior 1976b, S. 147–158

Prior 1965/6
> PRIOR, Arthur Norman: Time, Existence and Identity. In: *Proceedings of the Aristotelian Society* 66 (1965/6), S. 183–192

Prior 1967
> PRIOR, Arthur Norman: *Past, Present and Future.* Oxford : Clarendon Press, 1967. – zitiert nach dem Reprint 1978

Prior 1968
> PRIOR, Arthur Norman: Egocentric Logic. In: *Noûs* 2 (1968), Nr. 3, S. 191–207

Prior 1976a
> PRIOR, Arthur Norman ; GEACH, Peter Thomas (Hrsg.) ; KENNY, Anthony John Patrick (Hrsg.): *Objects of Thought.* Oxford : Clarendon Press, 1976. – zitiert nach dem Reprint 2002

Prior 1976b
> PRIOR, Arthur Norman ; GEACH, Peter Thomas (Hrsg.) ; KENNY, Anthony John Patrick (Hrsg.): *Papers in Logic and Ethics.* London : Duckworth, 1976

Prior 1996a
> PRIOR, Arthur Norman: Some Free Thinking about Time. In: (Copeland 1996), S. 47–51

Prior 1996b
> PRIOR, Arthur Norman: A Statement of Temporal Realism. In: (Copeland 1996), S. 45–46

Prior 2003
> PRIOR, Arthur Norman: *Papers on Time and Tense.* Oxford : Oxford University Press, 2003

Prior und Fine 1977
> PRIOR, Arthur Norman ; FINE, Kit: *Worlds, Times and Selves.* London : Duckworth, 1977

Putnam 1970
> PUTNAM, Hilary: Is Semantics Possible? In: *Metaphilosophy* 1 (1970), Nr. 3, S. 187–201. – zitiert nach dem Wiederabdruck in Putnam 1975, S. 139–152

Putnam 1975
> PUTNAM, Hilary: *Philosophical Papers.* Bd. 2: *Mind, Language and Reality.* Cambridge : Cambridge University Press, 1975. – zitiert nach dem Reprint 2003

Quante 1999
> QUANTE, Michael (Hrsg.): *Personale Identität.* Paderborn : Schöningh, 1999

Quante 2001
> QUANTE, Michael: Menschliche Persistenz. In: STURMA, Dieter (Hrsg.): *Person.* Paderborn : mentis, 2001, S. 223–257

Quine 1948
> QUINE, Willard Van Orman: On What There Is. In: *Review of Metaphysics* 2 (1948), S. 21–38

Quine 1950
> QUINE, Willard Van Orman: Identity, Ostension, and Hypostasis. In: *The Journal of Philosophy* 47 (1950), Nr. 22, S. 621–633

Quine 1960
> QUINE, Willard Van Orman: *Word and Object.* Cambridge, MA : The MIT Press, 1960. – zitiert nach 12th printing, 1981

Quine 1976

QUINE, Willard Van Orman: Whither Physical Objects? In: COHEN, Robert Sonne (Hrsg.) ; FEYERABEND, Paul Karl (Hrsg.) ; WARTOFSKY, Marx William (Hrsg.): *Essays in Memory of Imre Lakatos*. Dordrecht : Reidel, 1976, S. 497–504

Quine 1981

QUINE, Willard Van Orman: Things and Their Place in Theories. In: *Theories and Things*. Cambridge, MA : Belknap Press, 1981, S. 1–23

Ramsey 1931

RAMSEY, Frank Plumpton ; BRAITHWAITE, Richard Bevan (Hrsg.): *The Foundations of Mathematics and Other Logical Essays*. New York/London : Harcourt, Brace & Co./Kegan Paul, Trench, Trubner & Co., 1931

Reichenbach 1947

REICHENBACH, Hans: *Elements of Symbolic Logic*. New York : Macmillan, 1947. – zitiert nach dem Wiederabdruck New York : The Free Press, 1966

Reid 1785

REID, Thomas: *Essays on the Intellectual Powers of Man*. Edinburgh/London : John Bell/G. G. J. & J. Robinson, 1785

Reimer 2010

REIMER, Marga: Reference. In: ZALTA, Edward N. (Hrsg.): *The Stanford Encyclopedia of Philosophy*. Spring 2010. URL http://plato.stanford.edu/archives/spr2010/entries/reference/, 2010

Rey 2010

REY, Georges: The Analytic/Synthetic Distinction. In: ZALTA, Edward N. (Hrsg.): *The Stanford Encyclopedia of Philosophy*. Winter 2010. URL http://plato.stanford.edu/archives/win2010/entries/analytic-synthetic/, 2010

Robertson 2008

ROBERTSON, Teresa: Essential vs. Accidental Properties. In: ZALTA, Edward N. (Hrsg.): *The Stanford Encyclopedia of Philosophy*. Fall 2008. URL http://plato.stanford.edu/archives/fall2008/entries/essential-accidental/, 2008

Rorty 1976

RORTY, Amélie Oksenberg (Hrsg.): *The Identities of Persons*. Berkeley : University of California Press, 1976

Rorty 1968

RORTY, Richard (Hrsg.): *The Linguistic Turn: Recent Essays in Philosophical Method*. Chicago : University of Chicago Press, 1968

Rosen 2012

ROSEN, Gideon: Abstract Objects. In: ZALTA, Edward N. (Hrsg.): *The Stanford Encyclopedia of Philosophy*. Spring 2012. URL http://plato.stanford.edu/archives/spr2012/entries/abstract-objects/, 2012

Rosenberg 1980

ROSENBERG, Jay Frank: *One World and Our Knowledge of It: The Problematic of Realism in Post-Kantian Perspective*. Dordrecht : Reidel, 1980

Rovane 1993

ROVANE, Carol: Self-Reference: The Radicalization of Locke. In: *The Journal of Philosophy* 90 (1993), Nr. 2, S. 73–97

Ruben 1988

RUBEN, David-Hillel: A Puzzle about Posthumous Predication. In: *The Philosophical Review* 97 (1988), Nr. 2, S. 211–236

Rundle 1979
>RUNDLE, Bede: *Grammar in Philosophy.* Oxford : Clarendon Press, 1979
Rundle 2009
>RUNDLE, Bede: *Time, Space, and Metaphysics.* Oxford : Oxford University Press, 2009
Russell 1915
>RUSSELL, Bertrand: On the Experience of Time. In: *The Monist* 25 (1915), Nr. 2, S. 212–233
Ryle 1945
>RYLE, Gilbert: *Philosophical Arguments: An Inaugural Lecture.* Oxford : Clarendon Press, 1945. – zitiert nach dem Wiederabdruck in Ryle 1971, S. 194–211
Ryle 1949
>RYLE, Gilbert: *The Concept of Mind.* London : Hutchinson, 1949. – zitiert nach dem Reprint Chicago : University of Chicago Press, 1984
Ryle 1962
>RYLE, Gilbert: Abstractions. In: *Canadian Philosophical Review* 1 (1962), Nr. 1, S. 5–16. – zitiert nach dem Wiederabdruck in Ryle 1971, S. 435–445
Ryle 1971
>RYLE, Gilbert: *Collected Papers.* Bd. 2: Collected Essays 1929–1968. London : Hutchinson, 1971. – zitiert nach dem Reprint Bristol : Thoemmes Press, 1990
Savitt 2006
>SAVITT, Steven F.: Presentism and Eternalism in Perspective. In: DIEKS, Dennis Geert Bernardus Johan (Hrsg.): *The Ontology of Spacetime* Bd. 1. Amsterdam : Elsevier, 2006, S. 111–127
Savitt 2008
>SAVITT, Steven F.: Being and Becoming in Modern Physics. In: ZALTA, Edward N. (Hrsg.): *The Stanford Encyclopedia of Philosophy.* Winter 2008. URL http://plato.stanford.edu/archives/win2008/entries/spacetime-bebecome/, 2008
Schechtman 1990
>SCHECHTMAN, Marya: Personhood and Personal Identity. In: *The Journal of Philosophy* 87 (1990), Nr. 2, S. 71–92
Schechtman 1996
>SCHECHTMAN, Marya: *The Constitution of Selves.* Ithaca, NY : Cornell University Press, 1996
Schmitz 2012
>SCHMITZ, Barbara: »Krokodile hoffen nicht. Menschen hoffen.« Bedeutung und Wert des Hoffens in der menschlichen Lebensform. In: *Deutsche Zeitschrift für Philosophie* 60 (2012), Nr. 1, S. 91–104
Schnieder 2004
>SCHNIEDER, Benjamin: »Nach *Leibniz' Gesetz* ergibt sich ...« – Über einen verbreiteten Fehlschluss. In: SIEBEL, Mark (Hrsg.) ; TEXTOR, Mark (Hrsg.): *Semantik und Ontologie.* Frankfurt : Ontos, 2004, S. 223–248
Schroeter 2010
>SCHROETER, Laura: Two-Dimensional Semantics. In: ZALTA, Edward N. (Hrsg.): *The Stanford Encyclopedia of Philosophy.* Winter 2010. URL http://plato.stanford.edu/archives/win2010/entries/two-dimensional-semantics/, 2010
Sellars 1962
>SELLARS, Wilfrid: Time and the World Order. In: FEIGL, Herbert (Hrsg.) ; MAXWELL, Grover (Hrsg.): *Minnesota Studies in the Philosophy of Science, iii: Scientific Explanation, Space, and Time.* Minneapolis : University of Minnesota Press, 1962, S. 527–616

Shapiro 2009

SHAPIRO, Stewart: Classical Logic. In: ZALTA, Edward N. (Hrsg.): *The Stanford Encyclopedia of Philosophy*. Winter 2009. URL http://plato.stanford.edu/archives/win2009/entries/logic-classical/, 2009

Shoemaker 2012

SHOEMAKER, David: Personal Identity and Ethics. In: ZALTA, Edward N. (Hrsg.): *The Stanford Encyclopedia of Philosophy*. Spring 2012. URL http://plato.stanford.edu/archives/spr2012/entries/identity-ethics/, 2012

Shoemaker 1963

SHOEMAKER, Sydney S.: *Self-Knowledge and Self-Identity*. Ithaca, NY : Cornell University Press, 1963. – zitiert nach 5th printing, 1974

Shoemaker 1968

SHOEMAKER, Sydney S.: Self-Reference and Self-Awareness. In: *The Journal of Philosophy* 65 (1968), Nr. 19, S. 555–567

Shoemaker 1970

SHOEMAKER, Sydney S.: Persons and Their Pasts. In: *American Philosophical Quarterly* 7 (1970), Nr. 4, S. 296–285

Sider 2001a

SIDER, Theodore: Criteria of Personal Identity and the Limits of Conceptual Analysis. In: *Philosophical Perspectives* 15 (2001), S. 189–209

Sider 2001b

SIDER, Theodore: *Four-Dimensionalism: An Ontology of Persistence and Time*. Oxford : Oxford University Press, 2001

Silverstein 1980

SILVERSTEIN, Harry S.: The Evil of Death. In: *The Journal of Philosophy* 77 (1980), Nr. 7, S. 401–424

Silverstein 2000

SILVERSTEIN, Harry S.: The Evil of Death Revisited. In: *Midwest Studies in Philosophy* 24 (2000), S. 116–134

Simons 1978

SIMONS, Peter M.: Logic and Common Nouns. In: *Analysis* 38 (1978), Nr. 4, S. 161–167

Simons 1987

SIMONS, Peter M.: *Parts: A Study in Ontology*. Oxford : Clarendon Press, 1987

Simons 2000a

SIMONS, Peter M.: Continuants and Occurrents. In: *Proceedings of the Aristotelian Society* Supplementary Volume 74 (2000), S. 59–75

Simons 2000b

SIMONS, Peter M.: How to Exist at a Time When You Have No Temporal Parts. In: *The Monist* 83 (2000), Nr. 3, S. 419–436

Smart 1962

SMART, John Jamieson Carswell: ›Tensed Statements‹: A Comment. In: *The Philosophical Quarterly* 12 (1962), Nr. 48, S. 264–265

Smith 1993

SMITH, Quentin: Personal Identity and Time. In: *Philosophia* 22 (1993), S. 155–167

Snowdon 1990

SNOWDON, Paul F.: Persons, Animals, and Ourselves. In: GILL, Christopher (Hrsg.): *The Person and the Human Mind: Issues in Ancient and Modern Philosophy*. Oxford : Clarendon Press, 1990, S. 83–107

Steup 2012
STEUP, Matthias: The Analysis of Knowledge. In: ZALTA, Edward N. (Hrsg.): *The Stanford Encyclopedia of Philosophy*. Summer 2012. URL http://plato.stanford.edu/archives/sum2012/entries/knowledge-analysis/, 2012

Strawson 2004
STRAWSON, Galen: Against Narrativity. In: *Ratio* 17 (2004), Nr. 4

Strawson 1950
STRAWSON, Peter Frederick: On Referring. In: *Mind* 59 (1950), Nr. 235, S. 320–344

Strawson 1959
STRAWSON, Peter Frederick: *Individuals: An Essay in Descriptive Metaphysics*. London : Methuen, 1959

Strawson 1962
STRAWSON, Peter Frederick: Freedom and Resentment. In: *Proceedings of the British Academy* 48 (1962), S. 1–25

Strawson 1966
STRAWSON, Peter Frederick: *The Bounds of Sense*. London : Methuen, 1966. – zitiert nach dem Reprint 1968

Strawson 1976
STRAWSON, Peter Frederick: Entity and Identity. In: LEWIS, Hywel David (Hrsg.): *Contemporary British Philosophy* Bd. 4. London : Allen and Unwin, 1976, S. 193–220

Strawson 1992
STRAWSON, Peter Frederick: *Analysis and Metaphysics: An Introduction to Philosophy*. Oxford : Oxford University Press, 1992

Strawson 1997a
STRAWSON, Peter Frederick: Entity and Identity. Siehe (Strawson 1997b), S. 21–51

Strawson 1997b
STRAWSON, Peter Frederick: ›*Entity and Identity*‹ *and Other Essays*. Oxford : Clarendon Press, 1997

Sutton 2010
SUTTON, John: Memory. In: ZALTA, Edward N. (Hrsg.): *The Stanford Encyclopedia of Philosophy*. Summer 2010. URL http://plato.stanford.edu/archives/sum2010/entries/memory/, 2010

Swinburne 1973–4
SWINBURNE, Richard G.: Personal Identity. In: *Proceedings of the Aristotelian Society* 74 (1973–4), S. 231–247

Swoyer und Orilia 2011
SWOYER, Chris ; ORILIA, Francesco: Properties. In: ZALTA, Edward N. (Hrsg.): *The Stanford Encyclopedia of Philosophy*. Winter 2011. URL http://plato.stanford.edu/archives/win2011/entries/properties/, 2011

Tooley 1997
TOOLEY, Michael: *Time, Tense and Causation*. Oxford : Clarendon Press, 1997

van Benthem 1983
VAN BENTHEM, Johan F. A. K.: *The Logic of Time : A Model-Theoretic Investigation Into the Varieties of Temporal Ontology and Temporal Discourse*. Dordrecht : Reidel, 1983

van Benthem 1995
VAN BENTHEM, Johan F. A. K.: Temporal Logic. In: GABBAY, Dov M. (Hrsg.) ; HOGGER, Christopher John (Hrsg.) ; ROBINSON, John Alan (Hrsg.): *Handbook of Logic in Artificial Intelligence and Logic Programming* Bd. 4. Epistemic and Temporal Reasoning. Oxford : Clarendon Press, 1995, S. 241–350

van Inwagen 1990a
> VAN INWAGEN, Peter: Four-Dimensional Objects. In: *Noũs* 24 (1990), S. 245–255

van Inwagen 1990b
> VAN INWAGEN, Peter: *Material Beings*. Ithaca, NY : Cornell University Press, 1990

van Inwagen 2000
> VAN INWAGEN, Peter: Temporal Parts and Identity Across Time. In: *The Monist* 83 (2000), Nr. 3, S. 437–459

van Inwagen 2002
> VAN INWAGEN, Peter: *Metaphysics*. 2. Auflage. Boulder, CO : Westview Press, 2002

van Inwagen 2008
> VAN INWAGEN, Peter: McGinn on Existence. In: *The Philosophical Quarterly* 58 (2008), Nr. 230, S. 36–58

van Inwagen 2010
> VAN INWAGEN, Peter: Metaphysics. In: ZALTA, Edward N. (Hrsg.): *The Stanford Encyclopedia of Philosophy*. Fall 2010. URL http://plato.stanford.edu/archives/fall2010/entries/metaphysics/, 2010

Wasserman 2012
> WASSERMAN, Ryan: Material Constitution. In: ZALTA, Edward N. (Hrsg.): *The Stanford Encyclopedia of Philosophy*. Summer 2012. URL http://plato.stanford.edu/archives/sum2012/entries/material-constitution/, 2012

Watson 1987
> WATSON, Gary: Responsibility and the Limits of Evil: Variations on a Strawsonian Theme. In: SCHOEMAN, Ferdinand (Hrsg.): *Responsibility, Character, and the Emotions: New Essays in Moral Psychology*. Cambridge : Cambridge University Press, 1987, S. 256–286

Watson 1996
> WATSON, Gary: Two Faces of Responsibility. In: *Philosophical Topics* 24 (1996), Nr. 2, S. 227–248

Weatherson 2008
> WEATHERSON, Brian: Intrinsic vs. Extrinsic Properties. In: ZALTA, Edward N. (Hrsg.): *The Stanford Encyclopedia of Philosophy*. Fall 2008. URL http://plato.stanford.edu/archives/fall2008/entries/intrinsic-extrinsic/, 2008

Whitehead und Russell 1910
> WHITEHEAD, Alfred North ; RUSSELL, Bertrand: *Principia Mathematica*. Bd. 1. Cambridge : Cambridge University Press, 1910

Wiggins 1968
> WIGGINS, David: On Being in the Same Place at the Same Time. In: *Philosophical Review* 77 (1968), S. 90–95

Wiggins 1976
> WIGGINS, David: Locke, Butler and the Stream of Consciousness: And Men as a Natural Kind. In: (Rorty 1976), S. 139–173

Wiggins 1980
> WIGGINS, David: *Sameness and Substance*. Oxford : Oxford University Press, 1980

Wiggins 1987
> WIGGINS, David: The Concern to Survive. In: *Needs, Values, Truth : Essays in the Philosophy of Value*. Oxford : Blackwell, 1987, S. 303–311

Wiggins 1995
> WIGGINS, David: Substance. In: GRAYLING, Anthony Clifford (Hrsg.): *Philosophy: A Guide through the Subject*. Oxford : Oxford University Press, 1995, S. 214–249

Wiggins 2001
> WIGGINS, David: *Sameness and Substance Renewed.* Cambridge : Cambridge University Press, 2001

Wilkes 1988
> WILKES, Kathleen Vaughan: *Real People: Personal Identity without Thought Experiments.* Oxford : Clarendon Press, 1988

Williams 1970
> WILLIAMS, Bernard Arthur Owen: The Self and the Future. In: *The Philosophical Review* 79 (1970), April, Nr. 2, S. 161–180

Williams 1973
> WILLIAMS, Bernard Arthur Owen: Personal Identity and Individuation. In: *Problems of the Self. Philosphical Papers 1956–1972.* Cambridge : Cambridge University Press, 1973, S. 1–18

Williams 1976
> WILLIAMS, Bernard Arthur Owen: Moral Luck. In: *Proceedings of the Aristotelian Society* 50 (1976), S. 115–135. – zitiert nach dem Wiederabdruck in Williams 1981, S. 20–39

Williams 1981
> WILLIAMS, Bernard Arthur Owen: *Moral Luck: Philosophical Papers 1973–1980.* Cambridge : Cambridge University Press, 1981

Williams 1951
> WILLIAMS, Donald C.: The Myth of Passage. In: *The Journal of Philosophy* 48 (1951), Nr. 15, S. 457–472

Williamson 1986
> WILLIAMSON, Timothy: Criteria of Identity and the Axiom of Choice. In: *The Journal of Philosophy* 83 (1986), Nr. 7, S. 380–394

Williamson 1990
> WILLIAMSON, Timothy: *Identity and Discrimination.* Oxford : Blackwell, 1990

Williamson 1996
> WILLIAMSON, Timothy: The Necessity and Determinacy of Distinctness. In: LOVIBOND, Sabina (Hrsg.) ; WILLIAMS, Stephen G. (Hrsg.): *Essays for David Wiggins: Identity, Truth and Value* Bd. 16. Oxford : Blackwell, 1996, S. 1–17

Williamson 1998
> WILLIAMSON, Timothy: Bare Possibilia. In: *Erkenntnis* 48 (1998), Nr. 2/3, S. 257–273

Williamson 2000
> WILLIAMSON, Timothy: *Knowledge and its Limits.* Oxford : Oxford University Press, 2000

Williamson 2002a
> WILLIAMSON, Timothy: Necessary Existents. In: O'HEAR, Anthony (Hrsg.): *Logic, Thought and Language.* Cambridge : Cambridge University Press, 2002, S. 233–251

Williamson 2002b
> WILLIAMSON, Timothy: Vagueness, Identity, and Leibniz's Law. In: BOTTANI, Andrea (Hrsg.) et al.: *Individuals, Essence and Identity.* Dordrecht : Kluwer, 2002, S. 273–303

Williamson 2003
> WILLIAMSON, Timothy: Everything. In: *Philosophical Perspectives* 17: Language and Philosophical Linguistics (2003), S. 415–465

Williamson 2004
> WILLIAMSON, Timothy ; LEITER, Brian (Hrsg.): *Past the Linguistic Turn?* Oxford : Oxford University Press, 2004. – 106–128 S

Williamson 2007
> WILLIAMSON, Timothy: *The Philosophy of Philosophy.* Malden, MA : Blackwell, 2007

Wilson und Shpall 2012

WILSON, George ; SHPALL, Samuel: Action. In: ZALTA, Edward N. (Hrsg.): *The Stanford Encyclopedia of Philosophy*. Summer 2012. URL http://plato.stanford.edu/archives/sum2012/entries/action/, 2012

Wittgenstein 1921

WITTGENSTEIN, Ludwig: Logisch-Philosophische Abhandlung (= Tractatus logico-philosophicus). In: *Annalen der Naturphilosophie* 14 (1921), Nr. 3/4, S. 185–262. – zitiert nach der kritischen Edition von Joachim Schulte und Brian McGuinness, Frankfurt am Main : Suhrkamp, 1989

Wittgenstein 1953

WITTGENSTEIN, Ludwig ; ANSCOMBE, Gertrude Elizabeth Margaret (Hrsg.) ; RHEES, Rush (Hrsg.): *Philosophische Untersuchungen/Philosophical Investigations*. Zweisprachige Ausgabe (englische Übersetzung von Anscombe). Oxford : Blackwell, 1953. – zitiert nach der kritisch-genetischen Edition von Joachim Schulte et al., Frankfurt am Main : Suhrkamp, 2001

Wittgenstein 1958

WITTGENSTEIN, Ludwig: *Preliminary Studies for the ›Philosophical Investigations‹, Generally Known as The Blue and Brown Books*. Oxford : Blackwell, 1958. – zitiert nach der 2. Auflage, 1960

Wittgenstein 1980

WITTGENSTEIN, Ludwig ; ANSCOMBE, Gertrude Elizabeth Margaret (Hrsg.) ; WRIGHT, Georg Henrik von (Hrsg.): *Bemerkungen über die Philosophie der Psychologie/Remarks on the Philosophy of Psychology (2 Bde.)*. Oxford : Blackwell, 1980

Wittgenstein 1982a

WITTGENSTEIN, Ludwig ; WRIGHT, Georg Henrik von (Hrsg.) ; NYMAN, Heikki (Hrsg.): *Letzte Schriften über die Philosophie der Psychologie/Last Writings on the Philosophy of Psychology*. Bd. I. Vorstudien zum zweiten Teil der ›Philosophischen Untersuchungen‹/Preliminary Studies for Part II of ›Philosophical Investigations‹. Oxford : Blackwell, 1982

Wittgenstein 1982b

WITTGENSTEIN, Ludwig ; AMBROSE, Alice (Hrsg.): *Wittgenstein's Lectures, Cambridge, 1932–1935. From the Notes of Alice Ambrose and Margaret Macdonald*. Oxford : Blackwell, 1982

Wyller 1994

WYLLER, Truls Egil: *Indexikalische Gedanken. Über den Gegenstandsbezug in der raumzeitlichen Erkenntnis*. Freiburg/München : Karl Alber, 1994

Wyller 1995

WYLLER, Truls Egil: Indexikalität und empirische Objektivität. In: *Zeitschrift für philosophische Forschung* 49 (1995), Nr. 4, S. 553–570

Wyller 2007

WYLLER, Truls Egil: Die Alternativ- und Perspektivlosigkeit der indexikalischen Zeit. In: (Müller 2007), S. 73–86

Wyller 2010

WYLLER, Truls Egil: *The Size of Things: An Essay on Space and Time*. Paderborn : Mentis, 2010

Yagisawa 2009

YAGISAWA, Takashi: Possible Objects. In: ZALTA, Edward N. (Hrsg.): *The Stanford Encyclopedia of Philosophy*. Winter 2009. URL http://plato.stanford.edu/archives/win2009/entries/possible-objects/, 2009

Zalta 2012

ZALTA, Edward N.: Frege's Logic, Theorem, and Foundations for Arithmetic. In: ZALTA, Edward N. (Hrsg.): *The Stanford Encyclopedia of Philosophy*. Summer 2012. URL http://plato.

stanford.edu/archives/sum2012/entries/frege-logic/, 2012

Zimmerman 1998

ZIMMERMAN, Dean W.: Criteria of Identity and the ›Identity Mystics‹. In: *Erkenntnis* 48 (1998), Nr. 2/3, S. 281–301

Zimmerman 2008

ZIMMERMAN, Dean W.: Temporary Intrinsics and Presentism. In: VAN INWAGEN, Peter (Hrsg.) ; ZIMMERMAN, Dean W. (Hrsg.): *Metaphysics: The Big Questions*. Oxford : Blackwell, 2008, S. 269–281

Personenregister

Sachregister

Zeitfracht Medien GmbH
Ferdinand-Jühlke-Straße 7
99095 Erfurt, Deutschland
produktsicherheit@kolibri360.de